HTML+CSS
网页设计与布局
从入门到精通

前沿科技 温谦 编著

人民邮电出版社

北京

图书在版编目（CIP）数据

HTML+CSS 网页设计与布局从入门到精通 / 温谦编著.
北京：人民邮电出版社，2008.8（2021.12重印）
ISBN 978-7-115-18339-2

Ⅰ. H… Ⅱ. 温… Ⅲ. ①超文本标记语言，HTML—主页制作—程序设计②主页制作—软件工具，CSS Ⅳ. TP312 TP393.092

中国版本图书馆 CIP 数据核字（2008）第 090134 号

内 容 提 要

本书紧密围绕网页设计师在制作网页过程中的实际需要和应该掌握的技术，全面介绍了使用 HTML 和 CSS 进行网页设计和制作的各方面内容和技巧。

本书共分 4 个部分 21 章和两个附录，包括网页设计基础、HTML 基础、CSS 基础、CSS 高级技术和 CSS 布局技术等内容。全书遵循 Web 标准，强调"表现"与"内容"的分离，抛弃了那些过时的 HTML 标记和属性，从更规范的角度全面、系统地介绍了网页设计制作方法与技巧。附录收录了网站发布与管理的知识和 160 个应用 CSS 时出现频度较高的英文单词及其中文解释。书中给出了大量详细的案例，并对案例进行分析，便于读者在理解的基础上，直接修改后使用。本书作者具备扎实的实践功底，行文细腻，对每一个技术细节以及每一个实际工作中可能遇到的难点和错误都进行了详细的说明，并给出了解决方案。

本书附带学习光盘，收录了 12 个小时 HTML 和 CSS 多媒体教学录像和网页制作技术多媒体教学录像，辅助读者学习，达到事半功倍的效果。光盘还附带书中所有实例的素材文件、源代码和最终效果文件，修改后可直接使用。

本书适合于网页设计制作人员和开发人员阅读，读者可以在掌握 HTML 和 CSS 之后做出精美的网页。

◆ 编　著　前沿科技　温　谦
　责任编辑　杨　璐

◆ 人民邮电出版社出版发行　北京市丰台区成寿寺路 11 号
　邮编 100164　电子邮件 315@ptpress.com.cn
　网址 http://www.ptpress.com.cn
　固安县铭成印刷有限公司印刷

◆ 开本：787×1092　1/16
　印张：27.5　　　　　　　　2008 年 8 月第 1 版
　字数：665 千字　　　　　　2021 年 12 月河北第 44 次印刷

定价：49.00 元（附光盘）

读者服务热线：(010)81055410　印装质量热线：(010)81055316
反盗版热线：(010)81055315

前言

设计师在设计制作网页时,要考虑的最核心的两个问题是"网页内容是什么"和"如何表现这些内容"。本书介绍的 HTML 和 CSS 就是分别用来设定它们的。

在过去,由于 CSS 尚不成熟,人们更多地关注 HTML,想尽办法使 HTML 同时承担"内容"和"表现"两方面的任务。而现在,CSS 逐步完善,使用它可以制作出符合 Web 标准的网页。Web 标准的核心原则是"内容"与"表现"分离,这样 HTML 和 CSS 就各司其职了。这样做有很多优点:

- 使页面载入和显示得更快;
- 降低网站的流量费用;
- 修改设计时更有效率且代价更低;
- 帮助整个站点保持视觉风格的一致性;
- 使站点可以更好地被搜索引擎找到,以增加网站访问量;
- 使站点对浏览者和浏览器更具亲和力;
- 在世界上越来越多人采用 Web 标准时,它还能提高设计师的职场竞争实力,这意味着更好的工作和更高的收入。

因此,本书详细地讲解利用 HTML 和 CSS 设计制作符合 Web 标准的网页的方法,使读者可以熟练地掌握它们,设计制作出高质量的网站。

学习路线

本书分"HTML 基础篇"、"CSS 基础篇"、"CSS 高级篇"和"CSS 布局篇"4 个部分,共 21 章,遵循下面这张学习路线图,读者可以系统掌握 Web 标准网页的制作过程与技术。

学习方法建议

学习和掌握一门技术并不是一件轻而易举的事情,一方面需要具备钻研的精神和态度;另一方面,使用正确的方法,才能最快地成功。因此,我们根据自己的一些经验,向读者提出几条建议,希望对读者的学习有所帮助。

(1)**务必重视对基础的掌握。**建议读者在学习时不要仅仅关注于某一个效果的具体实现方法,而是要真正把其中的基本原理搞清楚,把最基础的道理想明白,只有这样才能真正地解决问题,才能有真正的提高。

(2)**记熟本书中出现的英文单词。**很多初学者感到 CSS 学起来比较困难,很重要的一个原因,是 CSS 的属性名称众多。这对于母语是英语的人来说,几乎不存在困难,因为这些属性名称本身就是一些常用的单词。而对于中国读者来说,要记住这么多英文属性名称,除了需要理解它们的意思,还要记住它们,确实就有一定的难度了。

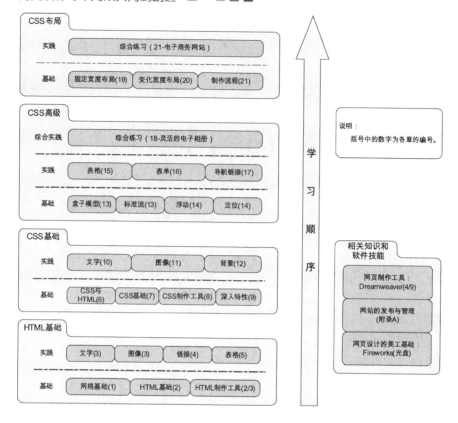

因此，建议读者先把遇到的英语单词集中背一次，就像学英语课文先学单词一样，扫清单词障碍，学起来就会容易很多了。我们总结了本书中比较频繁出现的 160 个英文单词，并给出了中文解释，作为本书的附录，如果读者在学习时遇到困难可以查一查。

（3）一定要在理解的基础上多练习，多实践。"纸上得来终觉浅，绝知此事要躬行。"希望读者能够在自己探索和研究的基础上学习本书，而不要把本书的例子作为现成的内容直接用于网站上。只有经过自己思考和消化的内容，才是真正掌握的知识，成为实现自己目标的有力武器。

（4）利用好本书配套的网站和光盘。本书的配套网站 http://www.artech.cn 和光盘中包含的视频教程，可以帮助读者理解书中的一些难点和重点，读者可以充分利用光盘中的视频提高学习效率。

（5）要时刻同时使用 Firefox 和 IE 浏览器进行测试。学习 CSS 的一个重要方面是掌握调试的方法，能够解决不同浏览器中对 CSS 的不同表现而带来的问题，也就是浏览器兼容性问题。因此，读者最好能够在计算机上安装 Firefox、IE 6 和 IE 7 这 3 种浏览器，以确保自己设计制作的网页在这三者上都有正确的表现。

关于本书的问题，读者可以发邮件至 luyang@ptpress.com.cn，我们会及时给您回复。

本书由前沿科技温谦主要编写，参与编写工作的还有温颜、曾顺、白玉成、温鸿钧、刘璐、王斌、刘军、陈宾、刘艳茹、韩军、张晓静、武智涛、孙琳、王璐、张伟、张琳、潘莹、史长虹等。

编者

目 录

第 1 部分　HTML 基础篇

第 1 章　网页设计基础知识　3
1.1　基础概念　3
1.2　网页与 HTML 语言　4
1.3　Web 标准：结构、表现与行为　5
  - 1.3.1　标准的重要性　5
  - 1.3.2　"Web 标准"概述　6
1.4　初步理解网页设计与开发的过程　7
  - 1.4.1　基本任务与角色　7
  - 1.4.2　明确网站定位　8
  - 1.4.3　收集信息和素材　8
  - 1.4.4　策划栏目内容　8
  - 1.4.5　设计页面方案　9
  - 1.4.6　制作页面　9
  - 1.4.7　实现后台功能　9
  - 1.4.8　整合与测试网站　10
1.5　与设计相关的技术因素　10
1.6　本章小结　12

第 2 章　HTML 网页文档结构　13
2.1　HTML 简介　13
  - 2.1.1　创建第一个 HTML 文件　13
  - 2.1.2　HTML 文件结构　15
2.2　简单的 HTML 案例　16
2.3　网页源文件的获取　18
  - 2.3.1　直接查看源文件　19
  - 2.3.2　保存网页　19

2.4 辅助：利用 Dreamweaver 快速建立基本文档 ………………………………………… 20
2.5 本章小结 ………………………………………………………………………………… 24

第 3 章 用 HTML 设置文本和图像 25

3.1 文本排版 ………………………………………………………………………………… 25
   3.1.1 实现段落与段内换行（<p>和
）………………………………………… 25
   3.1.2 设置标题（<h1>～<h6>）…………………………………………………… 27
   3.1.3 使文字水平居中（<center>）………………………………………………… 27
   3.1.4 设置文字段落的缩进（<blockquote>）…………………………………… 29
3.2 设置文字列表 …………………………………………………………………………… 29
   3.2.1 建立无序列表（<ul>）……………………………………………………… 29
   3.2.2 建立有序列表（<ol>）……………………………………………………… 30
3.3 HTML 标记与 HTML 属性 …………………………………………………………… 31
   3.3.1 用 align 属性控制段落的水平位置 ………………………………………… 31
   3.3.2 用 bgcolor 属性设置背景颜色 ……………………………………………… 32
   3.3.3 设置文字的特殊样式 ………………………………………………………… 34
   3.3.4 设置文字的大小和颜色（<font>）………………………………………… 35
3.4 忘记过时的 HTML 标记和属性 ………………………………………………………… 35
3.5 特殊文字符号 …………………………………………………………………………… 36
3.6 在网页中使用图像（<img>）…………………………………………………………… 38
   3.6.1 网页中的图片格式 …………………………………………………………… 38
   3.6.2 一个简单的图片网页 ………………………………………………………… 38
   3.6.3 使用路径 ……………………………………………………………………… 39
3.7 用 width 和 height 属性设置图片的尺寸 ……………………………………………… 41
3.8 用 alt 属性为图像设置替换文本 ………………………………………………………… 43
3.9 辅助：利用 Dreamweaver 设置文本和图像 …………………………………………… 43
3.10 辅助：利用 Dreamweaver 代码视图提高效率 ………………………………………… 47
   3.10.1 代码提示 ……………………………………………………………………… 47
   3.10.2 代码折叠 ……………………………………………………………………… 49
   3.10.3 使用拆分视图对代码快速定位 ……………………………………………… 49
3.11 本章小结 ………………………………………………………………………………… 50

第 4 章 用 HTML 建立超链接（<a>） 51

4.1 设置基本文字超链接 …………………………………………………………………… 51
   4.1.1 URL 的格式 …………………………………………………………………… 51
   4.1.2 URL 的类型 …………………………………………………………………… 52
4.2 设置页面内部的特定目标的链接 ……………………………………………………… 53
4.3 设置图片的超链接 ……………………………………………………………………… 54
4.4 设置电子邮件链接 ……………………………………………………………………… 54

4.5	设置以新窗口显示链接页面	55
4.6	创建热点区域	55
	4.6.1 用HTML建立热点区域（<map>和<area>）	56
	4.6.2 辅助：利用Dreamweaver精确定位热点区域	57
4.7	框架之间的链接	59
	4.7.1 建立框架与框架集（<frame>和<frameset>）	59
	4.7.2 用cols属性将窗口分为左右两部分	60
	4.7.3 用rows属性将窗口分为上中下三部分	60
	4.7.4 框架的嵌套	61
	4.7.5 用src属性在框架中插入网页	61
	4.7.6 用src属性在框架之间链接	62
	4.7.7 创建嵌入式框架（<iframe>）	64
4.8	链接增多后网站的组织结构与维护	65
4.9	本章小结	66

第5章 用HTML创建表格　　67

5.1	表格基本结构（<table>）	67
5.2	合并单元格	68
	5.2.1 用colspan属性左右合并单元格	68
	5.2.2 用rowspan属性上下合并单元格	69
5.3	用align属性设置对齐方式	70
5.4	用bgcolor属性设置表格背景色和边框颜色	71
5.5	用cellpadding属性和cellspacing属性设定距离	72
5.6	完整的表格标记（<thead>、<tbody>和<tfoot>）	73
5.7	需要抛弃的方法：用表格进行页面布局	75
5.8	本章小结	78

第2部分　CSS基础篇

第6章 (X)HTML与CSS概述　　81

6.1	HTML与XHTML	81
	6.1.1 追根溯源	81
	6.1.2 DOCTYPE（文档类型）的含义与选择	82
	6.1.3 XHTML与HTML的重要区别	83
6.2	(X)HTML与CSS	84
	6.2.1 CSS标准	85
	6.2.2 传统HTML的缺点	85
	6.2.3 CSS的引入	86

　　　　6.2.4　如何编辑 CSS ·················88
　　　　6.2.5　浏览器与 CSS ·················89
　6.3　本章小结 ································90

第 7 章　CSS 核心基础　91

　7.1　构造 CSS 规则 ························91
　7.2　基本 CSS 选择器 ····················92
　　　　7.2.1　标记选择器 ·····················92
　　　　7.2.2　类别选择器 ·····················93
　　　　7.2.3　ID 选择器 ·······················95
　7.3　在 HTML 中使用 CSS 的方法 ····96
　　　　7.3.1　行内样式 ·························96
　　　　7.3.2　内嵌式 ····························97
　　　　7.3.3　链接式 ····························98
　　　　7.3.4　导入样式 ·························99
　　　　7.3.5　各种方式的优先级问题 ····100
　7.4　本章小结 ······························102

第 8 章　手工编写与借助工具　103

　8.1　从零开始 ······························103
　8.2　设置标题 ······························104
　8.3　控制图片 ······························105
　8.4　设置正文 ······························106
　8.5　设置整体页面 ························106
　8.6　对段落进行分别设置 ··············107
　8.7　完整代码 ······························108
　8.8　CSS 的注释 ···························109
　8.9　辅助：使用 Dreamweaver 创建页面 ····109
　8.10　辅助：在 Dreamweaver 中新建 CSS 规则 ····110
　8.11　辅助：在 Dreamweaver 中编辑 CSS 规则 ····112
　8.12　为图像创建 CSS 规则 ············114
　8.13　本章小结 ····························116

第 9 章　CSS 的高级特性　117

　9.1　复合选择器 ···························117
　　　　9.1.1　"交集"选择器 ················117
　　　　9.1.2　"并集"选择器 ················118
　　　　9.1.3　后代选择器 ···················120
　9.2　CSS 的继承特性 ·····················122

	9.2.1	继承关系	122
	9.2.2	CSS 继承的运用	123
9.3	CSS 的层叠特性		125
9.4	本章小结		126

第 10 章　用 CSS 设置文本样式　127

10.1	长度单位	127
10.2	颜色定义	128
10.3	准备页面	129
10.4	设置文字的字体	129
10.5	设置文字的倾斜效果	130
10.6	设置文字的加粗效果	131
10.7	英文字母大小写转换	132
10.8	控制文字的大小	133
10.9	文字的装饰效果	133
10.10	设置段落首行缩进	134
10.11	设置字词间距	135
10.12	设置段落内部的文字行高	136
10.13	设置段落之间的距离	136
10.14	控制文本的水平位置	137
10.15	设置文字与背景的颜色	138
10.16	设置段落的垂直对齐方式	138
	10.16.1　使用 line-height 属性进行设置	138
	10.16.2　更通用的解决方案	139
10.17	本章小结	140

第 11 章　用 CSS 设置图像效果　141

11.1	设置图片边框	141
	11.1.1　基本属性	141
	11.1.2　为不同的边框分别设置样式	142
11.2	图片缩放	144
11.3	图文混排	145
	11.3.1　文字环绕	145
	11.3.2　设置图片与文字的间距	146
11.4	案例——八大行星科普网页	147
11.5	设置图片与文字的对齐方式	150
	11.5.1　横向对齐方式	150
	11.5.2　纵向对齐方式	151
11.6	本章小结	154

第 12 章　用 CSS 设置背景颜色与图像　　155

- 12.1　设置背景颜色 ····································· 155
- 12.2　设置背景图像 ····································· 156
- 12.3　设置背景图像平铺 ······························ 157
- 12.4　设置背景图像位置 ······························ 159
- 12.5　设置背景图片位置固定 ······················· 162
- 12.6　设置标题的图像替换 ··························· 163
- 12.7　使用滑动门技术的标题 ······················· 166
- 12.8　本章小结 ··· 168

第 3 部分　CSS 高级篇

第 13 章　CSS 盒子模型　　171

- 13.1　"盒子"与"模型"的概念探究 ··········· 171
- 13.2　边框（border） ··································· 172
  - 13.2.1　设置边框样式（border-style） ········· 173
  - 13.2.2　属性值的简写形式 ·························· 174
  - 13.2.3　边框与背景 ···································· 176
- 13.3　设置内边距（padding） ······················ 177
- 13.4　设置外边距（margin） ······················· 178
- 13.5　盒子之间的关系 ································· 179
  - 13.5.1　HTML 与 DOM ······························ 180
  - 13.5.2　标准文档流 ···································· 183
  - 13.5.3　<div>标记与<span>标记 ···················· 184
- 13.6　盒子在标准流中的定位原则 ··············· 187
  - 13.6.1　行内元素之间的水平 margin ··········· 187
  - 13.6.2　块级元素之间的竖直 margin ··········· 188
  - 13.6.3　嵌套盒子之间的 margin ·················· 189
  - 13.6.4　margin 属性可以设置为负值 ··········· 191
- 13.7　思考题 ··· 192
- 13.8　本章小结 ··· 196

第 14 章　盒子的浮动与定位　　197

- 14.1　盒子的浮动 ·· 197
  - 14.1.1　准备代码 ·· 197
  - 14.1.2　案例 1——设置第 1 个浮动的 div ······ 199
  - 14.1.3　案例 2——设置第 2 个浮动的 div ······ 199

14.1.4 案例3——设置第3个浮动的div ·································· 199
14.1.5 案例4——改变浮动的方向 ···································· 200
14.1.6 案例5——再次改变浮动的方向 ································ 200
14.1.7 案例6——全部向左浮动 ······································ 201
14.1.8 案例7——使用clear属性清除浮动的影响 ····················· 202
14.1.9 案例8——扩展盒子的高度 ···································· 203
14.2 盒子的定位 ·· 204
14.2.1 静态定位（static） ·· 204
14.2.2 相对定位（relative） ·· 205
14.2.3 绝对定位（absolute） ··· 209
14.2.4 固定定位（fixed） ··· 214
14.3 z-index空间位置 ·· 214
14.4 盒子的display属性 ··· 215
14.5 本章小结 ··· 216

第15章 用CSS设置表格样式　217

15.1 控制表格 ··· 217
15.1.1 表格中的标记 ··· 217
15.1.2 设置表格的边框 ··· 219
15.1.3 确定表格的宽度 ··· 222
15.1.4 其他与表格相关的标记 ·· 223
15.2 美化表格 ··· 224
15.2.1 搭建HTML结构 ·· 224
15.2.2 整体设置 ··· 225
15.2.3 设置单元格样式 ··· 226
15.2.4 斑马纹效果 ··· 227
15.2.5 设置列样式 ··· 227
15.3 设置鼠标指针经过时整行变色提示的表格 ····························· 232
15.3.1 在Firefox和IE 7中实现鼠标指针经过时整行变色 ··············· 232
15.3.2 在IE 6中实现鼠标指针经过时整行变色 ························· 233
15.3.3 最终合并代码 ··· 234
15.4 辅助：使用jQuery实现更多效果 ····································· 236
15.4.1 用jQuery实现斑马纹效果 ····································· 237
15.4.2 用jQuery实现"前3行"特殊样式 ······························ 239
15.4.3 用jQuery实现渐变背景色表格效果 ···························· 240
15.4.4 用jQuery实现鼠标指针经过变色效果 ·························· 241
15.5 案例——日历 ·· 241
15.5.1 搭建HTML结构 ·· 241
15.5.2 设置整体样式和表头样式 ······································ 244

	15.5.3 设置日历单元格样式	245
15.6	本章小结	248

第16章 用CSS设置链接与导航菜单 249

16.1	丰富的超链接特效	250
16.2	创建按钮式超链接	252
16.3	制作荧光灯效果的菜单	253
	16.3.1 HTML框架	254
	16.3.2 设置容器的CSS样式	254
	16.3.3 设置菜单项的CSS样式	255
16.4	控制鼠标指针	257
16.5	设置项目列表样式	257
	16.5.1 列表的符号	258
	16.5.2 图片符号	260
16.6	创建简单的导航菜单	261
	16.6.1 简单的竖直排列菜单	261
	16.6.2 横竖自由转换菜单	264
16.7	设置图片翻转效果	265
16.8	应用滑动门技术的玻璃效果菜单	266
	16.8.1 基本思路	266
	16.8.2 设置菜单整体效果	267
	16.8.3 使用"滑动门"技术设置玻璃材质背景	268
	16.8.4 进一步解决的问题	269
16.9	鼠标指针经过时给图片增加边框	270
16.10	本章小结	272

第17章 用CSS建立表单 273

17.1	表单的用途和原理	273
17.2	表单输入类型	274
	17.2.1 文本输入框	274
	17.2.2 单选按钮	274
	17.2.3 复选按钮	275
	17.2.4 密码输入框	275
	17.2.5 按钮	276
	17.2.6 多行文本框	277
	17.2.7 列表框	277
17.3	CSS与表单	278
	17.3.1 表单中的元素	278
	17.3.2 像文字一样的按钮	281

	17.3.3 多彩的下拉菜单	283
17.4	案例——"数独"游戏网页	284
	17.4.1 搭建基本表格	285
	17.4.2 设置表格样式	286
	17.4.3 加入文本输入框	287
	17.4.4 设置文本输入框的样式	287
17.5	对齐文本框和旁边的图像按钮	289
17.6	本章小结	290

第 18 章　网页样式综合案例——灵活的电子相册　291

18.1	搭建框架	291
18.2	阵列模式	293
18.3	单列模式	298
18.4	改进阵列模式	301
18.5	IE 6 兼容	304
18.6	双向联动模式	306
	18.6.1 在 Firefox 中实现	306
	18.6.2 IE 6 兼容	311
	18.6.3 改变方向	312
18.7	本章小结	314

第 4 部分　CSS 布局篇

第 19 章　固定宽度布局剖析与制作　317

19.1	向报纸学习排版思想	317
19.2	CSS 排版观念	319
	19.2.1 两列布局	320
	19.2.2 三列布局	320
	19.2.3 多列布局	321
	19.2.4 布局结构的表达式与结构图	321
19.3	圆角框	325
	19.3.1 准备图像	325
	19.3.2 搭建 HTML 结构	326
	19.3.3 放置背景图像	328
	19.3.4 设置样式并修复缺口	329
19.4	单列布局	330
	19.4.1 放置第一个圆角框	331
	19.4.2 设置圆角框的 CSS 样式	331

　　　　　　19.4.3　放置其他圆角框··334
　19.5　"1-2-1"固定宽度布局··335
　　　　　　19.5.1　准备工作···336
　　　　　　19.5.2　绝对定位法···337
　　　　　　19.5.3　浮动法···339
　19.6　"1-3-1"固定宽度布局··341
　19.7　"1-((1-2)+1)-1"固定宽度布局··343
　19.8　本章小结··344

第20章　变宽度网页布局剖析与制作　345

　20.1　"1-2-1"变宽度网页布局··345
　　　　　　20.1.1　"1-2-1"等比例变宽布局···345
　　　　　　20.1.2　"1-2-1"单列变宽布局···348
　20.2　"1-3-1"宽度适应布局··352
　　　　　　20.2.1　"1-3-1"三列宽度等比例布局···352
　　　　　　20.2.2　"1-3-1"单侧列宽度固定的变宽布局·································352
　　　　　　20.2.3　"1-3-1"中间列宽度固定的变宽布局·································353
　　　　　　20.2.4　进一步的思考···355
　　　　　　20.2.5　"1-3-1"双侧列宽度固定的变宽布局·································356
　　　　　　20.2.6　"1-3-1"中列和侧列宽度固定的变宽布局·························358
　20.3　变宽布局方法总结···359
　20.4　分列布局背景色问题···360
　　　　　　20.4.1　设置固定宽度布局的列背景色···360
　　　　　　20.4.2　设置特殊宽度变化布局的列背景色···································364
　　　　　　20.4.3　设置单列宽度变化布局的列背景色···································364
　20.5　CSS排版与传统的表格方式排版的分析·····································365
　20.6　浏览器的兼容性问题···368
　20.7　CSS布局页面的调试技巧···368
　　　　　　20.7.1　技巧1：设置背景色或者边框，确定错误范围···················369
　　　　　　20.7.2　技巧2：删除无关代码，暴露核心矛盾·····························369
　　　　　　20.7.3　技巧3：先用Firefox调试，然后使它兼容IE······················369
　　　　　　20.7.4　技巧4：善于利用工具，提高调试效率·····························370
　　　　　　20.7.5　技巧5：善于提问，寻求帮助···370
　20.8　本章小结··370

第21章　网页布局综合案例——儿童用品网上商店　371

　21.1　案例概述··371
　21.2　内容分析··372
　21.3　HTML结构设计··374

21.4	原型设计	377
21.5	页面方案设计	380
21.6	布局设计	383
	21.6.1 整体样式设计	383
	21.6.2 页头部分	384
	21.6.3 内容部分	386
	21.6.4 页脚部分	389
21.7	细节设计	389
	21.7.1 页头部分	389
	21.7.2 内容部分	395
	21.7.3 左侧的主要内容列	395
	21.7.4 右边栏	398
21.8	CSS 布局的优点	402
21.9	交互效果设计	403
	21.9.1 次导航栏	403
	21.9.2 主导航栏	404
	21.9.3 账号区	404
	21.9.4 图像边框	405
	21.9.5 产品分类	407
21.10	遵从 Web 标准的设计流程	407
21.11	从"网页"到"网站"	408
	21.11.1 历史回顾	408
	21.11.2 不完善的办法	408
	21.11.3 服务器出场	409
	21.11.4 CMS 出现	409
	21.11.5 具体操作	409
21.12	本章小结	410

附录 A 网站发布与管理　　411

A.1	在 Internet 上建立自己的 Web 站点	411
	A.1.1 制作网站内容	411
	A.1.2 申请域名	411
	A.1.3 信息发布	411
A.2	租用虚拟主机空间	412
	A.2.1 了解基本的技术名词	412
	A.2.2 选择和租用虚拟主机	413
A.3	向服务器上传网站内容	414
	A.3.1 使用 Dreamweaver 上传文件	414
	A.3.2 使用 IE 浏览器上传文件	415

    A.3.3 使用专业FTP工具上传文件 ·············· 416
  A.4 网站管理 ·············· 418
    A.4.1 修改密码 ·············· 418
    A.4.2 集团邮箱管理 ·············· 419
    A.4.3 注意事项 ·············· 420

附录B CSS英文小字典 421

第 1 部分
HTML 基础篇

第 1 章
网页设计基础知识
第 2 章
HTML 网页文档结构
第 3 章
用 HTML 设置文本和图像
第 4 章
用 HTML 建立超链接（<a>）
第 5 章
用 HTML 创建表格

第1章
网页设计基础知识

本章首先将对一些与网络相关的概念做一些浅显的解释，使读者对互联网传递信息的基本原理有所了解，然后对网页设计的一些原则和方法作一个简单的概述。本章的内容大多并不直接涉及具体的操作，但是可以为后面章节的学习打下基础，因此希望读者能够充分理解本章中所介绍的相关概念。

1.1 基础概念

相信读者都有过上网冲浪的经历，打开浏览器并在地址栏中输入一个网站的地址，就会展示出相应的网页内容了，如图 1.1 所示。

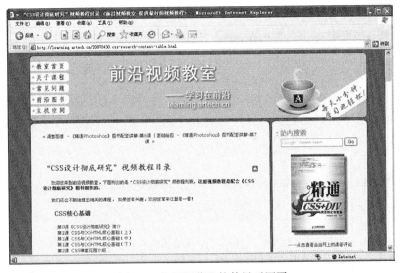

图 1.1 使用浏览器软件显示网页

网页中可以包含很多种类型的内容作为网页的元素，其中最基本的网页元素是文字，此外还包括静态的图形和动画，以及声音和视频等其他形式的多媒体文件。网页的最终目的就是给访问者显示有价值的信息，并留下最深刻的印象。

技术背景 请读者理解一点，一个网页实际上并不是由一个单独的文件构成的，这与 Word、PDF 等格式的文档有明显的区别。网页显示的图片、背景声音以及其他多媒体文件都是单独存放的。具体组织方式在后面的讲解中逐渐深入介绍。

在开始设计网页和网站之前，需要了解一些基础知识。这些知识并不复杂，但是它们对以后的工作过程有非常重要的影响。

这里说明几个非常重要的概念。首先必须知道什么是"浏览器"和"服务器"。互联网就是处在世界各地的计算机互相连接而成的一个计算机网络。网站的浏览者坐在家中查看各种网站上的内容，实际上就是从远程的计算机中读取了一些内容，然后在本地的计算机上显示出来的过程。

因此，提供内容信息的计算机就称为"服务器"，访问者使用"浏览器"程序，例如集成在 Windows 操作系统中的 Internet Explorer，就可以通过网络取得"服务器"上的文件以及其他信息。服务器可以同时供许多不同的人（"浏览器"）访问。

访问的具体过程简单地说，就是当用户的计算机联入 Internet 后，通过浏览器发出访问某个站点的请求，然后这个站点的服务器就把信息传送到用户的浏览器上，即将文件下载到本地的计算机，浏览器再显示出文件内容。这个过程的示意图如图 1.2 所示。

互联网也常被称为"万维网"，是从 WWW 这个词语翻译而来的。它是"World Wide Web"的首字母缩写，简称 Web。WWW 计划是由 Tim Berners.Lee 在 CERN（欧洲量子物理实验室）的时候开始使用的。实际上 Web 是一个大型的相互链接的文件所组成的集合体，范围包括了整个世界。

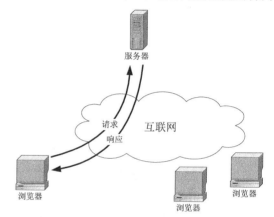

图 1.2　服务器与浏览器的关系示意图

实际上，WWW 可以认为是互联网所提供的很多功能中的一个，就是指通过浏览器能够访问各种网站的这种功能。当然，互联网还提供了很多其他的功能，例如当制作好网站之后，需要把网站传送到远程服务器上，这就要用到 FTP 功能，它就不属于 WWW 的范畴了。

1.2　网页与 HTML 语言

网页文件是用一种被称为 HTML（HypcrText Markup Language）的标记语言书写的文本文件，它可以在浏览器中按照设计者所设计的方式显示内容，网页文件也经常被称为 HTML 文件。有两种方式来产生网页文件：一种是自己手工编写 HTML 代码；另一种是借助一些辅助软件来编写，例如使用 Adobe 公司的 Dreamweaver 或者微软公司的 Expression Web 这样的网页制作软件。

用浏览器打开任意一个网页，然后选择浏览器的菜单中的"查看→源文件"命令，这时会自动打开记事本程序，里面显示的就是这个网页的 HTML 源文件，如图 1.3 所示。这些源文件看起来感觉非常复杂，实际上它并不难掌握，本书后面的任务就是教读者如何编写 HTML 文件。

第1章 网页设计基础知识

图 1.3　网页的 HTML 源文件

1.3　Web 标准：结构、表现与行为

网页相关的技术走入实用阶段，不过短短十几年的时间，就已经发生了很多重要的变化。其中最重要的一点是"Web 标准"被广泛地接受。

1.3.1　标准的重要性

相信读者对"标准"这个词都非常熟悉，也能很容易地了解标准的重要性。在越来越开放的环境中，各个相互关联的事物要能够协同工作，就必须遵守一些共同的标准来工作。

例如，个人电脑的型号是开放的标准，而个人电脑的零件的规格是统一的。为个人电脑生产零件的厂家成千上万，大家都是在同一个标准下进行设计和生产，因此用户只需要买来一些零件，比如 CPU、内存条和硬盘等，简单地"插"（组合）在一起，就能成为一台好用的电脑了，这就是"标准"的作用。相比之下，其他行业就远不如 PC 行业了，比如汽车行业，一个零件只能用在某个品牌的汽车上。这样不仅麻烦得多，而且也不利于成本的降低。

互联网是另一个"标准"倍出的领域，连接到互联网的各种设备的品牌繁多、功能各不相同，因此必须依靠严谨合理的标准，才能使这些纷繁复杂的设备都协同工作起来。

"Web 标准"也是互联网领域中的标准，实际上，它并不是一个标准，而是一系列标准的集合。

从发展历程来说，Web 是逐步发展和完善的，到目前它还在快速发展之中。在早期阶段，互联网上的网站都很简单，网页的内容也非常简单，自然相应的标准也是很简单的。而随着技术的快速发展，相应的各种新标准也都应运而生了。

打个比方，如果仅仅是简单地写一个便条或者一封信，那么对格式的要求就很低，而如要出版一本书，就必须严格地设置书中的格式，比如各级标题用什么字体、什么字号，正文的格式，图片的格式，等等。这是因为从一个便条到一本书，内容的性质已经不同了。

同样，在互联网上，刚开始的时候内容还很少，也很简单，也不存在更多的复杂应用，因此一些简单（或者说"简陋"）的标准就已经够用了。而现在互联网上的内容已经非常多了，而且逻辑和结构日益复杂，出现了各种交互应用，这时就必须从更本质的角度来研究互联网上的信息，使得这些信息仍然能够清晰、方便地被操作。

读者应该理解，一个标准并不是某个人或者某个公司，在某一天忽然间制定出来的。标准都是在实际应用过程中，经过市场的竞争和考验，经过一系列的研究讨论和协商之后达成的共识。

1.3.2 "Web 标准"概述

下面来着重讲解关于网页的标准——"Web 标准"。

网页主要由 3 个部分组成：结构（Structure）、表现（Presentation）和行为（Behavior）。

用一本书来比喻，一本书分为篇、章、节和段落等部分，这就构成了一本书的"结构"，而每种组成部分用什么字体、什么字号、什么颜色等，就称为这本书的"表现"。由于传统的图书是固定的，不能变化的，因此它不存在"行为"。

在一个网页中，同样可以分为若干个组成部分，包括各级标题、正文段落、各种列表结构等，这就构成了一个网页的"结构"。每种组成部分的字号、字体和颜色等属性就构成了它的"表现"。网页和传统媒体不同的一点是，它是可以随时变化的，而且可以和读者互动，因此如何变化以及如何交互，就称为它的"行为"。

因此，概括来说，"结构"决定了网页"是什么"，"表现"决定了网页看起来是"什么样子"，而"行为"决定了网页"做什么"。

不很严谨地说，"结构"、"表现"和"行为"分别对应于 3 种非常常用的技术，即(X)HTML、CSS 和 JavaScript。也就是说，(X)HTML 用来决定网页的结构和内容，CSS 用来设定网页的表现样式，JavaScript 用来控制网页的行为。本书将重点介绍前两者，对于 JavaScript 仅在少数案例中用到，只进行一些简单的介绍。

"结构"、"表现"和"行为"的关系，如图 1.4 所示。

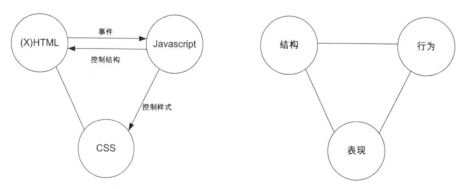

图 1.4 "结构"、"表现"和"行为"的关系

这 3 个组成部分被明确以后，一个重要的思想随之产生，即这三者的分离。最开始时HTML 同时承担着"结构"与"表现"的双重任务，从而给网站的开发、维护等工作带来很多困难。而当把它们分离开，就会带来很多优点。具体内容在后面会一一讲解。

这里仅给出一个例子简单说明。图 1.5 中显示的一个页面的初始效果，即仅通过 HTML 定义了这个页面的结构，图中使用文字说明了这个页面中的各个组成部分，以及使用的 HTML 标记，灰色线框中的效果是使用浏览器查看的效果。这个效果是很单调的，仅仅是所有元素依次排列而已。

对上述的页面，使用 CSS 设定了样式以后，它的表现形式就完全不同了。图 1.6 所示的是一种表现方式。借助于 CSS，在不改变它的 HTML 结构和内容的前提下，可以设计出很多种不同的表现形式来，而且可以随时在不改变 HTML 结构的情况下修改样式。这就是"结构"与"表现"分离所带来的好处。

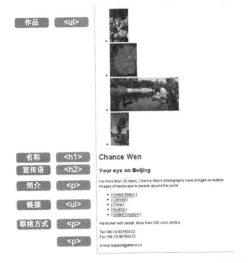

图 1.5　仅使用 HTML 定"结构"的页面效果

图 1.6　使用 CSS 设定样式之后的效果

1.4　初步理解网页设计与开发的过程

网站是如何建立起来的呢？简单来说，网站开发的全过程大致分为策划与定义、设计、开发、测试和发布 5 个阶段。本节将对开发的流程进行介绍。

1.4.1　基本任务与角色

在每一个开发阶段，都需要相关各方人员的共同合作，包括客户、设计师和编程开发员等不同角色，每个角色在不同的阶段有各自承担的责任。表 1.1 列出了在网站建设与网页设计的各个阶段中需要参与的人员角色。

表 1.1　　　　　　　　网站建设与网页设计流程中的人员角色

策划与定义	设　计	开　发	测　试	发　布
客户 设计师	设计师	设计师 程序开发员	客户 设计师 程序开发员	设计师 程序开发员

通常，客户会提出他们的要求，并提供要在网站中呈现的具体内容。设计师负责进行页面的设计，并构建网站。程序开发员为网站添加动态功能。在测试阶段，需要大家共同配合，寻找不完善的地方，并加以改进，各方人员满意后才能把网站发布到互联网上。因此，每个参与者都需要以高度的责任感和参与感投入到项目的开发过程中，只有这样才能开发出高水平的网站。

经过近 10 年的发展，互联网已经深入到社会的各个领域，伴随着这个发展过程，网站开发已经成为了一个拥有大量从业人员的行业，从而整个工作流程也日趋成熟和完善。通常开发一个网站需要经过如图 1.7 所示的环节，下面就对其中的每一个环节进行介绍。

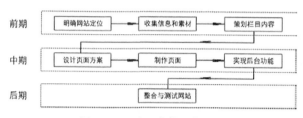

图 1.7　网站开发的工作流程

1.4.2　明确网站定位

首先在动手制作网站之前给要做的网站一个准确的定位，明确建站目的是什么。谁能决定网站的定位呢？如果网站是做给自己的，比如一个个人网站，那么自己说了算；如果是为客户建立网站，那么一定要与客户的决策层人士共同讨论，要理解他们的想法，这是十分重要的。

在理解了客户的想法后，就要站在客户的立场上，探讨网站的定位。根据经验，如果设计师能够从客户的立场出发，给客户提出一些中肯的建议，并结合到策划中去，那么可以说设计工作已经成功了一半，这也可以大大减小在日后与客户的沟通中发生不愉快的可能性。

1.4.3　收集信息和素材

在明确建站目的和网站定位以后，开始收集相关的意见，要结合公司其他部门的实际情况，这样可以发挥网站的最大作用。

这一步是前期策划中最为关键的一步，因为网站是为公司服务的，所以全面地收集相关的意见和想法可以使网站的信息和功能趋于完善。收集来的信息需要整理成文档，为了保证这个工作的顺利进行，可以让相关部门配合提交一份本部门需要在网站上开辟的栏目的计划书。这份计划书一定要考虑充分，因为如果要把网站作为一个正式的站点来运营的话，那么每个栏目的设置都应该是有规划的。如果考虑不充分，会导致以后突如其来的新加内容破坏网站的整体规划和风格。当然，这并不意味着网站成形后不许添加栏目，只是在添加的过程中需要结合网站的具体情况，过程更加复杂，所以最好是当初策划时尽可能考虑全面。

1.4.4　策划栏目内容

对收集的相关信息进行整理后，要找出重点，根据重点以及公司业务的侧重点，结合网站定位来确定网站的栏目。开始时可能会因为栏目较多而难以确定最终需要的栏目，这就需要展开另一轮讨论,需要所有的设计和开发人员在一起阐述自己的意见,一起反复比较,将确定下来的内容进行归类,形成网站栏目的树状列表用以清晰表达站点结构。

对于比较大的网站,可能还需要讨论和确定二级栏目以下的子栏目,对它进行归类,并逐一确定每个二级栏目的主页面需要放哪些具体的东西,二级栏目下面的每个小栏目需要放哪些内容,让栏目负责人能够很清楚地了解本栏目的细节。讨论完以后,就应由栏目负责人来按照讨论过的结果写栏目规划书。栏目规划书要求写得详细具体,并有统一的格式,以便网站留档。这次的策划书只是第一版本,以后在制作的过程当中如果出现问题应及时修改该策划书,并且也需要留档。

1.4.5 设计页面方案

现在需要做的就是让美术设计师(也称为美工)根据每个栏目的策划书来设计页面。这里需要再次指出,在设计之前,应该让栏目负责人把需要特殊处理的地方跟设计人员讲明。在设计页面时设计师要根据策划书把每个栏目的具体位置和网站的整体风格确定下来。为了让网站有整体感,应该在网页中放置一些贯穿性的元素,最终要拿出至少3种不同风格的方案。每种方案应该考虑到公司的整体形象,与公司的精神相结合。确定设计方案后,经讨论后定稿。最后挑选出两种方案交给客户选择,由客户确定最终的方案。

1.4.6 制作页面

方案设计完成以后,下一步是实现静态页面,由制作人员负责根据设计师给出的设计方案制作出网页,并制作成模板。在这个过程中需要十分注意网站的页面之间的逻辑,并区分静态页面和需要服务器端实现的动态页面。

在制作页面的同时,栏目负责人应该开始收集每个栏目的具体内容并整理。模板制作完成后,由栏目负责人往每个栏目里面添加具体内容。对于静态页面,将内容添加到页面中即可;对于需要服务器端编程实现的页面,应交由编程人员继续完成。

为了便于读者理解,在这里举一个例子,以区分动态页面和静态页面的含义。例如某个公司的网站,需要展示1000种商品,每个页面中展示10种商品。如果只用静态页面来制作,那么一共需要100个静态页面,在日后需要修改某商品的信息时,需要重新制作相应的页面,修改得越多,工作量就越大。如果借助于服务器端的程序,制作为动态页面,例如使用ASP技术,只需要制作一个页面,然后把1000种商品的信息存储在数据库中。页面根据浏览者的需求调用数据库中的数据,动态地显示这些商品信息。需要修改商品信息时只要修改数据库中的数据即可。这就是动态页面的作用。

1.4.7 实现后台功能

将动态页面设计好后,只剩下程序部分需要完成了。在这一步中,由程序员根据功能需求来编写程序,实现动态功能。

需要说明的是,网站的建设过程中,"如何统筹"是一个比较重要的问题。在上面所讲述的过程进行的同时,网站的程序人员正处于开发程序的阶段,如果实现的过程中出现什么问题,编程人员应和制作人员及时沟通,以免程序开发完成后发现问题再进行大规模的返工。

1.4.8　整合与测试网站

当制作和编程的工作都完成以后，就要把程序和页面进行整合。整合完成以后，需要内部测试，测试成功后即可上传到服务器上，交由客户检验。通常客户会提出一些修改意见，这时根据客户要求完成修改即可。

如果这时客户提出会导致结构性调整的问题，工作量就会很大。客户并不了解网站建设的流程，很容易与网站开发人员产生不愉快的情况。因此最好在开发的前期准备阶段就充分理解用户的想法和需求，同时将一些可能发生的情况提前告诉客户，这样就容易与客户保持愉快的合作关系。

1.5　与设计相关的技术因素

从上一节中可以看出，一个完善的网站实际上是需要由若干个不同的角色人员共同配合完成的。本书重点介绍的是与页面制作相关的内容。

制作 Web 页面之前，应该对一些和制作相关的技术因素和设计因素有所了解。下面对网页设计中首先会遇到的一些参数作一介绍。因为在设计一个页面之前，首先要确定这个网页要设计成多大尺寸，以及用户的浏览器是否能够正确显示的功能问题。

1. 屏幕显示分辨率

"屏幕显示分辨率"是显示器在显示图像时的分辨率。分辨率是用"点"来衡量的，显示器上的这个"点"就是指像素（pixel）。

显示分辨率的数值是指整个显示器所有可视面积上水平像素和垂直像素的数量。例如 800×600 像素的分辨率，是指在整个屏幕上水平显示 800 个像素，垂直显示 600 个像素。显示分辨率的水平像素和垂直像素的总数总是成一定比例的，一般为 4:3、5:4 或 8:5。每个显示器都有自己的最高分辨率，并且可以兼容其他较低的显示分辨率，所以一个显示器可以设置多种不同的分辨率。

为什么设计网页的时候要考虑显示分辨率呢？这是因为浏览同一个网页的人们所用的计算机显示器不同，分辨率设置不同，这样显示的效果也会不同。例如如果以最常见的 1024×768 像素的分辨率为目标设计了一个网页，那么使用 800×600 像素分辨率显示器的访问者浏览这个网页时会看到页面显示不完整，需要反复拖动浏览器的滚动条来看未显示出来的部分。

随着计算机的飞速发展，流行的显示分辨率也在不断变化。如图 1.8 所示的统计数据是一个网站在 2007 年 11 月期间大约 2 万名访问者使用的显示器分辨率的数据。

可以看到，主流的显示分辨率是 1024×768 像素，占大约 70%。值得注意的是，其余的分辨率中，只有 800×600 像素这种分辨率小于 1024×768 像素，而且可以看出，使用 800×600 像素这种最低分辨率的用户已经非常少了，仅占 2.43%。

因此，大多数网站中的页面，可以按照 1024×768 像素的分辨率来进行设计，这样可以保证 97% 以上用户非常舒服地浏览网页。

第 1 章 网页设计基础知识

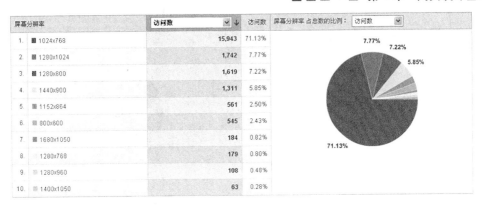

图 1.8 访问者使用的显示器分辨的数据

2．浏览器类型

浏览器类型也是在网页设计时会遇到的一个问题。由于各个软件厂商对 HTML 的标准支持有所不同，导致了同样的网页在不同的浏览器下会有不同的表现。

随着 CSS 在网页设计中的普及和流行，浏览器的因素变得比以往传统的网页设计中更为重要。这是因为，各种浏览器对 CSS 标准支持的差异远远大于对 HTML 标准的支持。因此，读者必须认识到，设计出来的网页，在不同的浏览器上的效果可能会有很大差异。具体的相关内容，在本书后面的章节中还会多次提及，这里先提醒读者注意。

图 1.9 所示是一个网站在 2007 年 11 月期间，大约 2 万名访问者使用的浏览器类型的统计数据。

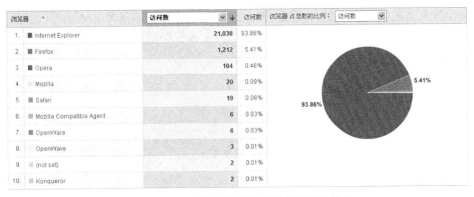

图 1.9 访问者使用的浏览器类型的统计数据

可以看到 Internet Explorer 是占绝对主流的。而 Firefox 浏览器的份额在不断提高，其余的浏览器使用者，相对来说就很少了。

而对 CSS 的支持，不仅不同的浏览器之间存在差异，即使在 Internet Explorer 浏览器中，不同版本也会有所差别，因此，不但需要对不同的浏览器所占的比例有所了解，还应该对 Internet Explorer 浏览器的不同版本情况有所了解。

如图 1.10 所示的统计数据是图 1.9 中，使用 Internet Explorer 浏览器的用户的具体版本数据。

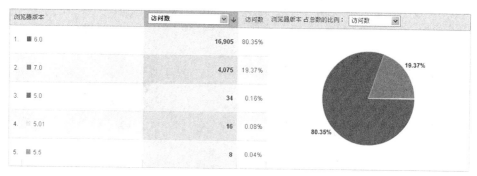

图 1.10　访问者使用的浏览器的不同版本的数据

可以看到，在对 Internet Explorer 浏览器的各个版本中，6.0 和 7.0 版是占绝对主流的，而使用 5.5 及以下版本的用户已经非常少了。

因此，就目前而言，在制作网页的时候，应该保证在 Internet Explorer 6.0、Internet Explorer 7.0 和 Firefox 这 3 个浏览器中都显示正确，这样可以保证 99% 以上的访问者可以正确浏览该网页。

1.6　本章小结

通过本章的学习，可以了解到，网页设计和开发是一个综合性相当强的工作。网页设计中并没有非常复杂的技术，但是却包罗万象。既需要有美工人员能进行视觉方面的设计，也需要程序开发人员进行功能开发。因此需要设计师对各个方面的技术和知识有所掌握，才能从容应付可能会遇到的各种问题。这也需要不断积累设计经验，只有这样才能胜任网页设计的工作。

第 2 章
HTML 网页文档结构

在上一章中,介绍了关于互联网的一些基础知识。制作网页最基础的两个规范分别称为 HTML 和 CSS,它们在网页中起着不同的作用。本书正是围绕着这两个内容进行讲解的,本章首先对 HTML 进行讲解,这里将介绍 HTML 的基本概念以及一些简单的应用。此外,Dreamweaver 是目前流行的网页制作软件之一,因此本章中还会对 Dreamweaver 软件的使用进行一些简单的介绍。

通过本章的学习,读者将会清楚地了解 HTML 语言在网络中所处的位置,这样从总体上把握 HTML,并熟悉 Dreamweaver 软件的基本操作,为后面章节的学习打下基础。

2.1 HTML 简介

前面提到过网页的基础是 HTML,全称为 Hypertext Markup Language,译为超文本标记语言。

首先应该明确一个概念,HTML 不是一种编程语言,而是一种描述性的标记语言,用于描述超文本中内容的显示方式。比如如何在网页中定义一个标题、一段文本或者一个表格等,这些都是利用一个个 HTML 标记完成的。其最基本的语法就是:<标记>内容</标记>。标记通常都是成对使用的,有一个开头标记就对应有一个结束标记。结束标记只是在开头标记的前面加一个斜杠"/"。当浏览器从服务器接收到 HTML 文件后,就会解释里面的标记符,然后把标记符相对应的功能表达出来。

例如,在 HTML 中以<p></p>标记来定义一个文本段落,以<table></table>标记来定义一个表格。当浏览器碰到<p></p>标记时,就会把<p></p>标记之间的所有文字以一个段落的样式显示出来。

再进一步,上面说的<p>标记和<table>标记都属于结构标记,也就是它们用于定义网页内容的结构。此外,还有一类标记,称为形式标记,用于定义网页内容的形式。比如浏览器遇到<b></b>标记时,就会把<b></b>标记中的所有文字以粗体样式显示出来。或者,有"<i>网页</i>"这样一个 HTML 语句,其显示结果就是斜体的"*网页*"两个字。

读者可以看到,HTML 就是这样易学易用。总的原则就是,用什么样的标记就能得到什么样的效果。希望获得什么效果,就用相应的标记即可。因此,学习 HTML 实际上就是学习如何使用各种 HTML 的标记。

2.1.1 创建第一个 HTML 文件

人们经常在有意无意中使用网页这个概念,那么网页的本质是什么呢?实际上网页就是一个文件，只不过这个文件是利用 HTML 写成的，所以又被称为 HTML 文件。HTML 文件的本质就是一个文本文件，只是扩展名为".htm"或".html"的文本文件。所以，可以利用任何文本编辑软件创建、编辑 HTML 文件。在 Windows 操作系统中，最简单的文本编辑软件就是 NotePad（记事本）。

现在我们来创建自己的第一个 HTML 文件。HTML 文件的创建方法非常简单。具体的操作步骤如下。

❶ 选择"开始"，然后依次选择"程序→附件→记事本"命令。

❷ 在打开的记事本窗口中写入如下代码。此时记事本窗口如图 2.1 所示。

```
<html>
    <head>
        <title>test</title>
    </head>
    <body>
        <b>
            互联网，我来了!
        </b>
    </body>
</html>
```

❸ 编写完成后保存该文档。选取记事本菜单栏中的"文件→保存"命令，会弹出如图 2.2 所示的"另存为"对话框。要特别注意，应首先在"保存类型"下拉列表中选择"所有文件"选项，然后再在"文件名"文本框中输入一个文件名，并以".htm"或者".html"作为文件名的后缀。

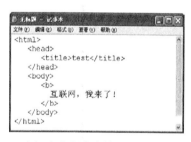

图 2.1　在记事本程序中输入 HTML 文件内容　　　　图 2.2　修改后缀名

> **注意**　如果这里不改成"所有文件"，记事本程序会自动在文件名后面加上".txt"后缀，这样浏览器就不会把这个文件当做网页文件对待了。

❹ 设置完成后单击"保存"按钮，这时该文本文件就变为了 HTML 文件，在 Windows 中，可以看到它的图标就是网页文件的图标了，如图 2.3 所示。

❺ 这时双击该 HTML 文件，就会自动打开浏览器，并显示该文件的内容，看到的效果如图 2.4 所示。本案例代码请参考本书光盘"第 2 章/02-01.htm"。

这就是我们制作的第一个 HTML 文件，尽管它只有一行文字，但这就标志着我们已经迈出了走进互联网世界的第一步！

第 2 章　HTML 网页文档结构

图 2.3　打开 HTML 文件

图 2.4　在 IE 浏览器中的现实效果

> **说明**　由于 HTML 文件本质上就是文本文件，因此使用任何文本编辑软件都可以对它进行编辑。当然 Dreamweaver 是最常用的专业网页编辑软件之一，但是在这一节中，我们仍然使用最简单的记事本，来编写和编辑 HTML 文档，目的是通过最基本的操作，尽可能深入地掌握 HTML 的原理。

2.1.2　HTML 文件结构

在上面的 HTML 文件里用到了 5 个 HTML 标记，下面就依次讲解它们的作用。实际上，它们构成了最简单的完整的 HTML 文件结构。

1．<html>标记

<html>标记放在 HTML 文件的开头，并没有什么实质性的功能，只是一个形式上的标记，但还是希望读者形成一个良好的编写习惯，在 HTML 文件开头使用<html>标记来做一个形式上的开始。

2．<head>标记

<head>也称为头标记，一般放在<html>标记里，其作用是放置关于此 HTML 文件的信息，如提供索引、定义 CSS 样式等。

3．<title>标记

<title>称为标题标记，包含在<head>标记内，它的作用是设定网页标题，可以看见在浏览器左上方的标题栏中显示这个标题，此外，在 Windows 任务栏中显示的也是这个标题，如图 2.5 所示。

图 2.5　HTML 文件标题

4．<body>标记

<body>又称为主体标记，网页所要显示的内容都放在这个标记内，它是 HTML 文件的重点所在。在后面章节所介绍的 HTML 标记都将在这个标记内。然而它并不仅仅是一个形式上的标记，它本身也可以控制网页的背景颜色或背景图像，这将在后面进行介绍。

另外在构建 HTML 框架的时候要注意一个问题，标记是不可以交错的，否则将会造成错误，如：

```
<html>
    <head>
        <title>test</title>
```

```
            <body>
        </head>
        </body>
</html>
```
这里面,第 4 行与第 5 行出现了一个交错,这是错误的。

2.2 简单的 HTML 案例

通过以上的学习,我们已经对 HTML 有了一个基本的认识,下面来举几个简单的例子。希望读者能够通过这几个简单的例子,理解 HTML 的基本原理,这对于以后深入掌握各种 HTML 的标记会有很大的帮助。

【例 1】设置标题,光盘文件位于"第 2 章/02-02.htm"。

```
<html>
    <head>
        <title>标题标记</title>
    </head>
    <body>
        以下为标题样式:
        <h1>H1 标题大小</h1>
        <h2>H2 标题大小</h2>
        <h3>H3 标题大小</h3>
        <h4>H4 标题大小</h4>
        <h5>H5 标题大小</h5>
        <h6>H6 标题大小</h6>
    </body>
</html>
```

在浏览器中打开这个网页,其效果如图 2.6 所示。

这里运用了标题标记<Hn></Hn>(n 表示 1 到 6 的数字)。这个标记用来设置标题文字以加粗方式显示在网页中。它共有 6 个层次,也就是可以设置 6 种大小样式。

【例 2】设置文字颜色,光盘文件位于"第 2 章/02-03.htm"。

```
<html>
    <head>
        <title>设置文字颜色</title>
    </head>
    <body>
        <font color=blue>
            这是蓝色文字
        </font>
    </body>
</html>
```

在浏览器中打开这个网页,其效果如图 2.7 所示。

<font color=#></font>标记可以用来控制文字颜色,#代表颜色的英文名称。这里的标记写法和前面的例子有所不同,在标记名称(font)的后面还有一个单词 color,它称为标记的"属性",用于设置某一个标记的某些附属性质,例如 color 这个属性,就用来设置文字的颜色属性。

图 2.6　标题标记

图 2.7　字体颜色标记

常用的颜色名称有 black（黑）、gray（深灰）、silver（浅灰）、green（绿）、purple（紫）、yellow（黄）、red（红）、white（白）等。

对于大多数中国用户来说，对大多数颜色的名称都是不熟悉的，因此多数情况都适用其他的方法来描述颜色的具体值，在后面的章节中再详细介绍。

【例3】同时设置加粗、倾斜以及文字的颜色，光盘文件位于"第2章/02-04.htm"。

```
<html>
    <head>
        <title>蓝色粗斜字体</title>
    </head>
    <body>
       <b>
         <i>
           <font color=blue>
             这是蓝色粗斜字体
           </font>
         </i>
       </b>
    </body>
</html>
```

在浏览器中打开这个网页，其效果如图2.8所示。

<b></b>标记的作用是使其中的文字以加粗的形式显示，<i></i>标记的作用是使其中的文字以倾斜的形式显示。

需要注意的是，这是一个标记间的相互嵌套，也就是一个标记放在另一个标记之中，它们共同控制了最里面的文字的显示方式。

【例4】插入图片，光盘文件位于"第2章/02-05.htm"。

```
<html>
    <head>
        <title>插入图片</title>
    </head>
    <body>
        <center>
          <img src=cup.gif>
          <p>网页也可以图文并茂！</p>
        </center>
    </body>
</html>
```

在浏览器中打开这个网页，其效果如图 2.9 所示。

图 2.8　蓝色粗斜字体

图 2.9　插入图片

图片插入的 HTML 标记是<img>，它有一个 src 属性，用于指明图像文件的位置。例如上面的代码中，src 属性设置为"cup.gif"，这就是说该图片和调用它的 HTML 文件处于同一目录中，这时可以直接使用其图片的文件名，图片的扩展名也要一并加上。

> **注意**　从这里可以印证前面谈到过的一个问题，网页文件中的图像文件与 HTML 文件是分离各自保存的，假设需要把这个网页复制到别人的计算机上，就要把这个 HTML 文件和图像文件一起复制过去，否则就不能正常显示了。读者可以和 Word 文档对比一下，在 Word 文档中插入图像以后，这个 Word 文档本身就把图像信息包含在文档数据中了，它与网页文档存在着明显的区别。

【例 5】注释标记，光盘文件位于"第 2 章/02-06.htm"。

```
<html>
    <head>
        <title>注释标记</title>
    </head>
    <body>
        这是正文文本……    <!- 这是注释文本……    -->
    </body>
</html>
```

在浏览器中打开这个网页，其效果如图 2.10 所示。

可以看到，在"<!-"和"-->"之间的内容，即"这是注释文本……"这行字并没有在浏览器中显示出来。"<!-"和"-->"这对标记就称为注释标记，它的作用是使网页的设计者自己或用户了解该文件的内容，所以注释标记中的内容是不会显示在浏览器中的。

图 2.10　注释标记

通过上面 5 个案例，读者已经了解了网页文件的基本原理。当然，实际工作中，需要用到的标记、属性远不止于此，这正是我们在后面的章节中要详细讲解的内容。

2.3　网页源文件的获取

通过上面的几个实例，可以更加了解 HTML 标记的概念，无论希望在网页中显示文字，还是想在网页中插入图片，都是利用相应的 HTML 标记来完成的。一句话，HTML 标记直接掌握着网页的内容。

HTML 本身是十分简单的,可是要做一个精美的网页是不容易的,这需要较长时间的实践。在这个过程中,除了要多动手,还要多看,看别人的优秀网页是怎么设计、怎么制作的。有时同一种网页效果,可以采用多种方法来完成,所以对于初学者来说不要轻易放过任何一个网页,要实际看看人家是怎样编写 HTML 代码的,也就是查看网页源文件。

2.3.1 直接查看源文件

查看源文件的具体操作步骤如下。

打开浏览器,这里以 IE 浏览器为例。选择菜单栏中的"查看→源文件"命令即可看到该网页的源文件了,如图 2.11 所示。

图 2.11 查看源文件

2.3.2 保存网页

我们不但可以查看网页的源代码,也可以把整个网页保存下来。具体的操作步骤如下。

选择浏览器菜单栏中的"文件→另存为"命令,这样就可以将所需的与该网页相关的部件全部保存下来,如图 2.12 所示。

注意在"保存类型"下拉列表中选择"网页,全部(*.htm;*.html)"选项,这样将把网页中包含的图像等其他相关内容都保存下来。在保存的 HTML 文件的同一个文件夹中会出现一个文件夹,里面有所有的相关文件,如图 2.13 所示。

> **说明** 有些设计者为其制作的网页采用了特殊技术,使得浏览者不能将网页或某些相关的文件保存下来;还有些设计者采用了"隐藏"网页,使得浏览者看不到保存下来的 HTML 文件的详细 HTML 代码。不过绝大部分的网页都是非常友善的,可以让浏览者充分享受网页中所提供的资源。

> **注意** 正是由于这种极其充分的开放性,才使得互联网的发展如此迅猛,这也使全世界的人民从中受益。但是同时也要注意不要侵犯他人的知识产权,尽管可以参考别人的设计方法和技术,但是不要直接使用他人拥有知识产权的内容。只有每一个人都很好地尊重他人的劳动成果,互联网的发展才会更健康。

图 2.12 保存网页

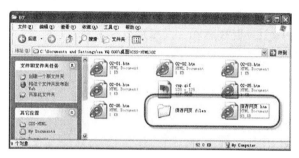

图 2.13 保存的网页文件

2.4 辅助：利用 Dreamweaver 快速建立基本文档

Dreamweaver 是一个设计制作网页时非常好的工具，在本节中将介绍使用 Dreamweaver 快速建立基本文档的方法。

1．创建新的空白文档

如果要用 Dreamweaver 新建 HTML 文档，就可以选择"文件"菜单中的"新建"命令，这时会出现一个"新建文档"对话框，如图 2.14 所示。它提供了一些可供使用的模板，这里使用最基本的一种，也是默认的一种，就是在"基本页"目类中的 HTML。由于是默认的类型，因此可以直接单击"创建"按钮，打开一个新的文档窗口。通过这种方式打开的文档还没有名字，在编辑完成后要为它命名并保存到本地网站文件夹中。

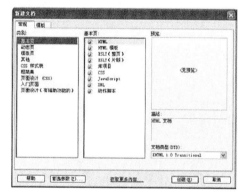

图 2.14 创建新文档

在 Dreamweaver 中可以同时编辑若干文档。例如，增加一个新的文档窗口后，用鼠标双击"管理站点"对话框中的"index.htm"文件，就会打开"index.htm"文档窗口，如图 2.15 所示。

图 2.15 同时打开两个文档窗口

如果把这两个窗口中的任意一个最大化，将会成为如图 2.16 所示的样子，可以通过文档上侧的选项卡来切换当前编辑的文档。

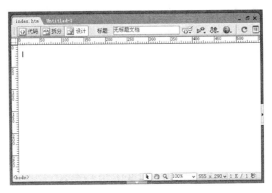

图 2.16　切换多个文档

 创建的新文档都是空白的。"空白"指的是文档窗口里没有内容，如图片和文本等。但是与之相对应的 HTML 文件并不是空白的。单击文档工具栏中的 拆分 按钮，将同时显示 HTML 代码和页面的内容，如图 2.17 所示。可以看到，最基本的 HTML 文件的框架已经存在了。

图 2.17　打开 HTML 文件

Dreamweaver 自动生成的代码如下。

```
<!DOCTYPE HTML PUBLIC "-//W3C//DTD HTML 4.01//EN"
                "http://www.w3.org/TR/html4/strict.dtd">
<html>
   <head>
      <meta http-equiv="Content-Type" content="text/html; charset=gb2312">
      <title>无标题文档</title>
   </head>
   <body>
   </body>
</html>
```

可以看到与前面介绍的网页结构很相似，如<html>、<head>和<body>等标记都可以看到，此外还有一些前面没有提到的内容，例如：

```
<!DOCTYPE HTML PUBLIC "-//W3C//DTD HTML 4.01//EN"
                "http://www.w3.org/TR/html4/strict.dtd">
```

这是一个"文档类型"说明，放在页面的最开始。随着互联网技术的发展，HTML 语言的规范也在发展，因此产生了不同的规范分支版本，对"文档类型"进行说明，其作用就是要告诉浏览器按照哪种具体的规范来解释和显示这个页面。

这些语言规范彼此之间并不是完全不同的，事实上它们很多基本结构和元素都是完全相同的，因此如果像前面那样不写这两行代码，大多数浏览器也都可以正常显示网页内容。但是如果需要使用一些比较高级的特性，这里的文档类型说明就是必不可少的，这在后面章节中会详细讲解。

2. 动手练习：创建新文档

这个练习的内容是创建一个新的页面文档，并在里面插入一些基本的元素，这些元素的详细内容，在后面的章节中还会深入介绍，这里作一个预习。

希望读者可以通过这个案例了解 Dreamweaver 的基本操作方法。本例最终效果如图 2.18 所示，也可以参见光盘文件：第 2 章/02-07.htm。

❶ 要进行网页制作，首先要创建一个新文档。在运行了程序 Dreamweaver 之后，会出现一个首界面。

❷ 在 Dreamweaver 程序的首界面中，有 3 项菜单列表，其中最左侧的列表为最近打开过的网页文件名；最右侧则是一些已经规范好的网页格式，可以直接进行套用；最中间的列表则是需要创建的文档的类型列表。

图 2.18　预览效果

❸ 这里单击"创建新项目"列表中的"HTML"菜单项，即可创建一个新的 HTML 格式的网页文档，如图 2.19 所示。

❹ 新文档创建好之后，在默认情况下文档以"设计"视图模式显示，即"设计"视图按钮为按下状态，如图 2.20 所示。

图 2.19　创建新文档

图 2.20　显示"设计"视图

❺ 在"文档"窗口内可以发现文本光标在左上角处闪烁。这表明现在可以直接输入相关的文字信息，如图 2.21 所示。

❻ 在"文档"窗口内插入一张图片。在插入图片之前，先确定鼠标光标的位置。因为光标所在的位置即是将要插入图片的位置。

❼ 打开"插入"面板的"常用"栏，在"图像"下拉菜单中选择"图像"选项，如图

2.22 所示。

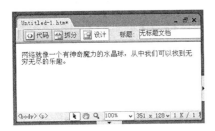

图 2.21　直接输入文字

图 2.22　打开"图像"列表

❽ 弹出"选择图像源文件"对话框，选择素材文件，如图 2.23 所示。再单击"确定"按钮，准备在文档窗口中插入一张图片。该图片读者可以自己准备，也可以在本书附带光盘中找到。

❾ 完成第❽步中的操作之后，还会弹出一个"图像标签辅助功能属性"对话框，这里暂时不需要此项辅助功能，因此单击"取消"按钮即可，如图 2.24 所示。

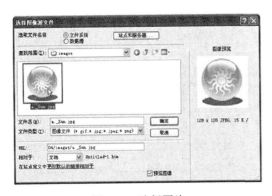

图 2.23　选择图片

图 2.24　辅助功能提示框

❿ 此时再来观察文档窗口，一张图片被插入到了文档中，如图 2.25 所示。这样一个非常简单的网页就制作好了。

⓫ 完成上述操作之后，可以为该文档重新命名标题名称，如图 2.26 所示。当然这里也可以保持默认状态。

图 2.25　插入图片

图 2.26　修改标题名称

⑫ 选择菜单栏中的"文件→保存"命令,在弹出的"另存为"对话框中,将文件保存到指定站点目录下,完成该文档的制作。注意在保存文档时,避免使用中文名称。

⑬ 保存好新文档之后,打开文件所在的站点文件夹,按键盘的"F12"键,可以预览网页效果,如图 2.27 所示。

图 2.27　预览效果

可以看到,Dreamweaver 的操作是非常简单的,就像在 Word 中一样,需要插入什么对象,通过相应命令插入到文档中即可。

说明 但请读者务必记住一点,Dreamweaver 的作用就是帮助设计师编写 HTML 语言的代码,即通过一些可视化的方式编写,从而减少设计师直接书写代码的工作量,但是本质上仍然编写 HTML 代码。最终决定网页效果的是 HTML 代码,而不是 Dreamweaver 的设计视图中显示的效果。这一点也和使用 Word 这样的软件有本质的差别。

2.5　本章小结

本章首先对 Web 标准进行了介绍,然后讲解了 HTML 语言的基本概念,以及使用 HTML 语言搭建一个最基本的网页的方法;然后讲解了利用 Dreamweaver 快速创建基本网页文档的方法。最后制作了第一个"图文并茂"的网页,希望读者以此为开端,完成对本书的学习。

第 3 章
用 HTML 设置文本和图像

在各种各样的网页中，文字和图像是最基本的两种的网页元素。文字和图像在网页中可以起到传递信息、导航和交互等作用。在网页中添加文字和图像并不困难，更重要问题是要如何编排这些内容以及控制它们的显示方式，让文字和图像看上去编排有序、整齐美观，这就是本章要向读者所介绍的内容。通过本章的学习，读者可以掌握如何在网页中合理使用文字和图像，如何根据需要选择不同的显示效果。

3.1 文本排版

在网页中对文字段落进行排版，并不像文本编辑软件 Word 那样可以定义许多模式来安排文字的位置。在网页中要让某一段文字放在特定的地方是通过 HTML 标记来完成的。下面先来看几个简单的例子。

3.1.1 实现段落与段内换行（<p>和
）

浏览器会完全按照 HTML 标记来解释 HTML 代码，忽略多余的空格和换行。在 HTML 文件里，不管输入多少空格（按空格键）都将被视为一个空格；换行（按"Enter"键）也是无效的。如果需要换行，就必须要用一个标记来告诉浏览器这里要进行回车操作，这样浏览器才会执行换行的操作。

首先观察如下 HTML 代码，光盘文件位于"第 3 章\03-01.html"。

```
<html>
    <head>
        <title>段落与换行</title>
    </head>
    <body>
互联网发展的起源
    1969 年，为了保障通信联络，美国国防部高级研究计划署 ARPA 资助建立了世界上第一个分组交换试验网 ARPANET，连接美国 4 个大学。ARPANET 的建成和不断发展标志着计算机网络发展的新纪元。
    20 世纪 70 年代末到 80 年代初，计算机网络蓬勃发展，各种各样的计算机网络应运而生，如 MILNET、USENET、BITNET、CSNET 等，在网络的规模和数量上都得到了很大的发展。一系列网络的建设，产生了不同网络之间互联的需求，并最终导致了 TCP/IP 协议的诞生。
    </body>
</html>
```

在 IE 浏览器中打开这个网页，其效果如图 3.1 所示。

可以看到，在 HTML 代码中，实际上一共有 3 段内容，第 1 段是标题，后两段是正文内容，然而在浏览器中，这些文字全部显示在一个段落中了，这显然不是我们希望的效果。因此，为了对文字作最简单的排版，首先介绍两个最基本的 HTML 标记。

● 段落标记："<p></p>"，p 是英文单词"paragraph"即"段落"的首字母，用来定义网页中的一段文本，文本在一个段落中会自动换行。

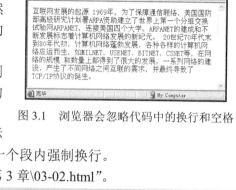

图 3.1　浏览器会忽略代码中的换行和空格

● 换行标记："<br>"，这是一个单个使用的标记，是英文单词"break"的缩写，作用是将文字在一个段内强制换行。

对上面的代码进行如下修改，光盘文件位于"第 3 章\03-02.html"。

```
<html>
    <head>
        <title>段落与换行</title>
    </head>
    <body>
<p>互联网发展的起源</p>
<p>1969 年，为了能在……发展的新纪元。</p>
<p>20 世纪 70 年代末到……TCP/IP 协议的诞生。</p>
    </body>
</html>
```

可以看到，在每个段落的前后分别加上<p>标记和</p>标记，这时的效果如图 3.2 所示。

可以看出，通过使用<p>标记，每个段落都会单独现实，并在段落之间设置了一定的间隔距离，这样显示就比刚才清晰多了。

在 HTML 中，一个段落中的文字会一直从左向右依次排列，直到浏览器窗口的右端，然后自动换行显示。而如果希望在某处强制换行显示，例如出现图 3.3 中的效果，在一个段落中间换行，则可以使用
标记。

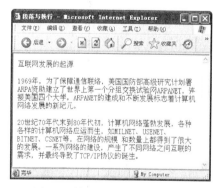

图 3.2　使用段落标记后的效果

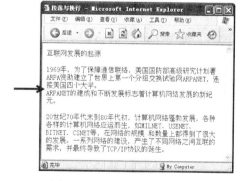

图 3.3　在段落内部强制换行

标记与<p>标记不同，它是单独使用的，只要在希望换行的地方放置一个
标记即可。例如，对上面的代码进行如下修改，光盘文件位于"第 3 章\03-03.html"。

```
<html>
```

```
    <head>
        <title>段落与换行</title>
    </head>
    <body>
<p>互联网发展的起源</p>
<p>1969年,为了能在……国四个大学。<br>ARPANET的建成……新纪元。</p>
<p>20世纪70年代末到……TCP/IP协议的诞生。</p>
    </body>
</html>
```

> **注意**
> - 从图3.3中可以看出,在HTML中,段落之间的距离和段落内部的行间距是不同的,段落间距比较大,行间距比较小,二者不要混淆。
> - 仅仅通过使用HTML是无法调整段落间距和行间距的。如果希望调整它们,就必须使用CSS。我们会在本书后面的章节介绍详细的设置方法。

3.1.2 设置标题(<h1>~<h6>)

在HTML中,文本除了以段落的形式显示,还可以作为标题出现。从结构来说,通常一篇文档最基本的结构就是由若干不同级别的标题和正文组成的,这一点和使用Word软件写文档很类似。

在HTML中,设定了6个标题标记,分别用于显示不同级别的标题。例如<h1>标记表示1级标题,<h2>表示2级标题,一直到<h6>表示6级标题,数字越小,级别越高,文字也相应越大。

例如再对上面的代码进行修改如下,光盘文件位于"第3章\03-04.html"。

```
<html>
    <head>
        <title>段落与换行</title>
    </head>
    <body>
        <h1>互联网发展的起源</h1>
        <h2>第1阶段</h2>
            <p>1969年,为了……的新纪元。</p>
        <h2>第2阶段</h2>
            <p>20世纪……的诞生。</p>
    </body>
</html>
```

可以看到,在代码中把第一行有一个段落改为一个1级标题,又增加了两个2级标题,这时效果如图3.4所示。

3.1.3 使文字水平居中(<center>)

如果对文字显示在浏览器中的位置不加以限定,浏览器就会以默认的方式来显示文字的位置,即从靠左的位置开始显示文字。但在实际应用中,可能需要在窗口的正中间开始显示文字,这时可以使用另一个HTML——<center>和</center>标记来完成。

例如在对上面的代码继续进行如下修改,光盘文件位于"第3章\03-05.html"。

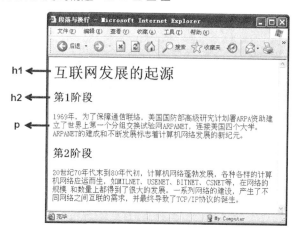

图 3.4　段落与标题的效果

```
<html>
    <head>
        <title>文本排版</title>
    </head>
    <body>
    <center><h1>互联网发展的起源</h1></center>
    <h2>第 1 阶段</h2>
    ……部分省略……
    </body>
</html>
```

在浏览器中打开这个网页，其效果如图 3.5 所示。

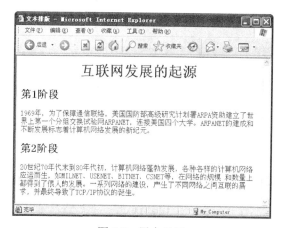

图 3.5　居中显示

可以看到，居中对齐标记"<center>"的作用是将文字以居中对齐方式显示在网页中。

> **注意**　这里需要读者特别注意，前面介绍的<p>标记以及各级标题标记与这个居中对齐标记有非常大的区别。<p>标记以及各级标题标记都是定义了某一些文本的作用，或称为某种文档结构，而居中对齐则是用于定义文本的显示方式。也就是说，前者定义的是内容，后者定义的是形式。随着学习的深入，读者就会逐渐发现这个区别的重要意义。

3.1.4 设置文字段落的缩进（<blockquote>）

有时在文档中，需要对某段落进行缩进显示，例如显示引用的内容等，这时可以使用文本缩进标记<blockquote>和</blockquote >。

在对上面的代码继续进行修改如下，光盘文件位于"第 3 章\03-06.html"。

```
<html>
  <head>
    <title>文本排版</title>
  </head>
  <body>
<center><h1>互联网发展的起源</h1></center>
<h2>第 1 阶段</h2>
   < blockquote>1969年，……的新纪元。</ blockquote>
<h2>第 2 阶段</h2>
   < blockquote >1969年，为了……的新纪元。</ blockquote >
  </body>
<html>
```

可以看到，代码中原来的两个用<p>标记定义的段落，改为用<blockquote>定义，这时在浏览器中打开这个网页，其效果如图 3.6 所示，正文的左右两侧都距离浏览器边界增加了一定的距离。

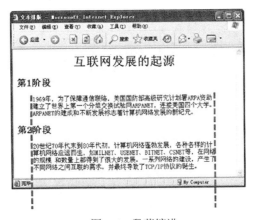

图 3.6　段落缩进

3.2 设置文字列表

文字列表的主要作用是有序地编排一些信息资源，使其结构化和条理化，并以列表的样式显示出来，以便浏览者能更加快捷地获得相应信息。HTML 中，文字列表主要分为项目列表和序号列表两种，前者每个列项的前面有一个圆点符号，后者则对每个列表项依次编号。

3.2.1 建立无序列表（<ul>）

项目列表使用的一对标记是<ul></ul>，其中每一个列表项使用<li></li>，其结构如下所示。

```
<ul>
    <li>第 1 项
    <li>第 2 项
    <li>第 3 项
</ul>
```

下面是一个项目列表的实例，实例的光盘文件位于"第 3 章\03-07.html"。源代码如下：

```
<html>
    <head>
        <title>无序列表</title>
    </head>
    <body>
        这是一个无序列表：
        <P>
            <ul>
                <li>绘制切片并导出
                <li>编辑首页
                <li>插入图像内容
                <li>设置自由延伸表格
                <li>编辑二级页面并把它另存为模板
            </ul>
    </body>
</html>
```

项目列表实例的效果如图 3.7 所示。

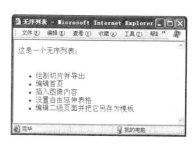

图 3.7　不带有序号的列表

3.2.2　建立有序列表（<ol>）

有序列表和项目列表的使用方法基本相同，它使用标记<ol></ol>，每一个列表项前使用<li>。每个项目都有前后顺序之分，多数用数字表示，其结构如下所示。

```
<ol>
    <li>第 1 项</li>
    <li>第 2 项</li>
    <li>第 3 项</li>
</ol>
```

下面是一个有序号列表的实例。实例的光盘文件位于"第 3 章\03-08.html"。源代码如下：

```
<html>
    <head>
```

```
        <title>有序列表</title>
    </head>
    <body>
    这是一个有序列表:
        <P>
            <OL>
                <li>>绘制切片并导出</li>
                <li>编辑首页</li>
                <li>插入图像内容</li>
                <li>设置自由延伸表格</li>
                <li>编辑二级页面并把它另存为模板</li>
            </OL>
    </body>
</html>
```

有序号列表实例的效果如图 3.8 所示。

图 3.8　带有序号的列表

3.3　HTML 标记与 HTML 属性

通过上面几个实例的应用，读者对文字的排版已有了一个基本认识。到目前为止，都是通过 HTML 标记对文字进行编排，但版面编辑并不仅是如此，还可以利用一些 HTML 属性更加灵活地编排网页中的文字，那什么是 HTML 属性呢？

在大多数 HTML 标记中都可以加入属性控制，属性的作用是帮助 HTML 标记进一步控制 HTML 文件的内容，比如内容的对齐方式（如本例）、文字的大小、字体、颜色，网页的背景样式，图片的插入，等等。其基本语法为：

<标记名称 属性名1="属性值1" 属性名2="属性值2"……>

如果一个标记里使用了多个属性，各个属性之间以空格来间隔开。不同的标记可以使用相同的属性，但某些标记有着自己专门的属性设置，下面就通过几个实例来加深对属性的理解和应用。

3.3.1　用 align 属性控制段落的水平位置

在上一节中，介绍过使用<center>标记可以使文本水平居中，而如果希望右对齐又该怎么办呢？这时就可以使用一个 HTML 的 align 属性。

在对上面的代码继续进行修改如下，光盘文件位于"第 3 章\03-09.html"。

```
<html>
    <head>
        <title>文本排版</title>
    </head>
    <body>
    <h1 align="center">互联网发展的起源</h1>
    <h2 align="right">第 1 阶段</h2>
        <p> 1969 年……的新纪元。</p>
    <h2 align="right">第 2 阶段</h2>
        <p>20 世纪……的诞生。</p>
    </body>
</html>
```

可以看到，在 1 级标题标记中，增加了 align 属性的设置。当 align 属性设置为"center"的时候，标题就居中对齐了。而在<h2>标记中也增加了 align 属性的设置，并设置为"right"，这时该标题就右对齐了。

在浏览器中打开这个网页，其效果如图 3.9 所示。

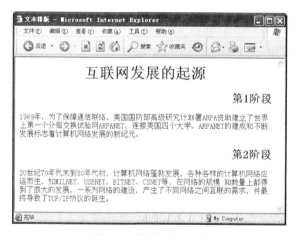

图 3.9　段落对齐方式

从这个例子中，就可以非常清晰地看出属性的作用。在标记内加入了属性的控制，如"align=center"、"align=left"、"align=right"。"align"就是一个属性，它的作用是控制该标记所包含的文字的显示位置；而"center"、"left"、"right"就是该属性的属性值，用于指明该属性应以什么样的方式来进行控制。align 属性不仅可以用于标题标记，也可以用<p>标记，读者可以自己试验一下。

为了理解 HTML 属性的含义，这里再举一个例子。

3.3.2　用 bgcolor 属性设置背景颜色

HTML 中，不同的标记会有各自不同的属性，例如在前面曾介绍过的<body>标记，使用它的属性，就可以控制网页的背景以及文字字体的颜色。

例如在上面的代码中，将<body>一行改为：

```
<body text="blue" bgcolor="#CCCCFF">
```

页面效果将如图 3.10 所示，整个网页的背景和文字颜色发生了变化。光盘文件位于"第 3 章\03-10.html"。

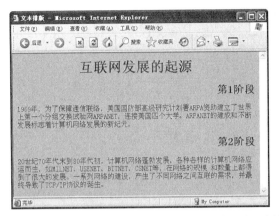

图 3.10　通过<body>标记的属性控制字体颜色和背景颜色

其中文字的颜色通过<body>标记的 text 属性设置，例如这里把 text 属性设置为"blue"，这样文字就以蓝颜色显示了，在 HTML 中已经定义了若干种颜色的名称，比如红色"red"，绿色"green"等，都可直接作为颜色属性的属性值。

页面背景色则是通过 bgcolor 属性定义的，这里将 bgcolor 属性设置为"#CCCCFF"，这是用了另一种颜色的表达方式。

说明

关于颜色的定义方法

在很多软件中，都会遇到设定颜色值的问题，初学者往往不理解颜色是如何与一串数字和字母对应的。这里就来简单介绍一下。从科学的角度来讲，人的眼睛看到的颜色有两种：
- 一种是发光体发出的颜色，比如计算机显示器屏幕显示的颜色；
- 另一种是物体本身不发光，而是反射的光产生的颜色，比如看报纸和杂志上的颜色。

此外，任何颜色都是由 3 种最基本的颜色叠加形成的，这 3 种颜色称为"三原色"。
- 对于上面提到的第一种颜色，即发光体的颜色模式，又称为"加色模式"，三原色是"红"、"绿"、"蓝"3 种颜色。加色模式又称为"RGB 模式"；
- 而对于印刷品这样的颜色模式，又称为"减色模式"，它的三原色是"青"、"洋红"、"黄"3 种颜色。减色模式又称为"CMY"模式。

理解了上述原理，就可以集中到常用于屏幕显示的 RGB 模式上了。例如，在网页上要指定一种颜色，就要使用 RGB 模式来确定，方法是分别指定 R/G/B，也就是红/绿/蓝 3 种原色的强度。通常规定，每一种颜色强度最低为 0，最高为 255，并通常都以十六进制数值表示，那么 255 对应于十六进制就是 FF，并把 3 个数值依次并列起来，以#开头。

例如，颜色值"#FF0000"为红色，因为红色的值达到了最高值 FF（即十进制的 255），其余两种颜色强度为 0。再例如，"#FFFF00"表示黄色，因为当红色和绿色都为最大值，且蓝色为 0 时，产生的就是黄色。

这样，就可以使用常用的颜色的表达方法了。例如在 HTML 语言规范中定义，可以通过两种方式指定颜色。

（1）一种方式是以定义好的颜色名称表示，具体的颜色名称针对不同的浏览器也有所不同。

（2）另一种方式通过一个以"#"开头的 6 位十六进制数值表示一种颜色。6 位数字分为 3 组，每组两位，依次表示红、绿、蓝 3 种颜色的强度。

具体在在网页中可以使用哪些颜色名称，以及它们是如何和数值方式表达的颜色相互对应的，读者可以参考网页 http://learning.artech.cn/20061130.color-definition.html。

3.3.3 设置文字的特殊样式

使用 HTML 标记和属性，还可以设置文字的样式。下面我们就来详细讲解，主要目的是希望读者能够深入理解 HTML 标记和属性的含义和作用。

设置文字显示样式的主要标记如表 3.1 所示。

表 3.1　　　　　　　　　　　　标记的显示效果

标　记	显　示　效　果
<b></b>	文字以粗体方式显示
<i></i>	文字以斜体方式显示
<u></u>	文字以加下划线方式显示
<s></s>	文字以加下删除线方式显示
<big></big>	文字以放大方式显示
<small></small>	文字以缩小方式显示
<strong></strong>	文字以加强强调方式显示
<em></em>	文字以强调方式显示
<address></address>	用来显示电子邮件地址或网址
<code></code>	用来说明代码与指令

例如把上面的代码修改如下，光盘文件位于"第 3 章\03-11.html"。

```
<html>
    <head>
        <title>文本排版</title>
    </head>
    <body>
<h1 align="center">互联网发展的<i>起源</i></h1>
<h2 align="right">第 1 阶段</h2>
<p>1969 年，为了<b>保障通信</b>联络，美国国防……的新纪元。</p>
<h2 align="right">第 2 阶段</h2>
    <p>20 世纪……的诞生。</p>
    </body>
```

在标题和正文中分别使用<i>标记和<b>标记，从而使文字产生了倾斜和加粗的显示效果，如图 3.11 所示。

其余几种设置字体样式的标记使用方法非常类似，读者可以根据表 3.1 中的描述，自己实验一下，就可以掌握它们了，这里不再赘述。

第 3 章 用 HTML 设置文本和图像

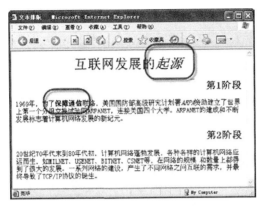

图 3.11 设置字体样式

3.3.4 设置文字的大小和颜色（<font>）

除了可以设置文字的样式，还可以使用<font>标记设置字体相关的属性，<font>标记有 3 个主要属性，分别用于设置文字的字体、大小和颜色。

face 属性用于设置文字的字体，例如宋体、楷体等；size 属性控制文字的大小，可以取 1 到 7 之间的整数值，color 属性用来设置文字的颜色。

例如将上面代码中的<h1>标题行改为：

```
<h1 align="center">
    <font color="green" face="宋体" size="7">互联网发展的</font><i>起源</i>
</h1>
```

这时页面效果如图 3.12 所示，光盘文件位于"第 3 章\03-12.html"。

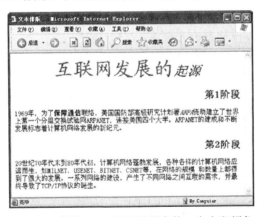

图 3.12 使用<font>标记设置字体、大小和颜色

> **注意** 需要注意的一点是，如果显示这个页面的浏览器所在的计算机中没有安装相应的字体，浏览器就仍然按照默认的字体显示。

3.4 忘记过时的 HTML 标记和属性

前面介绍了不少 HTML 的标记和属性，而在这一小节中，却要读者忘记 HTML 样式标记和属性，这是什么原因呢？

人们在学习的时候，学过某些知识之后忘记它，和从来就没有学过，二者是完全不同的。这里需要告诉读者，前面介绍了很多 HTML 标记和 HTML 属性，目的是使读者更深入地理解 HTML 的原理，而实际上有一些标记，现在已经过时了，并不鼓励大家使用，因为有更好的、更科学的方法已经出现了。

这种更好、更科学的方法就是使用 CSS 来控制网页的样式。这首先要从 HTML 和 CSS 的核心思想谈起。在互联网发展的初期，各种规范还远没有像今天这样完善和普及，因此当时为了更容易被大家和软件厂商所接受，网页主要是由 HTML 来完成的，这样写起来更简单。一个网页的两个方面——"结构"和"表现"都由 HTML 来承担，因此 HTML 标记就由两类构成——负责定义网页结构的标记和负责定义网页表现形式的标记。比如<p>标记用来定义段落，这就是结构标记；而<font>标记用于定义网页元素的字体，这就是"形式"标记。

这样一个 HTML 承担了双重任务，在早期网页都很简陋的时候，问题还不大，而随着网页越来越复杂、精致，问题就显现出来了。由于结构和形式混杂在一起，因此网页非常混乱，难以维护、修改和升级。比如一个网页上如果多处文字是用<font>标记定义了字体，如果日后需要修改，就不得不依次修改每处<font>标记，这样对于一个大型的网站，无疑非常复杂。

因此，自然会有人来解决这个问题，思路是很明确的，那就是"结构与表现"分离，这就是 CSS 的核心思想。学习 CSS，最重要的就是真正深刻理解这一点。使用 CSS 以后，HTML 只负责定义网页的结构和内容，比如<p>标记的任务在 CSS 中是无法替代的，而<font>标记的作用则应该完全由 CSS 来负责定义。这样做的好处是，一个网页的"结构"和"表现"分离以后，网页就可以保持非常好的结构性，而如果希望修改网页的样式，也仅需要修改 CSS 中的相应设置即可，因此维护、修改、升级都变得非常高效。

对于 HTML 来说，后来 W3C 组织发布了 XHTML 规范，把诸多用于表现的标记都划归为"废弃"的标记，如果要按照 Web 标准的写法，就不应该使用了。

对于很多 HTML 标记，例如<b>、<i>、<font>这样的标记，都应该用 CSS 来实现，而不应该使用 HTML 标记。随着后面学习的深入，读者会逐渐发现，即使 CSS 属性和 HTML 属性二者实现某些样式的效果看起来是相同的，但实际上 CSS 所能实现的控制远远比 HTML 要细致、精确得多。

这就是需要读者"忘记"HTML 样式标记的原因。

3.5 特殊文字符号

现在，网页的功能已不再单纯地传播一些信息，它还包括传播大量的专业技术知识，如数学、物理和化学知识等。如何在网页上显示数学公式、化学方程式以及各种各样特殊的符号呢。就拿 HTML 来说，如何在网页上显示一个 HTML 标记，其实 HTML 早为大家想到了这点，它有许许多多特殊字符来实现这一切。

（1）由于大于号和小于号被用于声明标记，因此如果在 HTML 代码中出现"<"和">"就不会再被认为是普通的大于号或者小于号了。如果要显示"x>y"这样一个数学公式，该怎么办呢？这时就需要用"&lt"代表符号"<"，特殊字符"&gt"代表符号">"。

（2）前面谈到过，文字与文字之间，如果超过一个空格，那么从第2个空格开始，都会被忽略掉。如果需要在某处使用空格，就需要使用特殊符号来代替，空格的符号是" "。

（3）一些符号是无法直接用键盘输入的，也需要使用这种方式来显示，例如版权符号的"©"需要使用"©"来输入。

基于这几个符号有如下的代码，光盘文件位于"第3章\03-13.html"。

```
<html>
    <head>
        <title>专业符号</title>
    </head>
    <body>
        x &gt; y
        m &lt; n
    </body>
</html>
```

这时的网页效果如图3.13所示，可以看到，在第1行文字的开头有两个空格，在数学公式中显示了大于号和小于号，最后一行中显示了版权符号。

在一些公式中，有时需要以上标或者下标的方式显示一些文字，这时可以使用如下的标记。

- 标记，为上标标记，用于将数字缩小后显示于上方；
- 标记，为下标标记，用于将数字缩小后显示于下方。

此外，还有几个特殊字符，字符"÷"代表符号"÷"，字符"±"代表"±"，字符"‰"代表"‰"，字符"↔"代表双向的箭头。

基于上面这些符号和标记，再举一个更为复杂一些的例子，看看如何在网页中显示数学运算式和化学方程式。光盘文件位于"第3章\03-14.html"。

```
<html>
    <head>
        <title>运算式</title>
    </head>
    <body>
        [(6 <sup>3</sup> + 3 <sup>6</sup>) &divide; 2] &plusmn; 1 = ?<br>
        结果以 &permil; 表示。<p>
        H <sub>2</sub> + O <sub>2</sub> &hArr; H <sub>2</sub> O
    </body>
</html>
```

在浏览器中打开这个网页，其效果如图3.14所示。

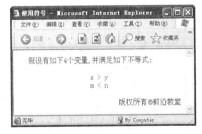

图3.13 在网页中使用特殊符号

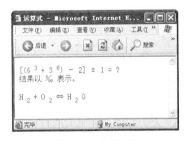

图3.14 运算式

3.6 在网页中使用图像（<img>）

图片是网页中不可缺少的元素，巧妙地在网页中使用图片可以为网页增色不少。这里首先介绍在网页中常用的两种图片格式，然后再介绍如何在网页中插入图片，以及设置图片的样式和插入的位置。通过本章的学习，读者可以制作简单的图文网页，并根据自己的喜好制作出不同的图片效果。

3.6.1 网页中的图片格式

目前在网页上使用的图片格式主要是 GIF 和 JPG 两种。GIF 即为图像交换格式。GIF 格式只支持 256 色以内的图像，且采用无损压缩存储，在不影响图像质量的情况下，可以生成很小的文件。它还支持透明色，可以使图像浮现在背景之上。GIF 为交换格式，在浏览器下载完整张图片之前，浏览者就可以看到该图像，所以在网页制作中首选的图片格式为 GIF。而 JPG 格式为静态图像压缩标准格式，它为摄影图片提供了一种标准的有损耗压缩方案。它可以保留大约 1670 万种颜色，因为要比 GIF 格式的图片小，所以下载的速度要快一些。

如何选择图片格式呢？GIF 格式仅为 256 色，而 JPG 格式支持 1670 万种颜色。如果颜色的深度不是那么重要或者图片中的颜色不多，就可采用 GIF 格式的图片；反之，则采用 JPG 格式。同时，还要注意一点，GIF 格式文件的解码速度快，而且能保持更多的图像细节，而 JPG 格式文件虽然下载速度快，但解码速度较 GIF 格式慢，对于图片中鲜明的边缘周围会损失细节，因此若想保留图像边缘细节就应采用 GIF 格式。

总体来说，如果是和照片类似的图像，通常适合保存为 JPG 格式；而主要由线条构成的、颜色种类比较少的图像，通常适合保存为 GIF 格式。

3.6.2 一个简单的图片网页

在网页上使用图片，从视觉效果而言，能使网页充满生机，并且直观且巧妙地表达出网页的主题，这是仅靠文字很难达到的效果。一个精美的图片网页不但能引起浏览者对网页浏览的兴趣，而且在很多时候要通过图片以及相关颜色的配合来做出本网站的网页风格。

首先是图片的选用。图片要与网页风格相贴近，最好是自己进行制作以完全体现该网页的设计意图。如果不能自己制作，则应对所选择的图片进行适当的修改和加工，并且要注意图片版权的问题。另外，图片的色调要尽量保持统一，不要过于花哨。再有就是所选择的图片不应过大，一般来说，图片文件的大小是文字文件大小的几百倍甚至是几千倍，所以如果发现 HTML 文件过大了，那么往往是图片文件造成的，这样既不利于上传网页，也不利于浏览者进行浏览。如果迫不得已要使用较大的图片，也要进行一定的处理，这在本书后面章节将为大家介绍。

其次是颜色的选择。一般在制作网页的时候都会选用一种主色调来体现网页的风格，并再以其他颜色加以辅助。一旦选定了某种颜色作为主色调就要一直保持下去，不要这里用这种，那里用另一种，这会让人感到眼花缭乱，无所适从。另外在以其他颜色来配合主色调的时候，不要喧宾夺主，比如当选用了灰色作为主色调的时候，在其他颜色的选用上就尽量不用或者少用明色调，否则明色调就会非常刺眼。当然，如果需要的正是这样的效果就另当别论了。

下面就来看看如何在网页中插入图片。在网页中插入图片的方法是非常简单的，只要利用<img>标记就可以实现。

请看如下代码，光盘文件位于"第 3 章\03-15.htm"。

```
<html>
    <head>
        <title>图片</title>
    </head>
    <body>
        <img src="cup.gif">
    </body>
</html>
```

在浏览器中打开这个网页，其效果如图 3.15 所示。

<img>标记的作用就是在网页中插入图片，其中属性 src 是该标记的必要属性，该属性指定导入图片的保存位置和名称。在这里，插入的图片与 HTML 文件是处于同一目录下的，如果不处于同一目录下，就必须采用路径的方式来指定图片文件的位置。

图 3.15　在网页中使用图片

3.6.3　使用路径

在上一小节的例子中，强调了要在网页中显示的图像文件必须和网页文件放在同一个文件夹中。下面首先做一个简单的实验。把图像文件从原来的文件夹中移动到其他任意位置，不要修改网页文件，这时再用浏览器中打开这个网页，其效果如图 3.16 所示。

通过这个实验可以知道，改变了"cup.gif"图像文件的位置，而 HTML 文件中的代码没有任何变化，引用的还是同样的图像文件，浏览器就找不到这个图像文件了。由于浏览器默认的是 HTML 文件所处的目录，因此如果图像文件和 HTML 文件处于同一目录的情况下，浏览器就可以找到图片正常显示。上面的例子中，因为浏览器并不知道已经把图像文件的位置换了，所以它仍然到原来的位置去找这个图像，导致图像不能正常显示。这时就需要通过设置"路径"来帮助浏览器找到相应的引用文件。

为了更好地说明"路径"这个非常重要的概念，这里举一个生活中的例子作为类比。计算机中的文件都是按照层次结构保存在一级一级的文件夹中的，这就好像是学校分为若干个年级，每个年级又分为若干个班级。比如说，在 3 年级 2 班中，有两个学生分别叫"小龙"和"小丽"，可以画一个示意图，如图 3.17 所示。

图 3.16　浏览器不能正常显示图像

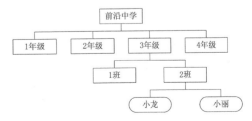

图 3.17　班级结构示意图

如果小龙要找小丽，那么不需要额外的说明，在本班内部就可以找到她了。而如果是同年级的另一个班的学生要找小丽，那么除了姓名之外，还需要说明是"2 班的小丽"。再进一步，如果是另外一个年级的学生要找小丽，就应该说明是"3 年级 2 班的小丽"。

实际上，这就是路径的概念。在上面的 HTML 网页中，由于网页文件和图像文件都在同一个文件夹中，这就好像是在同一个班级中的两个同学，因此不需要说明额外的路径信息。如果它们不在同一个文件夹中，就必须说明足够的"路径"信息了。

对于路径信息的说明，通常分为以下两种情况。

（1）一种称为相对路径，也就是从自己的位置出发，依次说明到达目标文件的路径。这就好像如果班主任要找本班的一名学生，只需直接说名字即可，而校长要找到一名学生，就还要说明年级和班级。

（2）另一种称为绝对路径，也就是先指明最高级的层次，然后依次向下说明。例如要找外校的一名学生，就无法从本校为起点找到他，因此就可以说"八一中学 3 年 4 班的张伟"，这就是绝对路径的概念。

网站中的路径也是类似的，通常可以分为两种情况。

（1）如果图像文件就在本网站内部，通常以要显示该图像的网页文件为起点，通过层级关系描述图像的位置。

（2）如果图像不在本网站内部，那么通常以"http://"开头的 URL 作为图像文件的路径。

下面举几个例子来说明路径的使用方法。这里把上面的结构再变化一下，如图 3.18 所示。

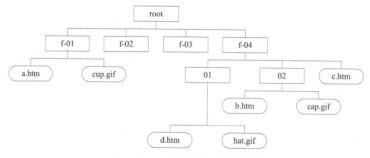

图 3.18　文件系统结构示意图

图中的矩形表示文件夹，圆角矩形表示文件，包括网页文件和图像文件。

● 如果在 f-01 文件夹中的 a.htm 需要显示同一个文件夹中的 cup.gif 文件，直接写文件名即可。

● 如果在 f-04 文件夹中的 02 文件夹中的 b.htm 需要显示同一个文件夹中的 cap.gif 文件，直接写文件名即可。

● 如果在 f-04 文件夹中的 c.htm 需要显示 02 文件夹中的 cap.gif 文件，应该写作"02/cap.gif"。这里的斜线就表示了层级的关系，即下一级的意思。

● 如果在 f-04 文件夹中的 02 文件夹中的 b.htm 需要显示 01 文件夹中的 hat.gif 文件，应该写作"../01/hat.gif"。这里的两个点号表示的是上一级文件夹的意思。

● 如果在 f-04 文件夹中的 02 文件夹中的 b.htm 需要显示 f-01 文件夹中的 cup.gif 文件，应该写作"../../f-01/cup.gif"。

● 如果在 f-01 文件夹中的 a.htm 需要显示 f-04 文件夹中的 02 文件夹中的 cap.gif 文件，

应该写作"../f-04/02/cap.gif"。

例如，基于上面制作的 03-13.htm 文件，如果把在网页所在的文件夹中新建的文件夹命名为"images"，然后把原来的图像移动到 images 文件夹中，这时网页文件就应该进行如下修改，以保证图像正确显示。光盘文件位于"第 3 章\03-16.htm"。

```html
<html>
    <head>
        <title>图片</title>
    </head>
    <body>
        <img src="images/cup.gif">
    </body>
</html>
```

下面作为练习，请读者参照图 3.18 写出如下 6 种情况的路径。

● 在 f-04 文件夹中的 01 文件夹中的 d.htm 需要显示同一个文件夹中的 hat.gif 文件，路径应该如何书写？

● 在 f-04 文件夹中的 c.htm 需要显示 01 文件夹中的 hat.gif 文件，路径应该如何书写？

● 在 f-04 文件夹中的 c.htm 需要显示 f-01 文件夹中的 cup.gif 文件，路径应该如何书写？

● 在 f-04 文件夹中的 01 文件夹中的 d.htm 需要显示 02 文件夹中的 cap.gif 文件，路径应该如何书写？

● 如果在 f-04 文件夹中的 01 文件夹中的 d.htm 需要显示 f-01 文件夹中的 cup.gif 文件，路径应该如何书写？

● 如果在 f-01 文件夹中的 a.htm 需要显示 f-04 文件夹中的 01 文件夹中的 cat.gif 文件，路径应该如何书写？

除了上面所说的这种相对路径方式，也常使用另一种方式，即当引用的图像是其他网站上的某一个图像文件时，就无法使用相对路径了。这时可以直接使用图像的 URL 作为地址。

例如如下代码：

```html
<img src="http://www.artech.cn/images/cup.gif">
```

在网页上显示的图像将来源于 http://www.artech.cn 这个网站。

> **注意** 这里要特别说明的是，如果使用其他网站的图像，就必须遵守版权和知识产权的规定，不要侵犯他人的版权和知识产权。

> **注意** 此外，在实际制作网页时，如果出现图片不能正常显示的情况，往往就是因为路径设置的时候出现了问题，这对于初学者来说是一个头疼的问题。不过，只要真正理解了路径的概念和含义，问题就会迎刃而解了。

3.7 用 width 和 height 属性设置图片的尺寸

每一个图像都有一定的尺寸，在 Windows 中可以方便地查看一个图像文件的尺寸。在"我的电脑"中找到图像文件，然后把鼠标指针移动到图像文件上，停留几秒钟后，就会出现一个提示框，说明图像文件的尺寸，如图 3.19 所示，"尺寸：128×128"就表示该图像的宽度和高度都是 128 像素。

图 3.19 在 Windows 中查看图像的尺寸

在 HTML 中，可以设定图像的显示大小，通常情况下都按照原本的大小显示，当然也可以任意设置不同于原本尺寸的显示大小。

下面举一个简单的例子，光盘文件位于"第 3 章\03-17.html"。

```
<html>
<head>
<title>图片</title>
</head>
<body>
    <img src="cup.gif">
    <img src="cup.gif" width="64">
    <img src="cup.gif" width="64" height="128" >
</body>
</html>
```

在浏览器中打开这个网页，其效果如图 3.20 所示。

可以看到，控制图片的大小是由 width 和 height 两个属性共同完成的，width 属性控制图片的宽度，height 属性控制图片的高度。

当图片只设置了其中一个属性（如只设置了 width 属性）的时候，图片的高度就以图片原始的长宽比例来显示。比如有张图片原始大小为 80×60，当只设置了该图片的显示宽度为 160 时，高度将自动以 120 来显示。

图 3.20 设置图像的显示尺寸

属性值可以使用整数或者百分比。如果使用整数，就表示绝对的像素数；如果使用百分比设置宽度或者高度，图片就以相对于当前窗口大小的百分比大小来显示。

> **注意** 即使图像按照原来的尺寸显示，也应该在 HTML 中指明图像的高度和宽度，这样会使网页的显示速度更快。

3.8 用 alt 属性为图像设置替换文本

由于一些原因，图像可能无法正常显示，比如网络速度太慢、浏览器版本过低等，因此应该为图像设置一个替换文本，用于图像无法显示的时候告诉浏览者该图片的内容。

这需要使用图像"alt"属性来实现。例如下面的代码：

```
<html>
<head>
<title>图片</title>
</head>
<body>
    <img src="no-image.gif" width="128" height="128" alt="杯子图像">
</body>
</html>
```

在浏览器中打开这个网页，如果浏览器不能打开图像，其效果如图 3.21 所示。

alt 属性在过去网速比较慢的时候，主要作用是上面所说的，为了使看不到图像的访问者能够了解图像内容。而随着互联网的发展，现在显示不了图像的情况已经很少见了，但是 alt 属性有了新的作用，Google 和百度等搜索引擎在收录页面的时候，会通过 alt 属性的内容来分析网页的内容。因此，如果在制作网页的时候，能够为图像都配有清晰明确的替换文本，就可以帮助搜索引擎更好地理解网

图 3.21　alt 属性的作用

页内容，从而更有利于搜索引擎的优化，可能会使更多人通过搜索引擎找到这个网页。

3.9 辅助：利用 Dreamweaver 设置文本和图像

上面已经学习了一些关于 HTML 的知识，都是使用手工编写代码的方式操作的。实际上，还可以通过使用一些可视化的工具软件，来辅助网页的设计，提高工作效率。Adobe 公司开发的 Dreamweaver 和微软公司开发的 Expression Web 是常用的两个网页设计软件。我们在这里用少量的篇幅，以 Dreamweaver 为例，简介一下这类软件的基本用法。

Dreamweaver 是一个"所见即所得"的网页编辑软件，有了上面的基础之后，在 Dreamweaver 中插入文字和图像就非常方便了。

1. 在 Dreamweaver 中输入文字

在 Dreamweaver 的"文档"窗口中，单击上侧的"拆分"按钮，这样"文档"窗口将分为上下两个视图，上面显示的是 HTML 代码，称为"代码"视图；下面显示的是"所见即所得"的网页效果，称为"设计"视图。二者是一致的，即用户在其中任意一个视图中进行编

辑，另一个视图就会自动随之改变。

此外，在"文档"窗口中有一个黑色的光标在闪烁，它表示的就是当前的"插入点"。当按键盘上的任意字母键时，输入的内容就会出现在"插入点"的右边，如图 3.22 所示。

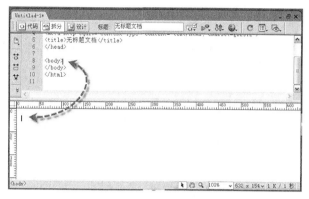

图 3.22　插入点

在"设计"视图中，输入的文字如果超过了一行的宽度，会自动折行。如果按键盘的"Enter"键，就会使前面输入的文字成为一个段落，如图 3.23 所示。可以看到按回车键以后，输入的文字成为了一个段落。在"代码"视图中，可以看到 Dreamweaver 自动产生了<p>和</p>标签。

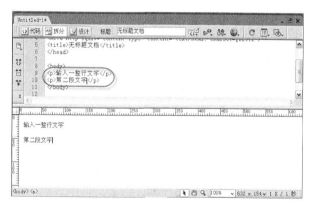

图 3.23　使前面输入的文字成为一个段落

> **说明**　总这里可以看出，这类软件的功能就是将原来需要手工输入的代码以可视化的方式插入页面，而本质上，仍然是编写 HTML 代码。

2．在 Dreamweaver 中使文字换行

在上面介绍过，在段落内使文字换行的标签是
标签，在这里将使用 Dreamweaver 来方便地实现文字换行。

❶ 在"文档"窗口中输入一些文字。在希望换行的地方单击鼠标，这样就将插入点放置到段落中要换行的位置了，如图 3.24 所示。

❷ 选择菜单栏中的"插入→HTML→特殊字符→换行符"命令，也可以单击文字分类中"字符"下的"换行符"按钮，如图 3.24 所示。

第 3 章 用 HTML 设置文本和图像

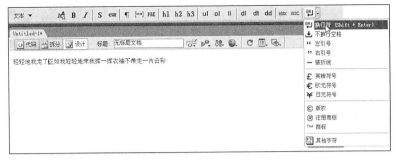

图 3.24 选择文字栏中的"换行符"按钮

❸ 将插入点放置到要分段的位置，按下键盘上的"Enter"键对文字分段，即"Enter"键与<p>和</p>标签对应。设置好的效果如图 3.25 所示。

在段落中强制换行的另一个方法是按键盘的"Shift+Enter"组合键，该操作实际上对应于在文档段落的相应位置插入一个
标签。

从图 3.25 中可以看到，使用"Shift+Enter"组合键换行的行间距比用"Enter"键小。但要注意，如果不使用样式表来格式化文字，行间距就是不可调整的。

图 3.25 在 Dreamweaver 中设置换行符

3．设置文字的属性

在 Dreamweaver 的"文档"窗口中先输入两行文字，如图 3.26 所示。下面以这两行文字为例，介绍一下如何在网页中设置文字的格式。

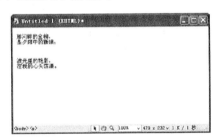

图 3.26 输入两行文字

下面就来设置这两个段落文字的属性。如果屏幕下方的"属性"面板没有展开，可选择"窗口"菜单中的"属性"命令，打开"属性"面板，如图 3.27 所示。"属性"面板上各项目的操作对象是不同的，有时会对整个段落操作，有时仅对选中的文字进行操作。

图 3.27 "属性"面板

（1）使用"格式"下拉列表框设置文字大小

在"属性"面板中有两个下拉列表框可以指定文字的大小,一个就是"格式"下拉列表框,其中可以选择"标题1"～"标题6"选项。"标题1"选项指定的文字最大,"标题6"选项指定的文字最小。"格式"下拉列表框对文字光标所在的整个段落起作用,例如把文字光标移到第1行文字中间,然后在"格式"下拉列表框中选择"标题1",这时整个第1段都会变大,如图3.28所示。

图 3.28　第 1 段变为第 1 级标题

> **注意**　要区别鼠标光标和文字光标。跟随鼠标指针移动的是鼠标光标;文字光标是窗口中一条闪烁的竖线,它指示了当前文字的插入点。

(2) 用"大小"下拉列表框设置文字大小

用"大小"下拉列表框也可以设置文字大小。与使用"格式"下拉列表框不同,"大小"下拉列表框设定的数据仅对选中的文字起作用。选取文字的方法是先将鼠标光标移动到操作对象的开始位置,然后按下鼠标左键并拖曳鼠标,使一些文字高亮显示,然后释放鼠标左键,这时就选中了高亮显示的文字。把一些文字选中,然后在"大小"下拉列表框中选择"36 像素"选项,效果如图3.29所示。

图 3.29　把选中的文字设为 36 像素

> **注意**　在 Dreamweaver 中,默认的情况下,通过"属性"面板设置的文字属性都是通过 CSS 来实现的。例如,这里设置文字的大小为 36 像素。前面讲过,如果仅使用 HTML 语言本身,是无法这么精确地设置文字属性的。

> 选择菜单栏中的"编辑→首选参数"命令,在"首选参数"对话框的"分类"列表框的"常规"选项中,可以看到"使用 CSS 而不是 HTML 标签"复制框,如图 3.30 所示,默认情况下是选中这个复选框的。如果取消选中这个复选框,然后单击"确定"按钮,这时再回到"属性"面板,可以看到文字"大小"的下拉列表框中的选项就不是精确的像素值,而是有限的几种字号大小了。
> 如果读者有兴趣,可以分别查看一下 HTML 代码,就会发现其中的区别了。由于本书讲到这里还没有涉及 CSS,因此建议读者先不要选中这个复选框,这样可以验证一下上一章中介绍的各种文字的属性。

> **注意**

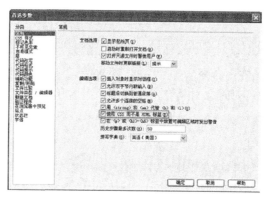

图 3.30　"使用 CSS 而不是 HTML 标签"复选框

（3）设置段落的对齐方式

在 Dreamweaver 中，除了可以设置整个段落的文字大小之外，还可以通过面板上的 ≣、≣ 和 ≣ 3 个按钮设置段落的对齐方式。这 3 个按钮的作用分别是使一个段落向左、居中和向右对齐。设置段落对齐方式的方法很简单，就是把鼠标光标移动某个段落中，然后单击这 3 个按钮中的一个，这个段落就会被设置成相应的对齐方式了。

（4）设置文字的加粗、倾斜和颜色属性

与设置对齐方式不同，设置文字的加粗、倾斜和颜色属性是针对选中的某些文字进行的，而不是对整个段落进行的。因此必须先选中一些文字，选中文字的方法有以下两种。

● 在需要被选中的文字的开始处单击鼠标，设定插入点，然后按下键盘上的"Shift"键，同时使用键盘上的"←、→、↑、↓"4 个方向键，就可以设置需要被选中的文字的结束位置了，被选中的文字以黑底显示，如图 3.31 所示。

● 另一种方式是在文字开始的位置按下鼠标左键，然后拖动鼠标，鼠标指针经过的文字就被选中了。

图 3.31　选中文字

选中一些文字之后，按下 **B** 按钮可以使选取的文字加粗，按下 *I* 按钮可以使文字倾斜，按下 ■ 按钮可以在出现的颜色选择板中选择文字的颜色。

除了文字，使用 Dreamweaver 可以向网页中插入其他各种元素，例如图像等，基本的方法都是通过"插入"菜单将元素置入网页，然后用"属性"面板设定其相关的属性。这里就不再详细介绍了。

3.10　辅助：利用 Dreamweaver 代码视图提高效率

上一节中介绍了如何使用 Dreamweaver 可视化的方法制作网页，实际上 Dreamweaver 也提供了方便的代码编写功能。前面曾经谈到，页面在浏览器中的最终显示效果完全是由 HTML 代码决定的，Dreamweaver 只是帮助用户方便地插入或者生成必要的代码。在实际工作中，还是经常会遇到通过可视化的方式生成的代码并不能获得最佳效果的情况，这时就需要设计师对代码进行手工调整，这个工作可以在 Dreamweaver 文档窗口的"代码"视图中完成。

在代码视图中，Dreamweaver 也提供了很多方便的功能，可以帮助用户更高效地完成代码的输入和编辑操作。

3.10.1　代码提示

在 HTML 以及本书后面要介绍的 CSS 中，都有很多种标记、属性和属性值，都是英文单词，因此设计师要把繁多的标记、属性和属性值记清楚是很不容易的，而一旦拼写错误，就无法得到正确的效果了。为此，Dreamweaver 提供了很方便的代码提示功能，可以大大减少设计者的记忆量，也可以尽可能避免拼写错误。

首先确认切换到了"代码"或者"拆分"视图。这时如果希望在代码中的某个位置增加一个 HTML 标记，只需要把文本光标移动到目标位置，然后输入左尖括号，就会自动弹出代码提示下拉框，如图 3.32 所示。这时就可以使用键盘的上下方向键选取所需的属性，然后按"Enter"键即可完成对该标记的输入，有效避免了拼写错误。

图 3.32 代码提示功能

例如，要为<p>标记增加一个属性，这时只需要把文本光标移动到 p 这个字母的后面，按下空格键，就会出现下拉框，列出了所有可供选择的属性，如图 3.33 所示。这时就可以使用键盘的上下方向键选择所需的属性了。

图 3.33 提示备选属性

如果可以选择的属性特别多，那么可以继续输入所需属性的第一个字母，这时代码提示的下拉框中的内容会发生变化，仅列出以这个字母开头的属性，就大大缩小了可选择范围。

在选中某个属性以后，代码提示下拉框又会自动提示备选的属性值。例如对于 align 属性，会出现 4 个备选的属性值，如图 3.34 所示，这时同样用上下方向键就可以选择了。

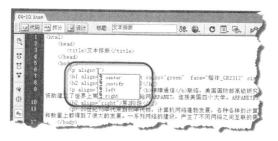

图 3.34 提示被选属性值

读者可以实践一下这个功能，习惯了使用代码提示以后，会发现即使是完全手工输入代码编写网页，速度也是非常快的。

3.10.2　代码折叠

代码折叠是另一项 Dreamweaver 提供的辅助手段。当页面非常复杂的时候，代码量就会很大，这时如果分析代码就会感到很混乱，代码折叠的功能就是可以暂时把某些部分的代码收缩隐藏起来，便于设计师分析和编辑代码。

例如，选中一部分代码，如图 3.35 所示，可以看到左侧出现了两个方形带有一个减号的小图标，这时单击这两个图标中的任意一个，代码视图将变为如图 3.36 所示的样子，可以看到刚才被选中的图标都被暂时隐藏起来了。如果单击右侧的小方形图标（此时图标中的减号已经变为加号，表示处于折叠状态），又会恢复代码的正常显示状态。

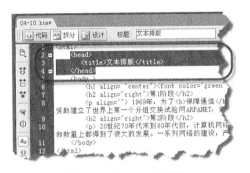 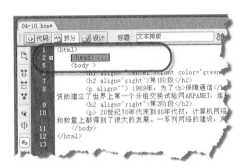

图 3.35　选中一些代码　　　　　　　　图 3.36　将代码折叠起来

复杂页面的代码可能会有几百行，设计师在其中寻找要修改的代码就会很费时间，如果使用代码折叠功能，把与要编辑的部分无关的代码都暂时折叠起来，只显示有关的部分，就可以提高工作效率了。

3.10.3　使用拆分视图对代码快速定位

在文档窗口中有 3 种视图，其中"拆分"视图就是把整个窗口分为上下两半，上面显示代码，下面显示设计视图。

当页面很复杂时，代码很长，这时如果要快速地在代码中找到要修改的内容就很不容易了，这时可以注意图 3.37 中，左下角的一排 HTML 标记，它显示的是当前选中的对象。例如，现在希望把标题的"起源"两个字由倾斜改为粗体显示，就可以在下侧的设计视图中单击这两个字的位置。这时左下角的标记依次为"<body><h1><i>"，表示了 HTML 的嵌套关系，<i>标记是嵌套在<h1>标记中的，而<h1>标记又是嵌套在<body>标记中的。现在用鼠标单击这排标记中的<i>标记，可以看到在下侧的设计视图和上侧的代码视图中相应的内容都成为高亮显示的状态，这样设计师就可以非常清楚地知道相应的代码在什么位置了，可以立即把<i>标记修改为<b>标记。

当然，这个例子的代码非常简单，并不能完全体现快速定位的作用，而对于复杂的页面，这种快速定位的方法就可以体现出很大的作用了。

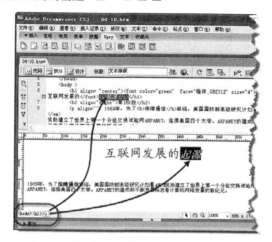

图 3.37　使用拆分视图对代码进行快速定位

3.11　本章小结

在本章中分别介绍了文本和图像相关的 HTML 标记和属性，并简要地介绍了使用 Dreamweaver 辅助设置文本和图像的方法和技巧，以及用 Dreamweaver 提高代码编写效率的方法。读者需要理解的是本章所讲的通过设置 HTML 属性来确定文本和图像的特定样式，比如文本的颜色、对齐方式等。虽然学习了这么多，但是仍然可以感觉到能够设置的样式是很有限的，比如在一个文本段落中，通过 HTML 是无法设置行间距的，这时就必须借助另一个规范——CSS 来实现，具体内容将在后面讲解。

第 4 章
用 HTML 建立超链接
(\<a\>)

HTML 文件最重要是特性之一就是超链接,通过网页上所提供的链接功能,用户可以链接到网络上的其他网页。如果网页上没有超链接,就不得不在浏览器地址栏中一遍遍地输入各网页的 URL 地址了,这样也就无法体现互联网的优点了。

本章主要介绍利用 HTML 建立超链接的方法,最后再讲解结合 Dreamweaver 软件的操作方法。通过本章的学习,读者可以灵活设置页面中的文字、图片等各种样式的超链接。

4.1 设置基本文字超链接

建立超链接所使用的 HTML 标记为\<a\>\</a\>标记。超链接最重要的有两个要素,设置为超链接的文本内容和超链接指向的目标地址。基本的超链接的结构如图 4.1 所示。

图 4.1 基本的超链接的结构

例如下面的网页代码:

```
<html>
    <head>
        <title>超链接</title>
    </head>
    <body>
        点击<a href=1.html>这里</a>连接到一个图片网页
    </body>
</html>
```

在\<a\>和\</a\>标记之间的内容就是在网页中被设定为超链接的内容。href 属性是必要属性,用来放置超链接的目标地址,可以是本网站内部的某个 HTML 文件,也可以是外部网站某个网页的 URL 地址。

4.1.1 URL 的格式

每个文档在互联网上有惟一的地址,该地址的全称为统一资源定位器(Uniform Resource

Laocator），简称为 URL。

URL 由 4 个部分构成，即"协议"、"主机名"、"文件夹名"和"文件名"，如图 4.2 所示。

互联网的应用种类繁多，网页只是其中之一。协议就是用来标示应用的种类，通常通过浏览器浏览网页的协议都是 HTTP 协议，即"超文本传输协议"，因此通常网页的地址都以"http://"开头。

图 4.2　URL 的结构

接下来"www.artech.cn"为主机名，表示文件存在于哪台服务器上，主机名可以通过 IP 地址或者域名来表示。

确定到主机以后，还需要说明文件存在于这台服务器的哪个文件夹中，这里文件夹可以分为多个层级。

最后，就是确定目标文件的文件名，网页文件通常是以".htm"或者".html"为后缀。

4.1.2　URL 的类型

本书的 3.6 节讲解在网页中使用图像时，已经介绍了"路径"的概念。对于超链接来说，路径的概念同样存在。如果对路径这个概念还不熟悉，请复习一下本书 3.6 节。

超链接的 URL 可以为两种类型："绝对 URL"和"相对 URL"。

（1）绝对 URL 就是像图 4.2 那样，包含文件的所有信息，就像我们在浏览器中访问一个网站中的某个页面那样。

（2）而相对 URL 则指向相对于原文档同一服务器或者同一文件夹中的文件。相对 URL 通常仅包含文件夹和文件名，甚至只有文件名。相对 URL 又可以分为两种：

- 相对文档的 URL，这种 URL 以链接的原文档为起点；
- 相对服务器的 URL，这种 URL 以服务器的根目录为起点。

下面举一个简单的例子，源文件参见本书附带光盘"第 4 章\04-01.htm"，代码如下。

```
<html>
    <head>
        <title>超链接</title>
    </head>
    <body>
        点击<a href= "http://www.artech.cn/01.html">链接 01</a>链接到第 1 个网页。
        点击<a href= "/02.html">链接 02</a>链接到第 2 个网页。
        点击<a href= "../sub/03.html">链接 03</a>链接到第 3 个网页。
    </body>
</html>
```

这时的效果如图 4.3 所示。

其中第 1 个使用的是绝对 URL；第 2 个用的是服务器相对 URL，也就是链接到原文档所在的服务器的根目录下的 02.html；第 3 个使用的是文档相对 URL，即原文档所在文件夹的父文件夹下面的 sub 文件夹中的 03.html 文件。

在实际工作中，第 1 种和第 3 种链接方式都很常用，第 2 种则不太常用。下面再介绍一些相关的特性。

图 4.3　设置文本超链接

4.2 设置页面内部的特定目标的链接

超链接不仅可以跳转到其他网页，也可以在本页内跳转。在制作网页的时候，可能会出现网页内容比较长的情况，这样当用户浏览网页的时候就会很不方便。要解决这个问题，可以使用超链接的手段在网页开头的地方制作一个向导链接，直接链接到特定的目标。

例如如图 4.4 所示的这个页面，可以从右侧的滚动条看出这个页面比较长。假设这个页面中要向浏览者推荐 3 本图书，在页面的上侧就可以设置 3 个链接。当浏览者点击这些链接时，页面就会直接显示到相应的内容，而不需要拖动滚动条找到相应位置，给访问者提供了更便利的访问体验。

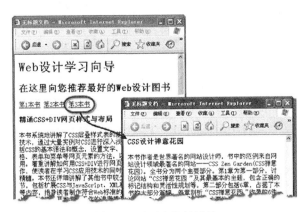

图 4.4　页面内部的链接

页面内部的链接是如何实现的呢？源文件参见本书附带光盘"第 4 章\04-02.htm"，代码如下。

```
<body>
<p><a href="#first">第 1 本书</a> <a href="#second">第 2 本书</a> <a href= "#third" >第 3 本书</a></p>
<h3><a name="first">精通 CSS+DIV 网页样式与布局</a></h3>
<p>本书系统地讲解了……省略部分</p>
<h3><a name="second"></a>CSS 设计彻底研究</h3>
<p>本书是一本深入……省略部分</p>
<h3><a name="third"></a>CSS 设计禅意花园</h3>
<p>本书作者是世界……省略部分</p>
</body>
```

注意代码中以粗体显示的语句。要做出这个效果，首先要在开头（或其他位置）设置链接文字，并设定跳转的目标名称，形如<a href="#目标名称">链接文字</a>，意思就是指明网页所应跳到哪个目标名称的位置上，然后设置相应的跳转目标位置，<a name="目标名称">链接目标文字</a>。注意，二者的跳转目标名称必须要一致。例如，上面的代码"第 1 本书"链接到"#first"，那么跳转到的位置设置的目标也必须是"name="first""。

4.3 设置图片的超链接

图片超链接的建立和文字超链接的建立基本类似,都是通过<a></a>标记来实现的。只需要把原来的链接文字换成相应的图片。

请看下面的案例,源文件参见本书附带光盘"第 4 章\04-03.htm",代码如下。

```
<html>
  <head>
    <title>图片的超链接</title>
  </head>
  <body>
    <a href=1.html><img src=pic.jpg></a><br>
    点击该图片放大
  </body>
</html>
```

代码运行后的效果如图 4.5 所示。

注意代码中以粗体显示的语句。这里要注意一点,为一个图片添加了超链接以后,浏览器会自动给图片加一个粗边框,就像在建立文字超链接时会自动加上下划线一样。如果希望去掉这个边框,只需在<img>标记中设置 border="0"后就可以取消这个边框。关于取消文字超链接的下划线的方法将在 CSS 部分向大家介绍。

图 4.5　设置图像超链接

4.4 设置电子邮件链接

最常见的链接目标是网页,例如.htm 或者.html 等文件,此外还可以设置其他对象作为链接的目标。

在某些网页中,当访问者点击某个链接以后,会自动打开电子邮件的客户端软件,如 Outlook 或 Foxmail 等,向某个特定的 E-mail 地址发送邮件,这个链接就是电子邮件链接。

电子邮件链接类似于 URL 的链接方式,格式是"mailto:电子邮件地址"。请看下面的案例,源文件参见本书附带光盘"第 4 章\04-04.htm",代码如下。

```
<html>
  <head>
    <title>邮件的链接</title>
  </head>
  <body>
    联系我们: <a href="mailto:support@artech.cn">给我们发送邮件</a>。
  </body>
</html>
```

在浏览器中打开这个网页,其效果如图 4.6 所示。

第 4 章 用 HTML 建立超链接（<a>）

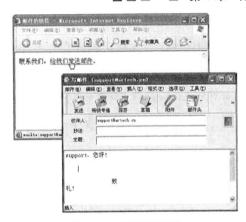

图 4.6 电子邮件链接

> **注意**
> 由于有一些人利用恶意程序在互联网上大量收集 mailto:后面的电子邮件地址，然后作为垃圾邮件的发送目标。因此，建议读者不要轻易把电子邮件地址放在网上，这样很容易被人列为垃圾邮件的目标，导致邮箱中每天收到大量的垃圾邮件。
> 比较有效的解决办法是，不要用 mailto:链接，并且把 E-mail 地址写为 support[at]artech.cn。这种书写方式既能使程序一般不会识别出这是一个电子邮件地址，也能使浏览者很容易明白你的电子邮件地址。如果担心访问者不理解，可以注明"请将[at]替换为@符号"。

4.5 设置以新窗口显示链接页面

在默认情况下，当点击链接的时候，目标页面还是在同一个窗口中显示。如果要在点击某个链接以后，打开一个新的浏览器窗口，在这个新窗口中显示目标页面，就需要在<a>标记中设置"target"属性。

将"target"属性设置为"_blank"，就会自动打开一个新窗口，显示目标页面。例如下面的代码。

```
<html>
    <head>
        <title>以新窗口方式打开</title>
    </head>
    <body>
        以<a href="1.html" target="_blank">新窗口</a>方式打一个网页
    </body>
</html>
```

target 属性除了可以设置为"_blank"之外，还可以设置为其他属性值，具体用法在本章后面介绍。

4.6 创建热点区域

图片的超链接还有一种方式，就是图片的热点区域。所谓图片的热点区域就是将一个图

55

片划分出若干个链接区域。访问者点击不同的区域会链接到不同的目标页面。例如图 4.7 演示的那样,左图中的图片有几个星座的不同形状,鼠标光标移动到某个形状内,单击鼠标,就会跳转到不同的页面。源文件参见本书附带光盘"第 4 章\04-05.htm"。

图 4.7　图像的热点区域

4.6.1　用 HTML 建立热点区域（<map>和<area>）

HTML 中可以使用 3 种类型的热点区域：矩形、圆形和多边形。例如下面的这个例子使用了这 3 种形状的热点区域。

```
<img src="stars.jpg" border="0" usemap="#Map1">
<map name="Map1">
    <area shape="rect" coords="23,28,111,81" href="#">
    <area shape="circle" coords="187,57,33" href="#">
    <area shape="poly" coords="271,12,321,23,321,80,275,87,251,49" href="#">
</map>
```

下面对这段代码进行一些解释,在<img>标记的后面是热点区域的相关代码,它是通过<map>标记和<area>标记来定义的。这个标记可以这样理解：在图片上画出一个区域来,就像画出一个地图一样,并为这个区域命名,然后在<img>标记中插入图片并使用该地图的名字。

（1）<map>标记只有一个属性,即 name 属性,其作用就是为区域命名,其设置值可以随便设置。

（2）<img>标记除起到插入图片的作用外,还需要引用区域名字,这就要加入一个 usemap 属性,其设置值为<map>标记中 name 属性的设置值再加上井号"#"。例如设置了"<map name="pic">",则"<img usemap="#pic">"。

（3）<area>标记有 3 个属性：

● 第 1 个为 shape 属性,控制划分区域的形状,其设置值有 3 个,分别为 rect（矩形）、circle（圆形）和 poly（多边形）。

● 第 2 个为 coords 属性,控制区域的划分坐标。

（i）如果前面设置的是"shape=rect",那么 coords 的设置值分别是矩形的左、上、右、下四边的坐标,单位为像素。

（ii）如果前面设置的是"shape=circle"，那么 coords 的设置值分别是圆形的圆心坐标（它通过左、上两点坐标进行设置）和该圆形的半径值（单位为像素）；

（iii）如果前面设置的是"shape=poly"，那么 coords 的设置值分别是各点的坐标，单位为像素。热点区域的坐标是相对于热点区域所在的图片来设置的，而不是以浏览器窗口为参考进行设置，这样如果设置的坐标值超出了图片的长宽尺寸范围就不能显示出热点区域了。

- 第 3 个为 href 属性，这是设置超链接的目标。

4.6.2 辅助：利用 Dreamweaver 精确定位热点区域

前面介绍了图片的热点区域的制作方法。如果需要设计者计算热点区域的坐标值是很麻烦的，怎么才能方便地设置自己想要的热点区域的位置呢？使用 Dreamweaver 可以很方便地实现。请看下面的案例，源文件参见本书附带光盘"第 4 章\04-06.htm"。

❶ 创建一个新文档，然后在文档中插入一张有 3 个形状的图像，如图 4.8 所示。

❷ 保持图片的选中状态，在 Dreamweaver 中打开"属性"面板。面板左下角有 3 个蓝色图标按钮，依次代表矩形、圆形和多边形热点区域。首先单击左边的"矩形热点"工具图标，如图 4.9 所示。

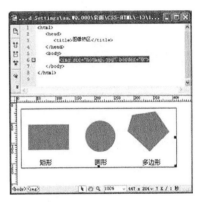

图 4.8 插入图片

图 4.9 Dreamweaver 中图像的"属性"面板

❸ 将鼠标指针移动到被选中图片的矩形左上角，然后通过拖曳鼠标，得到一个与矩形大小差不多的矩形热点区域，如图 4.10 所示。

❹ 绘制出来的热区呈现出半透明状态，效果如图 4.11 所示。

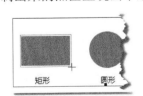

图 4.10 绘制矩形热点区域

图 4.11 完成矩形热点区域的绘制

❺ 如果绘制出来的矩形热区有误差，可以通过"属性"面板中的"指针热点"工具进行编辑，如图 4.12 所示。

❻ 完成上述操作之后，保持矩形热区的选中状态，然后在"属性"面板中的"链接"文本框中输入该热点区域链接对应的跳转目标页面。

❼ 在"目标"下拉列表框中有 4 个选项，它们决定着链接页面的弹出方式，这里如果选择了"_blank"，那么矩形热区的链接页面将在新的窗口中弹出。如果"目标"选项保持空白，就表示仍在原来的浏览器窗口中显示链接的目标页面。这样，矩形热点区域就设置好了。

❽ 接下来继续选中文档窗口中的图片。选择"属性"面板中的"圆形热点"工具,在圆形附近拖曳鼠标,为图片中的圆形绘制一个热区。

❾ 同理,使用"属性"面板中的"多边形热点"工具,依次单击多边形的各个顶点,为图片中的多边形绘制一个不规则热区,这时在 Dreamweaver 的设计视图如图 4.13 所示。

图 4.12 指针热点工具

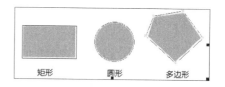

图 4.13 绘制多边形热区

❿ 完成后保存并预览页面。可以发现,凡是绘制了热点的区域,鼠标指针移上去时就会变成手形,点击就会跳转到相应的页面。

⓫ 查看此时页面相应的 HTML 源代码如下。

```
<html>
<head>
<title>图像热区</title>
</head>
<body>
<img src="hotmap.jpg" border="0" usemap="#Map">
<map name="Map">
  <area shape="rect" coords="16,37,127,105" href="01.htm">
  <area shape="circle" coords="204,69,41" href="02.htm">
  <area shape="poly" coords="284,15,344,4,386,59,330,111,268,56" href="03.htm">
</map>
</body>
</html>
```

可以看到,Dreamweaver 自动生成的 HTML 代码结构和前面介绍的是一样的,但是所有的坐标都自动计算出来了,这正是 Dreamweaver 等软件的作用。使用这些工具本质上和手工编写 HTML 代码没有区别,只是使用这些工具可以提高工作效率。

热点区域可以应用到实际的网站中,例如一个网站的导航,就可以使用热点区域。如图 4.14 所示,页面左上角是网站的导航栏,由一幅图像构成,图像上有"公司介绍"、"产品分类"、"售前服务"和"技术支持"这几个栏目的名称,现在希望鼠标点击任意一个栏目名称,就跳转到相应的页面。源文件参见本书附带光盘"第 4 章\04-07.htm",代码如下。

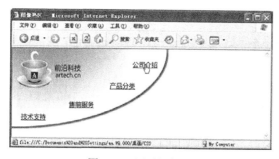

图 4.14 网页导航栏

这个导航栏就可以用 Dreamweaver 方便地实现，只需为每一个栏目名称设置一个矩形热点区域即可，如图4.15所示。

使用 Dreamweaver 等软件进行网页制作可以达到所见即所得的效果，这样就能方便直观地做出许多网页效果。但是，无论使用什么网页制作工具，其根本还是建立在 HTML 语言基础上的，任何网页都脱离不了 HTML 标记的控制，特别是一个专业的网页设计师更需要具备 HTML 方面的知识。如果不明白 HTML 是什么，不了解 HTML 中各种标记是做什么用的，即使拥有强大的网页制作工具也只能是无根之树，无源之泉。

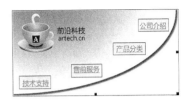

图 4.15　为栏目名设置热点区域

4.7　框架之间的链接

框架是一种常用的网页布局工具。它的作用是把浏览器的显示空间分割为几个部分，每个部分都可以独立显示不同的网页。前面曾经介绍过<a>标记的 target 属性，但是没有详细介绍，这是因为 target 属性必须和框架配合使用，因此这里先对框架进行一些介绍，然后再演示框架与链接的关系。

与框架相关的概念是框架集，把几个框架组合在一起就成为了框架集。

4.7.1　建立框架与框架集（<frame>和<frameset>）

如图 4.16 所示的是一个使用了框架的网页。可以看到，这是一个论坛网站，左侧是各个讨论区的名称，单击任意一个讨论区名称，在网页的右侧就会显示相应讨论区的内容，左右两边是独立显示的，例如拉动左侧的滚动条，不会影响右侧的显示效果，反之亦然。

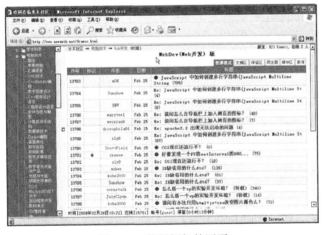

图 4.16　使用框架的网页

上面这个网页就使用框架来进行布局的，整个页面是一个"框架集"，这个框架集由左右两个"框架"构成，每个框架中都独立地显示一个网页。

框架集的 HTML 标记为<frameset>，框架的 HTML 标记是<frame>。需要注意的是，<frameset>标记和</frameset>标记是与<body>和</body>同级的。因此，不要将<frameset>标

记包含在<body>标记中，否则<frameset>标记将无法正常使用。

4.7.2 用 cols 属性将窗口分为左右两部分

窗口框架的分割方式有两种，一种是水平分割，另一种是垂直分割。在<frameset>标记中的 cols 属性和 rows 属性用来控制窗口的分割方式。

cols 属性可以将一个框架集分割为若干列，其语法结构是"<frameset cols="n1,n2,…,*">"。
- n1 表示子窗口 1 的宽度，以像素或百分比为单位；
- n2 表示子窗口 2 的宽度，以像素或百分比为单位；
……
- 星号 " * " 表示分配给前面所有窗口后剩下的宽度，比如 " <frameset cols="20%,30%,*">"，那么 " * " 就代表 50%的宽度。

下面就用实例来说明，代码如下：
```
<html>
    <head>
        <title>窗体分割</title>
    </head>
    <frameset cols="30%,*">
        <frame>
        <frame>
    < /frameset>
</html>
```

在浏览器中的显示效果如图 4.17 所示，可以看到左边部分的宽度是 30%。

图 4.17　窗体的垂直分割

4.7.3 用 rows 属性将窗口分为上中下三部分

rows 属性的使用方法和 cols 属性是基本一样的，只是在分割方向上有所不同而已。下面举一个简单的实例，代码如下：
```
<html>
    <head>
        <title>窗体分割</title>
    </head>
    <frameset rows="30%,40%,*">
        <frame>
        <frame>
        <frame>
    < /frameset>
</html>
```

在浏览器中打开这个网页,其效果如图 4.18 所示。

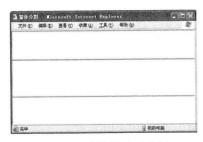

图 4.18　窗体的水平分割

4.7.4　框架的嵌套

rows 属性和 cols 属性也可以混合起来使用,实现框架的嵌套。下面这个实例实际上是先将窗口垂直分割为两个子窗口,再将第 2 个子窗口进行水平分割。例如下面代码所示:

```
<html>
    <head>
        <title>窗体的水平和垂直分割</title>
    </head>
        <frameset cols="30%,*">
            <frame>
            <frameset rows="60%,*">
                <frame>
                <frame>
            </frameset>
        </frameset>
</html>
```

在浏览器中打开这个网页,其效果如图 4.19 所示。可以看到,框架集是可以嵌套的,在这个例子中,外层的框架集把整个窗口分为了左右两个部分,而左面的部分又被一个框架集分为上下两个部分。

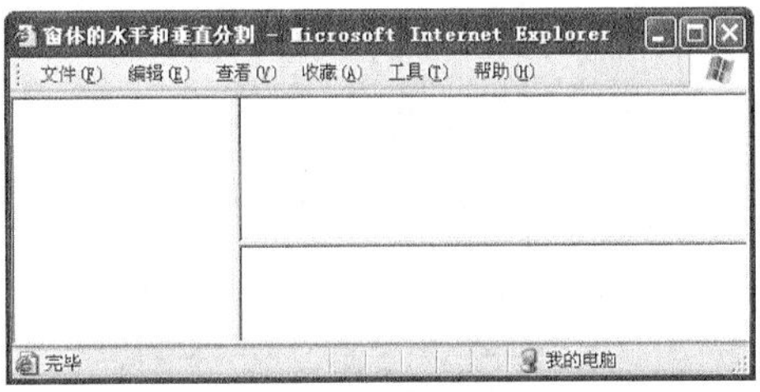

4.7.5　用 src 属性在框架中插入网页

框架的作用是显示网页,现在就来介绍如何设置所要显示的网页。这是利用 src 属性来进行设置的。这个 src 属性和图片插入标记<img>中的 src 属性是一样的,其语法结构也是"<frame src=HTML 文件的位置>"。

图 4.19　窗体的水平和垂直分割

下面是一个在框架中插入网页的演示。

```
<html>
    <head>
        <title>图片在分割框中的应用</title>
    </head>
    <frameset cols="40%,*">
        <frame src=01.htm>
        <frame src=02.htm>
    </frameset>
</html>
```

4.7.6 用 src 属性在框架之间链接

框架的作用不仅仅是在同一个浏览器窗口中显示多个页面，而且可以从其中一个框架的页面中控制另一个页面的显示。最典型的应用就是一个框架中显示目录，或者称为导航栏，当访问者点击某个链接时，在另一个框架中显示链接的目标页面。

如图 4.20 所示的这个论坛就是一个非常典型的应用。

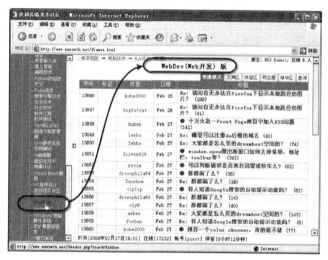

图 4.20　框架之间的链接

下面来实现一个类似的效果。源文件参见本书附带光盘"第 4 章\04-08.htm"。

❶ 制作一个被分为上下两个框架的页面，上面框架中的页面就是 4.6.2 节中制作的导航栏页面。下面暂时是空的。代码如下：

```
<html>
  <head>
    <meta http-equiv="Content-Type" content="text/html; charset=utf-8" />
    <title>无标题文档</title>
  </head>
  <frameset rows="210,*" cols="*">
    <frame src="04-07.htm">
    <frame  >
  </frameset>
</html>
```

这个页面的效果如图 4.21 所示。

❷ 分别制作 4 个目标页面，也就是点击了导航栏中相应的栏目名称后要显示的页面。这里每个页面仅以最简单的文字作为演示。假设这 4 个页面的文件名分别是 04-08-01.htm、04-08-02.htm、04-08-02.htm、04-08-01.htm。

❸ 将"公司介绍"页面作为下面这个框架窗口的默认显示页面，也就是在浏览器中打开这个页面，还没有点击任何一个栏目时显示的页面。这时将上面的代码稍作如下修改。

```
<frameset rows="210,*">
    <frame src="04-07.htm">
    <frame src="04-08-01.htm" >
</frameset>
```

这里可以看到,下侧的框架指定显示 04-08-01.htm 这个文件。这时页面效果如图 4.22 所示。

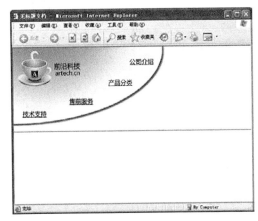
图 4.21　上下结构的框架结构

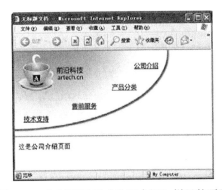
图 4.22　在下面显示"公司介绍"栏目的页面

❹ 要实现跨框架的链接,就必须要对框架命名,以标识某个特定的框架。方法是在第 2 个框架标记中设置 name 属性,例如将它设置为"main":

```
<frameset rows="210,*">
    <frame src="04-07.htm">
    <frame src="04-08-01.htm" name="main" >
</frameset>
```

❺ 打开上面的 04-07.htm,为每一个热区的链接设置 target 属性,都设置为"main",代码如下:

```
<body style="margin:0">
<img src="navi.jpg" width="400" height="200" border="0" usemap="#Map">
<map name="Map">
    <area shape="rect" coords="303,22,377,52" href="04-08-01.htm" target="main">
    <area shape="rect" coords="242,76,321,105" href="04-08-02.htm" target="main">
    <area shape="rect" coords="141,126,216,157" href="04-08-03.htm" target="main">
    <area shape="rect" coords="15,152,92,183" href="04-08-04.htm" target="main">
</map>
</body>
```

这时效果如图 4.23 所示,可以看到,当点击某个栏目名称时,在下面的框架中就显示了相应的页面。

因此,我们就知道了如果不设置 target 属性,就表示在原窗口中显示链接的目标页面;如果设置为某个框架的名称,就表示在该框架中显示链接的目标页面。target 属性一共有以下 4 种常用的情况。

● _blank:表示新打开一个浏览器窗口,在其中显示链接的目标页面。

● _self:相当于不设置 target 属性,即在原

图 4.23　在 main 框架中显示了
"售前服务"栏目的页面

窗口中显示链接的目标页面。

- _top：前面介绍过，框架可以层层嵌套，如果 target 属性设置为 "_top"，就表示在顶级框架，也就是在浏览器窗口中显示链接的目标页面。
- _partent：表示在"上一级"框架中显示链接的目标页面，例如上面这个例子中，如果将"main"改为"_parent"，就会在浏览器窗口中仅显示某具体栏目的页面。

4.7.7 创建嵌入式框架（<iframe>）

在前面的<frameset>标记中，发现它只能把现有的窗口分为几个子窗口，而且大小只能由框架的高度属性或是宽度属性来设置，不怎么灵活。这里介绍<iframe>标记，它可以用于创建"嵌入式框架"，也称为"浮动框架"，可以自由控制窗口的大小，可以配合表格随意地在网页中的任何位置插入窗口。实际上就是在窗口中再创建一个窗口。

使用<iframe>不需要先创建框架集，直接插入<iframe>标记即可，例如：

`<iframe width=800 height=200 src=http://www.artech.cn > </iframe>`

其含义是在页面中创建一个宽 800 像素，高 200 像素，源地址为 http://www.artech.cn 的嵌入式框架。例如在前面的案例中，在"公司介绍"页面上增加一个嵌入式框架，效果如图 4.24 所示。

图 4.24　使用了嵌入式框架的页面

可以看到页面中出现了一个 800×200 像素的区域，里面显示的就是 src 属性确定的页面。

<iframe>和<frame>一样都可以设置 name 属性，作为其他框架中 target 属性的值，从而作为链接目标页面的显示窗口，例如图 4.25 中显示的这样，点击页面顶部的链接文字，下面就会在嵌入式框架中显示相应的页面。

本章在读者掌握了基本的网页制作方法的基础上，重点介绍了建立网站的方法。制作好一个网站后，如何把这个网站发布到互联网上。本章包括了建立网站的过程、如何租用虚拟空间和如何向服务器上传页面等内容。

第 4 章　用 HTML 建立超链接（<a>）

图 4.25　嵌入式框架可以作为链接 target 属性的属性值

4.8　链接增多后网站的组织结构与维护

　　一个网站都是由许多相互链接的网页构成的，因此如何管理这些网页也是非常重要的。当一个网站的网页数量增加到一定程度以后，网站的管理与维护将变得非常繁琐，因此掌握一些网站管理与维护的技术是非常实用的，可以节省很多时间。

　　通常在开发网站的时候，并不是把所有的网站文件都保存在一个站点根目录下面，而是使用不同的文件夹来存放不同性质的文件。一个合理的网站文件结构对于开发者来说是非常重要的，它可以使站点的结构更清晰，避免发生错误。网站开发者可以通过合适的文件结构来对网站的文件进行方便的定位和管理。

　　如果建立起适合的网站文件存储结构，网站开发者就能够迅速定位自己需要的文件，或者将制作完成的文件存储到相应的目录中，进行网站开发工作。

　　下面介绍 3 种常用的网站文件组织结构方案及文件管理遵循的原则。

1．方案一

　　最简单的存储方案是按照文件类型进行分类管理。将不同类型的文件存放在不同的文件夹中，这种存储方法适用于中小型的网站，该方法通过文件的类型对文件进行管理。如图 4.26 所示的是这种类型的存储结构。

　　对于大型的网站来说，这种分类存放文件的方式并不适用，因为很可能同样种类的文件数量也相当多，仅仅根据文件类型对文件进行分类储存是不够的。这样就需要对文件进行进一步的管理。

图 4.26　按照文件的类型对网站的文件进行管理

2．方案二

　　按照主题对文件进行分类管理。这种方案的文件存储结构如图 4.27 所示。在这种存储方案中，网站的页面按照不同的主题进行分类储存。关于某个主题的所有文件被存放在一个文件夹中,然后再进一步细分文件的类型。这种存储方案适用于那些页面与文件数量众多、信息量大的静态网站。

3. 方案三

对文件的类型进行进一步细分存储管理。这种存储方案实际上是第一种存储方案的深化,将页面进一步细分后进行分类存储管理,具体的存储方案如图 4.28 所示。

图 4.27　按照主题对文件进行分类管理　　　图 4.28　对文件的类型进行进一步细分

这种存储方案适用于那些文件类型复杂、包含各种文件的多媒体动态网站。

4.9　本章小结

超链接是 HTML 最重要是特性之一,也是互联网区别于其他传统媒体的本质区别。任何图书、杂志都必须一页一页按顺序编排,而一个网站中的各个页面却可以通过超链接的方式,灵活有机地组织起来。本章首先从介绍相对路径与绝对路径的概念开始讲解,然后再介绍超链接的建立方法,热点区域的建立方法,以及利用 Dreamweaver 软件精确定位的方法。通过本章的学习,读者应该掌握文字、图片等各种形式的超链接的建立方法。

第5章 用HTML创建表格

使用表格可以清晰地显示列成表的数据，例如图5.1是股票行情的数据列表。在本章中，先介绍使用表格清晰地显示数据的方法，各种与表格相关的HTML标记。在本章的最后，还会演示如何借助于表格来进行页面布局，以便与本书后面章节中的其他方法进行对比。

图5.1 使用表格显示数据

5.1 表格基本结构（<table>）

举个例子来说，如果要制作一个3行4列的表格，在Word软件中，只要设定表格为3行、4列就完成了。然而在网页中制作一个3行4列的表格，则至少需要3个HTML标记才能完成。

建立一个最基本的表格，必须包含一组<table></table>标记、一组<tr></tr>标记以及一组<td></td>标记，这也是最简单的单元格表格。<table></table>标记的作用是定义一个表格，<tr></tr>标记的作用是定义一行，而<td></td>标记的作用是定义一个单元格。

请看下面的案例，源文件参见本书附带光盘"第5章\05-01.htm"。

```
<html>
    <head>
        <title>单元格</title>
    </head>
    <body>
        <center>
```

```
            <table border=1>
                <tr>
                    <td> A1</td> <td>A2</td><td> A3</td> <td> A4</td>
                </tr>
                <tr>
                    <td>B1</td> <td>B2</td><td>B3</td> <td>B4</td>
                </tr>
                <tr>
                    <td>C1</td> <td>C2</td><td>C3</td> <td>C4</td>
                </tr>
            </table>
        </center>
    </body>
</html>
```

在浏览器中打开这个网页，其效果如图 5.2 所示。

注意代码中以粗体显示的语句。这就是一个最基本的表格，它只有 3 行 2 列，下面就详细讲解一下这 3 个标记。

● <table>标记：它用于标识一个表格。就如同<body>标记一样，告诉浏览器这是一个表格。<table>标记中设置了一个 border 属性（border=1），它的作用是将表格的边框线粗细设置为 1 项素。

图 5.2　基本表格

● <tr>标记：它用于标识表格的一行，也就是建立一行表格。代码中有多少个<tr></tr>标记，就表示有多少行的表格。

● <td>标记：它用于标识表格的一列，也就是建立一个单元格。它必须放在<tr>标记里使用，一个<tr>标记内有多少个<td>就表示这行里有多少列或是说有多少个单元格。

5.2　合并单元格

并非所有的表格都是规规矩矩的只有几行几列，有时候还会希望能够"合并单元格"，以符合某种内容上的需要。在 HTML 中合并的方向有两种，一种是上下合并，一种是左右合并，这两种合并方式各有不同的属性设定方法。

5.2.1　用 colspan 属性左右合并单元格

首先是如何进行左右单元格合并。例如在上面的表格基础上，现在要将 A2 和 A3 这两个单元格合并为 1 个单元格，源文件参见本书附带光盘"第 5 章\05-02.htm"，代码如下：

```
            <table border="1">
                <tr>
                    <td> A1</td> <td colspan="2">A2A3</td> <td>A4</td>
                </tr>
                <tr>
                    <td>B1</td> <td>B2</td><td>B3</td> <td>B4</td>
                </tr>
                <tr>
                    <td>C1</td> <td>C2</td><td>C3</td> <td>C4</td>
                </tr>
```

```
</table> 1
```

效果如图 5.3 所示，可以看到在<td>标记中，将 colspan 属性设置为"2"，这个单元格就会横跨两列。这样它后面的 A4 单元格仍然在原来的位置。

注意合并单元格以后，相应的单元格标记就会减少了，例如这里原来的 A3 单元格的<td>和</td>标记就要被去掉了。

5.2.2 用 rowspan 属性上下合并单元格

图 5.3　左右合并单元格

除了左右相邻的单元格可以合并外，上下相邻的单元格也可以合并，例如将 06-01.htm 代码稍加修改，源文件参见本书附带光盘"第 5 章\05-03.htm"，代码如下：

```
<table border="1">
    <tr>
      <td> A1</td> <td rowspan="2">A2<br>B2</td> <td>A3</td> <td>A4</td>
    </tr>
    <tr>
      <td>B1</td> <td>B3</td> <td>B4</td>
    </tr>
    <tr>
      <td>C1</td> <td>C2</td><td>C3</td> <td>C4</td>
    </tr>
</table>
```

效果如图 5.4 所示，可以看到 A2 和 A3 单元格已经合并成一个单元格了。

有了上一次的经验后，可以知道，要合并单元格就一定有一些单元格会被"牺牲"掉，这次要将 A2 与 A3 单元格合并，那么被牺牲的就是 A3 单元格，而在 A2 的<td>标签中则设置了 rowspan 属性，这里 rowspan=2 的意思就是"这个单元格上下连跨了 2 格"。

那么如果希望产生如图 5.5 所示的效果，又该如何设置呢？

图 5.4　上下合并单元格　　　　　　　　图 5.5　两个方向合并单元格

图中的表格同时合并了左右和上下两个方向的单元格，源文件参见本书附带光盘"第 5 章\05-04.htm"，代码如下：

```
<table border="1">
    <tr>
<td> A1</td> <td rowspan="2" colspan="2">A2A3<br>B2B3</td><td>A4</td>
    </tr>
    <tr>
        <td>B1</td> <td>B4</td>
    </tr>
    <tr>
```

```
            <td>C1</td> <td>C2</td><td>C3</td> <td>C4</td>
        </tr>
    </table>
```

5.3 用 align 属性设置对齐方式

设计者可以自己设定表格的大小，方法是分别设定表格的"宽度"及"高度"。例如要将上面的表格变为宽 200 像素、高 150 像素，只需要在<table>中设置 height（高度）和 width（宽度）属性即可。源文件参见本书附带光盘"第 5 章\05-05.htm"，代码如下：

```
    <table border="1" height="150" width="200">
```

这时的效果如图 5.6 所示，可以看到表格宽度和高度都发生了变化。

可以看到单元格中的文字总是在表格的左边？如何设置为居中对齐呢？只要在<td>中加入"ALIGN=CENTER"即可。源文件参见本书附带光盘"第 5 章\05-06.htm"，相关代码如下：

```
    <table border="1" height="150" width="200">
        <tr >
            <td> A1</td> <td align="center" rowspan="2" colspan="2">A2A3<br>
B2B3</td><td>A4</td>
        </tr>
        <tr>
            <td>B1</td> <td>B4</td>
        </tr>
        <tr>
            <td>C1</td> <td>C2</td><td>C3</td> <td>C4</td>
        </tr>
    </table>
```

这时的效果如图 5.7 所示，可以看到大单元格文字居中对齐了。

图 5.6　设置单元格大小

图 5.7　设置单元格内容的居中对齐

可以看到在大单元格中由于设置了"align=center"，文字就在单元格的中间了。那么如果希望表格中的所有单元格，或者某一行的所有单元格的内容都居中对齐，就要给每个<td>标记增加"align=center"属性设置吗？

答案是，可以对<tr>标记设置"align=center"，这样这一行中的所有单元格内容都会居中对齐了。如果希望一个表格的所有单元格都居中对齐，就要对每个<tr>设置"align=center"。

align 属性还可以设置"left"或者"right"，表示左对齐或者右对齐。例如下面的案例，源文件参见本书附带光盘"第 5 章\05-07.htm"，代码如下：

```
        <table border="1" height="150" width="200">
            <tr >
                <td> A1</td> <td align="center" rowspan="2" colspan="2">A2A3<br>
B2B3</td><td>A4</td>
            </tr>
            <tr>
                <td>B1</td> <td>B4</td>
            </tr>
            <tr   align="right">
                <td>C1</td> <td>C2</td><td>C3</td> <td>C4</td>
            </tr>
        </table>
```

效果如图 5.8 所示，可以看到最下面一行所有单元格内容都右对齐了。

既然可以居中，那么也可以控制表格内文字靠上方、靠下方吗？也是可以的，只要使用 valign 属性即可。valign 属性可以设置为"top"、"middle"或者"bottom"，分别表示竖直靠上、竖直居中和竖直靠下对齐，其中竖直居中是默认值。例如下面的案例，源文件参见本书附带光盘"第 5 章\05-08.htm"，代码如下：

```
        <table border="1" height="150" width="200">
            <tr >
                <td> A1</td> <td align="center" rowspan="2" colspan="2">A2A3<br>
B2B3</td><td>A4</td>
            </tr>
            <tr  valign="bottom">
                <td>B1</td> <td>B4</td>
            </tr>
            <tr   align="right">
                <td>C1</td> <td>C2</td><td>C3</td> <td>C4</td>
            </tr>
        </table>
```

效果如图 5.9 所示，可以看到第 2 行的单元格内容靠下对齐了。

图 5.8　设置单元格内容右对齐

图 5.9　设置单元格内容靠下对齐

5.4　用 bgcolor 属性设置表格背景色和边框颜色

上面我们看到的表格颜色是浏览器默认的颜色，如果希望设置表格背景色和边框颜色也是可以的。

设置背景色的属性是 bgcolor，可以为<table>、<tr>或者<td>设置 bgcolor 属性。如果在<table>标记中设置 bgcolor 属性，将设置整个表格的背景色；如果在<tr>标记中设置 bgcolor 属性，将设置该行的背景色；如果在<td>标记中设置 bgcolor 属性，则仅设置该单元格的背景色。

例如下面的案例，源文件参见本书附带光盘"第 5 章\05-09.htm"，代码如下：

```
<table bgcolor="#CCCCCC" border="1" height="150" width="200">
    <tr >
        <td> A1</td> <td align="center" rowspan="2" colspan="2">A2A3<br>B2B3</td><td>A4</td>
    </tr>
    <tr valign="bottom">
        <td>B1</td> <td>B4</td>
    </tr>
    <tr bgcolor="#999999" align="right">
        <td>C1</td> <td bgcolor="#555555">C2</td><td>C3</td> <td>C4</td>
    </tr>
</table>
```

效果如图 5.10 所示。可以看到，整个表格、行和单元格都可以设置背景颜色。

图 5.10　设置背景色

可以看到，整个表格的颜色为浅灰（#CCCCCC），最下面一行的颜色为深一些的灰色（#999999），而 C2 单元格的颜色为深灰（#555555），这就是分别对<table>、<tr>和<td>设置背景色属性的效果。

5.5　用 cellpadding 属性和 cellspacing 属性设定距离

这里说的距离指的是表格相邻单元格边线之间的距离，以及单元格边线与内容之间的距离。

首先，可以利用 cellpadding 属性设定表格单元格中的内容距离格线的距离。

其次，可以利用 cellspacing 属性设定表格相邻单元格边线之间的距离。

例如对 06-09.htm 中的表格稍加修改，源文件参见本书附带光盘"第 5 章\05-10.htm"，相关代码如下：

```
<table bgcolor="#CCCCCC" border="1" height="150" width="200" cellpadding="4" cellspacing="6">
```

这时对比新的效果（图 5.11 左图）与原来的效果（图 5.11 右图），可以看到，单元格之间的距离变大了，单元格中的内容与单元格边线之间的距离也增大了，它们分别是由cellpadding和cellspacing属性确定的。

图 5.11 设置单元格间距和单元格内容边距

5.6 完整的表格标记（<thead>、<tbody>和<tfoot>）

前面所有的表格都仅使用了 3 个最基本的标记<table>、<tr>和<td>，使用它们可以构建出最简单的表格。在实际生活中遇到的表格经常还会有表头、脚注等部分，在 HTML 中也有相应的设置。

当然这些内容更多地侧重在结构含义上，而不是表现形式上。因为即使仅仅使用上面这3 个基本标记，配合上适当的样式，也同样可以制作出任何表现形式的表格。

从表格结构的角度来说，可以把表格的行分组，称为"行组"。不同的行组具有不同的意义。行组分为 3 类——"表头"、"主体"和"脚注"。三者相应的 HTML 标记依次为<thead>、<tbody>和<tfoot>。

此外，在一行中，除了<td>标记表示一个单元格以外，还可以使用<th>表示该单元格是这一行的"行头"。

综合上面介绍的内容，这里给出一个演示表格，源文件参见本书附带光盘"第 5 章\05-11.htm"，代码如下：

```
<html>
<head>
<meta http-equiv="Content-Type" content="text/html; charset=utf-8" />
<title>表格演示</title>
</head>

<body>
<table width="400" border="1" bordercolor="#003399">
<thead>
  <tr>
    <th colspan="2">产品</th><th colspan="2">描述信息</th>
  </tr>
  <tr align="center">
    <td>公司</td> <td>编号</td> <td>用途</td><td>价格</td>
  </tr>
```

```html
      </thead>
      <tbody>
      <tr>
        <th rowspan="2">大众</th><td>DZ-1</td><td>中端客户</td><td>100.00</td>
      </tr>
      <tr>
        <td>DZ-2</td><td>低端客户</td><td>50.00</td>
      </tr>
      <tr>
        <th rowspan="2">前沿</th><td>JY-1</td><td>高端客户</td><td>200.00</td>
      </tr>
      <tr>
        <td>JY-2</td> <td>中端客户</td><td>100.00</td>
      </tr>
      </tbody>
      <tfoot>
      <tr>
        <td>2</td><td>4</td> <td>3</td> <td>120.00</td>
      </tr>
       </tfoot>
    </table>
   </body>
</html>
```

请注意代码中粗体显示的部分。可以看到，第 1 行和第 2 行被放在了<thead>和</thead>之间，表示这两行是表格的表头；接下来的 4 行放在了<tbody>和</tbody>之间，表示这两行是表格的主体部分；最后一行放在了<tfoot>和</tfoot>之间，表示这两行是表格的脚注部分。

此外，还有 4 个单元格是使用<th>标记而不是<td>标记定义的。显示效果如图 5.12 所示。

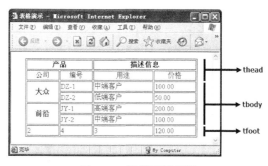

图 5.12　设置表格行组

可以看到，使用<th>标记定义单元格，其内容会以粗体显示。而设置了行组以后，外在的效果并没有特殊之处。

设置<thead>、<tbody>和<tfoot>这样的行组有什么用处呢？前面我们已经多次提到过，HTML 的用途是定义网页的结构，因此使用严格的标记可以更准确地表达网页的内容，搜索引擎或者其他系统可以更好地理解网页内容。

此外，把一个表格的各个部分区分开，虽然在浏览器默认的情况下并没有特殊的格式出现，但是使用 CSS 可以方便地按照结构进行表格样式设定。

这里简单演示一下，例如在 06-11.htm 中加入下面的 CSS 设置。源文件参见本书附带光盘"第 5 章\05-12.htm"，代码如下：

```
<style type="text/css">
thead{
    background-color:#555;
    color:white;
    }
tfoot{
    background-color:#BBB;
    }
</style>
```

页面效果如图 5.13 所示。可以看到，这些行组的标记为 CSS 设置带来了很大的方便。如果不设置行组，就需要额外设置类别或 ID 选择来选中需要特殊设置的行或单元格了。

最后需要说明的是，还可以使用<caption></caption>为表格添加标题。例如对上面的案例稍加修改，源文件参见本书附带光盘"第 5 章\05-13.htm"，相关代码如下：

```
……以上省略……
<table width="400" border="1" bordercolor="#003399">
<caption>产品介绍表<caption>
<thead>
  <tr>
……以下省略……
```

效果如图 5.14 所示，在表格的上面出现了一个标题。和上面提到的道理相似，这个标题固然可以用普通的文本实现，但是使用表格中的<cpation>标记可以更好地描述这个表格的含义。

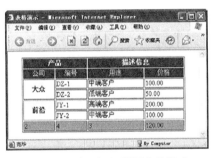

图 5.13　针对行组设置表格样式

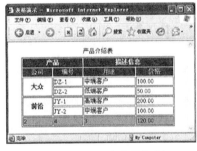

图 5.14　设置表格的标题

5.7　需要抛弃的方法：用表格进行页面布局

在十多年前，互联网刚刚开始普及的时候，网页内容非常简单，形式也非常单调。1997年，美国设计师 David Siegel 出版了一本里程碑式的网页制作指导书《Creating Killer Web Sites》（创建杀手级网站），表明使用表格可以创建出"魔鬼般迷人"的网站。

这种 David Siegel 发明的用表格来进行网页布局的方法很快普及到了全世界的网页设计师手中。数百万网站的外观发生了很大变化，较之原来，丰富多彩起来。

然而，David Siegel 很快就意识到，这个方法存在着严重的问题。1997 年 10 月，他发表了一篇文章，题目叫《Web 被毁了，是我毁掉了它》，其中有如下文字：

"有人说我毁掉了 Web，我回答他们，确实如此。……我毁掉 Web 是因为我把巧克力和花生酱混合在一起，却再不能把它们分开。我犯下了把结构和表现混在一起的错误。"

如果读者有兴趣，可以仔细读一下这篇文章，网址是 http://www.xml.com/pub/a/w3j/s1.people.html

尽管在 1997 年，就已经意识到了这个问题，但是由于技术条件的限制，直到最近几年，CSS 和 Web 标准的话题才真正被大多数网页设计师认真考虑。令人欣喜的是，随着浏览器和各方面技术的不断发展，越来越多的网站已经完全遵循着正确的方式来构建网站了。希望读者从一开始学习就树立正确的设计观念，这对于实际工作具有十分重要的意义。

在介绍 CSS 之前，先来看一看这个方法"把巧克力和花生酱"混在一起的方法到底是怎么一回事。

本例的最终效果如图 5.15 所示。当然使用这种方法可以做出非常复杂的效果，这里只是举一个简单的例子。源文件参见本书附带光盘"第 5 章\05-14.htm"。

图 5.15　网页顶部效果

> **注意**
> 可以看到，这里表格的作用已经不是用于表现数据，而是起到了网页布局的作用。在很多年中，表格都是网页布局的重要手段，然而，随着 CSS 逐渐普及，表格布局的缺陷越来越凸显。因此，近年来，越来越多网站放弃使用表格布局的做法，而是使用 CSS 来进行网页布局，使用 CSS 进行网页布局有很大的优势。
> 在本书的后面，将重点介绍 CSS 网页布局的具体方法和特点，而我们在这里演示一下使用表格布局的基本方式，目的是使读者能够对比二者的区别，这样有助于读者理解后面的 CSS 网页布局方法和意义。

下面就演示一下表格如何实现页面布局的效果。

❶ 首先运行程序 Dreamweaver，选择菜单栏"文件→新建"命令，创建新文档。

❷ 选择菜单栏的"插入→表格"命令，创建一个 3 行 3 列，表格宽度为 775 的表格，如图 5.16 所示。

图 5.16　创建的表格

❸ 选中表格，在"属性"面板上的"填充"、"间距"、"边框"文本框内都输入"0"，"对齐"设为"居中对齐"，如图 5.17 所示。

❹ 先选中表格第 1 行的所有单元格，单击"属性"面板上的"行"下方的"合并所有单元格，使用跨度"按钮，合并被选中的单元格，如图 5.18 所示。

图 5.17 设置表格属行

图 5.18 合并单元格

❺ 选中合并后的单元格，在属性面板中将单元格背景色设为黄绿色。

❻ 在第 2 行第 1 列单元格中单击鼠标左键，选择菜单栏"插入→图像"命令，插入一张图片。插入图片后，第 1 列变得很宽了，此时将鼠标光标放到第 1 列的右边线上，鼠标光标变成了双向箭头，如图 5.19 所示。按住鼠标左键向左拉边线，直到拉不动为止。

图 5.19 插入图像后调节列宽

❼ 单击第 2 行的第 3 列单元格，在"属性"面板中设"宽"为"100"、"背景色"为"绿色"。然后单击"属性"面板上的"拆分单元格为行或列"按钮，如图 5.20 所示。

❽ 此时弹出"拆分单元格"对话框，选中"行"单选按钮，"行数"为"5"，然后单击"确定"按扭，如图 5.21 所示。

图 5.20 拆分单元格

图 5.21 "拆分单元格"对话框

❾ 通过上一步的操作，就将该单元格拆成 5 行了，将拆分后的第 1 行和第 5 行的行高设为"5"，在中间 3 行中输入文字，将背景色设置为绿色，文字设置为白色，效果如图 5.22 所示。

图 5.22 拆分单元格后的效果

❿ 真正制作网站的时候，需要为右侧的 3 行文字创建链接，这里仅为演示，就不进行设置了。

⓫ 单击第 2 行的第 2 列单元格，选中该单元格，单击"属性"面板上"背景"右边的"单元格背景 URL"按钮，如图 5.23 所示。

图 5.23 单击单元格背景 URL 按钮

⑫ 此时弹出"选择图像源文件"对话框，在对话框的"查找范围"列表里找到背景图片，单击"确定"按钮，这就为单元格添加了背景图，如图 5.24 所示。

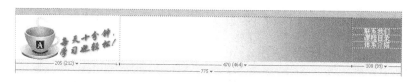

图 5.24　添加背景图

⑬ 添加背景图后，在第 2 行的第 2 列单元格中输入网站标题文本，如图 5.25 所示。

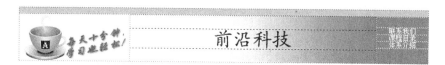

图 5.25　输入网站标题

⑭ 选择菜单栏的"文件→保存"命令，保存文档，预览网页效果如图 5.26 所示。

图 5.26　完成后的网页顶部效果

从这个案例可以看出，使用表格可以把页面分成若干个区域，各个区域则可以放置不同的内容，从而实现对页面的布局。但是这样做的结果就是网页的结构完全根据外观表现的需要来确定，结构和表现紧紧地绑在了一起，这样就给网站的后期维护和很多其他方面带来了麻烦。

5.8　本章小结

本章介绍了在网页中使用表格的各种 HTML 标记。表格可以清晰地显示列成表的数据，因此成为制作网页不可缺少的组成元素。

截至本章，读者已经学习了在网页中使用文字、图像、超链接和表格等相关内容，实际上已经可以制作出一个图文并茂、良好组织的网站了。从下一章开始，我们将介绍 CSS 的相关内容，使用 CSS 可以使网站更加丰富多彩、变化无穷，更能充分地发挥设计师的无限创意。

第 2 部分
CSS 基础篇

第 6 章
(X)HTML 与 CSS 概述
第 7 章
CSS 核心基础
第 8 章
手工编写与借助工具
第 9 章
CSS 的高级特性
第 10 章
用 CSS 设置文本样式
第 11 章
用 CSS 设置图像效果
第 12 章
用 CSS 设置背景颜色与图像

第 6 章
(X)HTML 与 CSS 概述

通过前面的学习和实践，我们已经了解了 HTML 语言的核心原理。实际上使用 HTML 非常简单，其核心思想就是需要设置什么样式，就使用相应的 HTML 标记或者属性。在 3.4 节（忘记过时的 HTML 标记和属性）中，也初步地分析了由于历史原因和 HTML 自身的局限性，所带来的一些问题。为了解决这些问题，HTML 逐步地发展到了 XHTML，同时 XHTML 也更加便于和 CSS 相配合。因此在本章中就着重讲解 HTML、XHTML 和 CSS 三者之间的关系，需要读者重点理解使用 CSS 的核心目的。

6.1 HTML 与 XHTML

HTML 与 XHTML 是一种语言还是两种语言？基本上可以认为它们是一种语言的不同阶段，有点类似于文言文和白话文之间的关系。因此它们也经常被写作(X)HTML。下面首先从它们的渊源和区别开始讲解。

6.1.1 追根溯源

(X)HTML 是所有上网的人每天都离不开的基础，所有网页都是使用(X)HTML 编写的。随着网络技术日新月异的发展，HTML 也经历不断地改进，因此可以认为 XHTML 是 HTML 的"严谨版"。

HTML 在初期，为了能更广泛地被接受，因此大幅度放宽了标准的严格性，例如标记可以不封闭，属性可以加引号，也可以不加引号，等等。这导致出现了很多混乱和不规范的代码，这不符合标准化的发展趋势，影响了互联网的进一步发展。

为此，相关规范的制订者——W3C 组织，一直在不断地努力，逐步推出新的版本规范。从 HTML 到 XHTML，大致经历了以下版本。

- HTML 2.0：于 1995 年 11 月发布。
- HTML 3.2：于 1996 年 1 月 14 日发布。
- HTML 7.0：于 1997 年 12 月 18 日发布。
- HTML 7.01（微小改进）：于 1999 年 12 月 24 日发布。
- XHTML 1.0：于 2000 年 1 月发布，后又经过修订于 2002 年 8 月 1 日重新发布。
- XHTML 1.1：于 2001 年 5 月 31 日发布。
- XHTML 2.0：正在制定中。

在正式的标准序列中，没有 HTML 1.0 版，这是因为在最初阶段，各种机构都推出了自己的方案，没有形成统一的标准。因此，W3C 组织发布的 HTML 2.0 是形成标准以后的第一个正式规范。

这些规范实际上主要是为浏览器的开发者阅读的，因为他们必须了解这些规范的所有细节。而对于网页设计师来说，并不需要了解规范之间的细微差别，这与实际工作并不十分相关，而且这些规范的文字也都比较晦涩，并不易阅读，因此网页设计师通常只要知道一些大的原则就可以了。当然，如果设计师真的能够花一些时间把 HTML 和 CSS 的规范仔细通读一遍，将会有巨大的收获，因为这些规范是所有设计师的"圣经"。

> **说明**　W3C 组织就是 World Wide Web Consortium（全球万维网联盟）的简称。W3C 组织创建于 1994 年，研究 Web 规范和指导方针，致力于推动 Web 发展，保证各种 Web 技术能很好地协同工作。W3C 的主要职责是确定未来万维网的发展方向，并且制定相关的建议（Recommendation）。由于 W3C 是一个民间组织，没有约束性，因此只提供建议。HTML 7.01 规范建议（HTML 7.01 Specification Recommendation）就是由 W3C 制定的。它还负责制定 CSS、XML、XHTML 和 MathML 等其他网络语言规范。

6.1.2　DOCTYPE（文档类型）的含义与选择

由于同时存在不同的规范和版本，因此为了使浏览器能够兼容多种规范，规范中规定可以使用 DOCTYPE 指令来声明使用哪种规范解释该文档。

在上一章的案例中都没有使用 DOCTYPE 声明，这样不同的浏览器就会根据各自的默认方式来解释和渲染网页。而如果明确地声明了文档类型，那么流行的浏览器都会根据相应的规范来解释网页。

目前，常用 HTML 或者 XHTML 作为文档类型。而规范又规定，在 HTML 和 XHTML 中各自有不同的子类型，例如包括严格类型和过渡类型的区分。过渡类型兼容以前版本定义的，而在新版本已经废弃的标记和属性；严格类型则不兼容已经废弃的标记和属性。

建议读者使用 XHTML 1.0 transitional（XHTML 1.0 过渡类型），这样设计师可以按照 XHTML 的标准书写符合 Web 标准的网页代码，同时在一些特殊情况下还可以使用传统的做法。

那么如何具体声明使用哪种文档类型呢，请看下面这段代码。

```
<!DOCTYPE html PUBLIC "-//W3C//DTD XHTML 1.0 Transitional//EN"
 "http://www.w3.org/TR/xhtml1/DTD/xhtml1-transitional.dtd">
<html xmlns="http://www.w3.org/1999/xhtml">
    <head>
        <meta http-equiv="Content-Type" content="text/html; charset=gb2312" />
        <title>无标题文档</title>
    </head>
    <body>
    </body>
</html>
```

可以看到最上面有两行关于"DOCTYPE"（文档类型）的声明，它就是告诉浏览器使用 XHTML1.0 的过渡规范来解释这个文档中的代码。

在第 3 行中，<html>标记带有一个 xmlns 属性，它称为"XML 命名空间"，具体含义不用深究，不用修改，只要照抄即可。

读者可能会觉得这些代码很难记住，实际上使用 Dreamweaver 软件就可以在新建文档的

第 6 章 (X)HTML 与 CSS 概述

时候选择使用哪种文档类型,这些代码都会自动生成,不需要用户记住具体代码。

在 Dreamweaver 的新建文档对话框中,在右下方有一个"文档类型"下拉列表框,如图 6.1 所示。

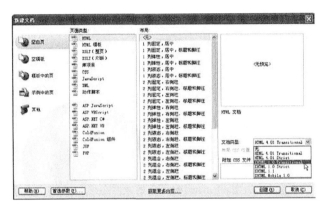

图 6.1 在 Dreamweaver 中选择文档类型

对于 HTML 7.01 和 XHTML 1.0 分别对应于一种严格类型(Strict)和一种过渡(Transitional)类型。用户只要选择相应的类型即可,默认选项是 XHTML 1.0 的过渡类型,自动生成的代码正是上面显示的代码。

6.1.3 XHTML 与 HTML 的重要区别

尽管目前浏览器都兼容 HTML,但是为了使网页能够符合标准,设计师应该尽量使用 XHTML 规范来编写代码。需要注意以下事项。

1. 在 XHTML 中标记名称必须小写

在 HTML 中,标记名称可以大写或者小写,例如下面的代码在 HTML 中是正确的。
```
<BODY>
    <P>这是一个文字段落</P>
</BODY>
```
但是在 XHTML 中,则必须写为:
```
<body>
    <p>这是一个文字段落</p>
</body>
```

2. 在 XHTML 中属性名称必须小写

HTML 属性的名称也必须是小写的,例如在 XHTML 中下面代码的写法是错误的。
```
<IMG SRC="image.gif" WIDTH="200" HEIGHT="100" BORDER="0">
```
正确写法应该是:
```
<img src="image.gif" width="200" height="100" border="0"/>
```

3. 在 XHTML 中标记必须严格嵌套

HTML 中对标记的嵌套没有严格的规定,例如下面的代码在 HTML 中是正确的。

```
<b><i>这行文字以粗体倾斜显示</b></i>
```

然而在 XHTML 中，必须改为：

```
<i><b>这行文字以粗体倾斜显示</b></i>
```

4．在 XHTML 中标记必须封闭

在 HTML 规范中，下列代码是正确的。

```
<p> text line 1
<p> text line 2
```

上述代码中，第 2 个<p>标记就意味着前一个<p>标记的结束。但是在 XHTML 中，这是不允许的，而必须要严格地使标记封闭，正确写法如下。

```
<p> text line 1</p>
<p> text line 2</p>
```

5．在 XHTML 中即使是空元素的标记也必须封闭

这里说的空元素的标记，就是指那些<img>、
等不成对的标记，它们也必须封闭，例如下面的写法在 XHTML 中是错误的。

```
换行<br>
水平线<hr>
图像<img src="happy.gif" alt="Happy face">
```

而正确的写法应该是：

```
换行<br/>
水平线<hr/>
图像<img src="happy.gif" alt="Happy face"/>
```

6．在 XHTML 中属性值用双引号括起来

在 HTML 中，属性可以不必使用双引号，例如：

```
<p class=heading>
```

而在 XHTML 中，必须严格写作：

```
<p class="heading ">
```

7．在 XHTML 中属性值必须使用完整形式

在 HTML 中，一些属性经常使用简写方式设定属性值，例如：

```
<input checked>
```

而在 XHTML 中，必须完整地写作：

```
<input checked="true">
```

6.2 (X)HTML 与 CSS

前面谈到过，为了解决 HTML 结构标记与表现标记混杂在一起的问题，引入了 CSS 这

个新的规范来专门负责页面的表现形式。因此，(X)HTML 与 CSS 的关系就是"内容结构"与"表现形式"的关系，由(X)HTML 确定网页的结构内容，而通过 CSS 来决定页面的表现形式。

6.2.1 CSS 标准

CSS（Cascading Style Sheet）中文译为层叠样式表，它是用于控制网页样式并允许将样式信息与网页内容分离的一种标记性语言。CSS 是 1996 年由 W3C 审核通过，并且推荐使用的。简单地说，CSS 的引入就是为了使 HTML 语言更好地适应页面的美工设计。它以 HTML 语言为基础，提供了丰富的格式化功能，如字体、颜色、背景和整体排版等，并且网页设计者可以针对各种可视化浏览器（包括显示器、打印机、打字机、投影仪和 PDA 等）来设置不同的样式风格。CSS 的引入随即引发了网页设计一个又一个的新高潮，使用 CSS 设计的优秀页面层出不穷。

和 HTML 类似，CSS 也是由 W3C 组织负责制定和发布的。1996 年 12 月，发布了 CSS 1.0 规范；1998 年 5 月，发布了 2.0 规范。目前有两个新版本正在处于工作状态，即 2.1 版和 3.0 版。

然而 W3C 只是一个技术民间组织，并没有任何强制力要求软件厂商的产品必须符合规范，因此目前流行的浏览器都没有完全符合 CSS 2.0 的规范，这就给设计师设计网页带来了一些难题。

但是随着发展，各种浏览器都会逐渐在这方面做更多的努力，相信情况会越来越好。事实上目前最主流的浏览器有 3 种版本，即 IE 6.0、IE 7.0 和 Firefox，它们在中国的使用率总和超过 99%。而以它们为目标，已经完全可以做出显示效果非常一致的 CSS 布局页面。

> **注意**　在了解了 XHTML 与 HTML 之间的关系以后，为了便于讲解，本书以后都同意不再使用 XHTML 这个名词，而统一使用 HTML，其含义为(X)HTML。

对于一个网页设计者来说，对 HTML 语言一定不会感到陌生，因为它是所有网页制作的基础。但是如果希望网页能够美观、大方，并且升级方便，维护轻松，那么仅仅知道 HTML 语言是不够的，CSS 在这中间扮演着重要的角色。本章从 CSS 的基本概念出发，介绍 CSS 语言的特点，以及如何在网页中引入 CSS，并对 CSS 进行初步的体验。

本节从 CSS 对标记的控制入手，讲解 CSS 的初步知识以及编辑方法。

6.2.2 传统 HTML 的缺点

在 CSS 还没有被引入页面设计之前，传统的 HTML 语言要实现页面美工设计是十分麻烦的。例如在一个网页中有一个<h2>标记定义的标题，如果要把它设置为蓝色，并对字体进行相应的设置，则需要引入<font>标记，如下：

```
<h2><font color="#0000FF" face="黑体">CSS 标记 1</font></h2>
```

看上去这样的修改并不是很麻烦，但是当页面的内容不仅仅只有一段，而是整个页面时，情况就变得复杂了。

首先观察如下 HTML 代码，光盘文件位于"第 6 章\06-01.html"。

```
<html>
<head>
```

```
    <title>演示</title>
    <meta http-equiv="Content-Type" content="text/html; charset=gb2312"></head>
<body>
    <h2><font color="#0000FF" face="幼圆">这是标题文本</font></h2>
    <p>这里是正文内容</p>
    <h2><font color="#0000FF" face="幼圆">这是标题文本</font></h2>
    <p>这里是正文内容</p>
    <h2><font color="#0000FF" face="幼圆">这是标题文本</font></h2>
    <p>这里是正文内容</p>
</body>
</html>
```

这段代码在浏览器中的显示效果如图 6.2 所示，3 个标题都是蓝色黑体字。这时如果要将这 4 个标题改成红色，在这种传统的 HTML 语言中就需要对每个标题的<font>标记都进行修改。如果是一个规模很大的网站，而且需要对整个网站进行修改，那么工作量就会非常大，甚至无法实现。

其实传统 HTML 的缺陷远不止上例中所反映的这一个方面，相比 CSS 为基础的页面设计方法，其所体现出的劣势主要有以下几点。

（1）维护困难。为了修改某个特殊标记（例如上例中的<h2>标记）的格式，需要花费很多的时间，尤其对于整个网站而言，后期修改和维护的成本很高。

图 6.2 给标题添加效果

（2）标记不足。HTML 本身的标记很少，很多标记都是为网页内容服务的，而关于美工样式的标记，如文字间距、段落缩进等标记在 HTML 中很难找到。

（3）网页过"胖"。由于没有统一对各种风格样式进行控制，因此 HTML 的页面往往体积过大，占用了很多宝贵的带宽。

（4）定位困难。在整体布局页面时，HTML 对于各个模块的位置调整显得捉襟见肘，过多的其他标记同样也导致页面的复杂和后期维护的困难。

6.2.3 CSS 的引入

对于上面的页面，如果引入 CSS 对其中的<h2>标记进行控制，那么情况将完全不同。代码进行如下修改，光盘文件位于"第 6 章\06-02.html"。

```
<html>
<head>
    <title>演示</title>
    <meta http-equiv="Content-Type" content="text/html; charset=gb2312">
<style>
h2{
    font-family:幼圆;
    color:blue;
}
</style>

</head>
```

```
<body>
    <h2>这是标题文本</h2>
    <p>这里是正文内容</p>
    <h2>这是标题文本</h2>
    <p>这里是正文内容</p>
    <h2>这是标题文</h2>
    <p>这里是正文内容</p>
</body>
</html>
```

其显示效果与前面的例子完全一样。可以发现在页面中的<font>标记全部消失了,取而代之的是最开始的<style>标记,以及其中对<h2>标记的定义,即:

```
<style>
h2{
    font-family: 幼圆;
    color:blue;
}
</style>
```

对页面中所有的<h2>标记的样式风格都是由这段代码控制,如果希望标题的颜色变成红色,字体使用幼圆,则仅仅需要修改这段代码为:

```
<style>
h2{
    font-family:黑体;
    color:red;
}
</style>
```

其显示效果如图 6.3 所示,光盘文件位于"第 6 章\06-03.html"。

图 6.3 CSS 的引入

> **说明** 由于本书黑白印刷,建议读者在阅读本章的案例时,配合本书附带光盘中的案例代码,查看一下实际效果,这样对于读者理解其中的原理会更有帮助。

从这个很简单的例子中可以明显看出,CSS 对于网页的整体控制较单纯的 HTML 语言有了突破性的进展,并且后期修改和维护都十分方便。不仅如此,CSS 还提供了各种丰富的格式控制方法，使得网页设计者能够轻松地应对各种页面效果，这些都将在后面的章节中逐一讲解。

最核心的变化就是，原来由 HTML 同时承担的"内容"和"表现"双重任务，现在分离了，内容仍然由 HTML 负责，而表现形式则是通过<style>标记中的 CSS 代码负责的。当然，由于还没有介绍具体 CSS 的用法，因此以上代码的具体内容读者可能还无法清晰地理解，但是读者只要明白其中的原理即可。

6.2.4 如何编辑 CSS

CSS 文件与 HTML 文件一样，都是纯文本文件，因此一般的文字处理软件都可以对 CSS 进行编辑。记事本和 UltraEdit 等最常用的文本编辑工具对 CSS 的初学者都很有帮助。

Dreamweaver 代码模式下同样对 CSS 代码有着非常好的语法着色以及代码提示功能，对 CSS 的学习很有帮助。图 6.4 所示的就是对 CSS 代码着色的效果。

从图 6.4 中可以看到，对于 CSS 代码，在默认情况下都采用粉红色进行语法着色，而 HTML 代码中的标记则是蓝色的，正文内容在默认情况下为黑色，而且每行代码前面都有行号进行标记，方便对代码的整体规划。

图 6.4　Dreamweaver 的代码模式

前面演示过在 Dreamweaver 中对 HTML 代码可以使用语法提示功能，它对 CSS 也同样具有很好的代码提示功能。在编写 CSS 代码时，按"Enter"键或空格键都可以触发语法提示。例如，当光标移动到"color: red;"一句的末尾时，按空格键或者"Enter"键，都可以触发语法提示的功能。如图 6.5 所示，Dreamweaver 会列出所有可以供选择的 CSS 样式属性，方便设计者快速进行选择，从而提高工作效率。

当已经选定某个 CSS 样式，例如上例中的 color 样式，在其冒号后面再按空格键时，Dreamweaver 会弹出新的详细提示框，让用户对相应 CSS 的值进行直接选择，如图 6.6 所示的调色板就是其中的一种情况。

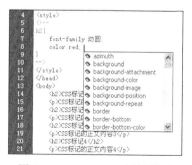

图 6.5　Dreamweaver 语法提示

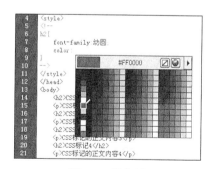

图 6.6　调色板

在后面的章节中，还会通过具体的操作演示如何使用 Dreamweaver 来编写使用 CSS 的网页。

6.2.5 浏览器与CSS

网上的浏览器各式各样,绝大多数浏览器对CSS都有很好的支持,因此设计者往往不用担心其设计的CSS文件不被用户所支持。但目前主要的问题在于,各个浏览器之间对CSS很多细节的处理上存在差异,设计者在一种浏览器上设计的CSS效果,在其他浏览器上的显示效果很可能不一样。就目前主流的两大浏览器IE(Internet Explorer)与Firefox而言,在某些细节的处理上就不尽相同。IE本身在IE 6与IE 7之间,对相同页面的浏览效果都存在一些差异。图6.7分别是IE和Firefox的标志。

图6.7 IE浏览器和Firefox浏览器的标志

就目前而言,使用最多的3种浏览器是IE 6、IE 7和Firefox,制作网页后应该保证在Internet Explorer 7.0、Internet Explorer 7.0和Firefox这3个浏览器中都显示正确,这样可以保证99%以上的访问可以正确浏览该网页。

例如下面这个简单的页面。

```
<html>
<head>
<title>页面标题</title>
<style>
<!--
ul{
    list-style-type:none;
    display:inline;
}
-->
</style>
</head>
<body>
    <ul>
        <li>list1</li>
        <li>list2</li>
    </ul>
</body>
</html>
```

这是一段很简单的HTML代码,并用CSS对<ul>标记进行了样式上的控制。这段代码在IE 7中的显示效果与在Firefox中的显示效果就存在差别,如图6.8所示。

但比较幸运的是,出现各个浏览器效果上的差异,主要是因为各个浏览器对CSS样式默认值的设置不同,因此可以通过对CSS文件各个细节的严格编写使各个浏览器之间达到基本相同的效果。这在后续的章节中都会陆续提到。

图 6.8　IE 与 Firefox 的效果区别

> **经验之谈**
>
> 使用 CSS 制作网页的一个基础的要求就是主流的浏览器之间的显示效果要基本一致。通常的做法是一边编写 HTML 和 CSS 代码，一边在两个不同的浏览器上进行预览，及时地调整各个细节，这对深入掌握 CSS 也是很有好处的。
> 另外 Dreamweaver 的"视图"模式只能作为设计时的参考来使用，绝对不能作为最终显示效果的依据，只有浏览器中的效果才是大家所看到的。

6.3　本章小结

通过本章的学习，读者应该充分理解对于网页而言，"内容"和"表现"的各自含义，进而充分理解仅仅通过 HTML 制作网页所具有的局限性和不足，体会 CSS 的作用和意义。同时，理解 XHTML 和 HTML 的演进关系。

第 7 章
CSS 核心基础

通过上一章的例子，已经可以体现出使用 CSS 所能够带来的优点。从本章开始，就正式介绍使用 CSS 的方法。在传统的介绍 HTML 的书籍和资料中，都会有大量的篇幅介绍 HTML 相关的属性，也就是如何用 HTML 来控制页面的表现，而大多数这些 HTML 标记和属性在目前已经被废弃了，因此本书对于废弃和过时的 HTML 内容将不再介绍，而是着重从实际使用出发，介绍最常用的方法。

7.1 构造 CSS 规则

在具体使用 CSS 之前，请读者先思考一个生活中的问题，通常我们是如何描述一个人的？我们可以为某人列一张表：

```
张飞{
    身高：185cm；
    体重：105kg；
    性别：男；
    性格：暴躁；
    民族：汉族；
}
```

这个表实际上是由 3 个要素组成的，即姓名、属性和属性值。通过这样一张表，就可以把一个人的基本情况描述出来了。表中每一行分别描述了一个人的某一种属性，以及该属性的属性值。

CSS 的作用就是设置网页的各个组成部分的表现形式。因此，如果把上面的表格换成描述网页上一个标题的属性表，可以设想应该大致是这个样子：

```
2 级标题{
    字体：宋体；
    大小：15 像素；
    颜色：红色；
    装饰：下划线；
}
```

再进一步，如果我们把上面的表格用英语写出来：

```
h2{
    font-family: 宋体；
    font-size:15px；
```

```
    color: red;
    text-decoration: underline;
}
```

这就是完全正确的 CSS 代码了。由此可见，CSS 的原理实际上非常简单，对于英语为母语的人来说，写 CSS 代码几乎就像使用自然语言一样简单。而对于我们，只要理解了这些属性的含义，也并不复杂，相信每一位读者都可以掌握它。

CSS 的思想就是首先指定对什么"对象"进行设置，然后指定对该对象的哪个方面的"属性"进行设置，最后给出该设置的"值"。因此，概括来说，CSS 就是由 3 个基本部分组成的——"对象"、"属性"和"值"。

7.2 基本 CSS 选择器

在 CSS 的 3 个组成部分中，"对象"是很重要的，它指定了对哪些网页元素进行设置，因此，它有一个专门的名称——选择器（selector）。

选择器是 CSS 中很重要的概念，所有 HTML 语言中的标记样式都是通过不同的 CSS 选择器进行控制的。用户只需要通过选择器对不同的 HTML 标签进行选择，并赋予各种样式声明，即可实现各种效果。

为了理解选择器的概念，可以用"地图"作为类比。在地图上都可以看到一些"图例"，比如河流用蓝色的线表示，公路用红色的线表示，省会城市用黑色圆点表示，等等。本质上，这就是一种"内容"与"表现形式"的对应关系。在网页上，也同样存在着这样的对应关系，例如<h1>标记用蓝色文字表示，<h2>标记用红色文字表示。因此为了能够使 CSS 规则与 HTML 元素对应起来，就必须定义一套完整的规则，实现 CSS 对 HTML 的"选择"，这就是叫做"选择器"的原因。

在 CSS 中，有几种不同类型的选择，本节先来介绍"基本"选择器。所谓"基本"，是相对于下一节中要介绍"复合"选择器而言的。也就是说"复合"选择器是通过对基本选择器进行组合而构成的。

基本选择器有标记选择器、类别选择器和 ID 选择器 3 种，下面分别介绍。

7.2.1 标记选择器

一个 HTML 页面由很多不同的标记组成，而 CSS 标记选择器就是声明哪些标记采用哪种 CSS 样式。因此，每一种 HTML 标记的名称都可以作为相应的标记选择器的名称。例如 p 选择器，就是用于声明页面中所有<p>标记的样式风格。同样可以通过 h1 选择器来声明页面中所有的<h1>标记的 CSS 风格。例如下面这段代码：

```
<style>
    h1{
        color: red;
        font-size: 25px;
    }
</style>
```

以上这段 CSS 代码声明了 HTML 页面中所有的<h1>标记，文字的颜色都采用红色，大小都为 25px。每一个 CSS 选择器都包含选择器本身、属性和值，其中属性和值可以设置多个，从而实现对同一个标记声明多种样式风格，如图 7.1 所示。

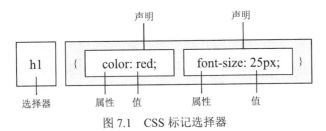

图 7.1　CSS 标记选择器

如果希望所有<h1>标记不再采用红色，而是蓝色，这时仅仅需要将属性 color 的值修改为 blue，即可全部生效。

CSS 语言对于所有属性和值都有相对严格的要求。如果声明的属性在 CSS 规范中没有，或者某个属性的值不符合该属性的要求，都不能使该 CSS 语句生效。下面是一些典型的错误语句：

```
Head-height: 48px;        /* 非法属性 */
color: ultraviolet;       /* 非法值 */
```

对于上面提到的这些错误，通常情况下可以直接利用 CSS 编辑器（如 Dreamweaver 或 Expression Web）的语法提示功能避免，但某些时候还需要查阅 CSS 手册，或者直接登录 W3C 的官方网站（http://www.w3.org/）来查阅 CSS 的详细规格说明。

7.2.2　类别选择器

在上一节中提到的标记选择器一旦声明，那么页面中所有的相应标记都会相应地产生变化。例如当声明了<p>标记为红色时，页面中所有的<p>标记都将显示为红色。如果希望其中的某一个<p>标记不是红色，而是蓝色，这时仅依靠标记选择器是不够的，还需要引入类别（class）选择器。

类别选择器的名称可以由用户自定义，属性和值跟标记选择器一样，也必须符合 CSS 规范，如图 7.2 所示。

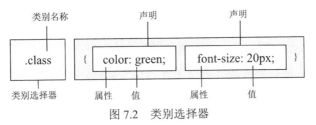

图 7.2　类别选择器

例如当页面中同时出现 3 个<p>标记，并且希望它们的颜色各不相同，就可以通过设置不同的 class 选择器来实现。一个完整的案例如下所示，实例文件位于光盘中的"第 7 章\07-01.htm"。

```
<html>
<head>
<title>class 选择器</title>
<style type="text/css">
.red{
    color:red;              /* 红色 */
    font-size:18px;         /* 文字大小 */
}
.green{
    color:green;            /* 绿色 */
    font-size:20px;         /* 文字大小 */
```

```
}
        </style>
    </head>

    <body>
        <p class="red">class 选择器 1</p>
        <p class="green">class 选择器 2</p>
        <h3 class="green">h3 同样适用</h3>
    </body>
</html>
```

其显示效果如图 7.3 所示,可以看到 3 个<p>标记分别呈现出了不同的颜色以及字体大小。任何一个 class 选择器都适用于所有 HTML 标记,只需要用 HTML 标记的 class 属性声明即可,例如<h3>标记同样使用了.green 这个类别。

在上例中仔细观察还会发现,最后一行<h3>标记显示效果为粗体字,而也使用了.green 选择器的第 2 个<p>标记却没有变成粗体。这是因为在.green 类别中没有定义字体的粗细属性,因此各个 HTML 标记都采用了其自身默认的显示方式,<p>默认为正常粗细,而<h3>默认为粗体字。

图 7.3 类别选择器示例

很多时候页面中几乎所有的<p>标记都使用相同的样式风格,只有 1～2 个特殊的<p>标记需要使用不同的风格来突出,这时可以通过 class 选择器与上一节提到的标记选择器配合使用。例如下面这段代码,示例文件位于光盘中"第 7 章\07-02.htm"。

```
<html>
<head>
<title>class 选择器与标记选择器</title>
<style type="text/css">
p{                          /* 标记选择器 */
    color:blue;
    font-size:18px;
}
.special{                   /* 类别选择器 */
    color:red;              /* 红色 */
    font-size:23px;         /* 文字大小 */
}
</style>
</head>
<body>
    <p>class 选择器与标记选择器 1</p>
    <p>class 选择器与标记选择器 2</p>
    <p>class 选择器与标记选择器 3</p>
    <p class="special">class 选择器与标记选择器 4</p>
    <p>class 选择器与标记选择器 5</p>
    <p>class 选择器与标记选择器 6</p>
</body>
</html>
```

首先通过标记选择器定义<p>标记的全局显示方案，然后再通过一个class选择器对需要突出的<p>标记进行单独设置，这样大大提高了代码的编写效率，其显示效果如图 7.4 所示。

在 HTML 的标记中，还可以同时给一个标记运用多个 class 类别选择器，从而将两个类别的样式风格同时运用到一个标记中。这在实际制作网站时往往会很有用，可以适当减少代码的长度。如下例所示，示例文件位于光盘中"第7章\07-03.htm"。

图 7.4　两种选择器配合

```
<html>
<head>
<title>同时使用两个 class</title>
<style type="text/css">
.blue{
    color:blue;        /* 颜色 */
}
.big{
    font-size:22px;    /* 字体大小 */
}
</style>
</head>
<body>
    <h4>一种都不使用</h4>
    <h4 class="blue">两种 class，只使用 blue</h4>
    <h4 class="big">两种 class，只使用 big </h4>
    <h4 class="blue big">两种 class，同时 blue 和 big</h4>
    <h4>一种都不使用</h4>
</body>
</html>
```

显示效果如图 7.5 所示，可以看到使用第 1 种 class 的第 2 行显示为蓝色；而第 3 行则仍为黑色，但由于使用了 big，因此字体变大。第 4 行通过"class="blue big""将两个样式同时加入，得到蓝色大字体。第 1 行和第 5 行没有使用任何样式，仅作为对比时的参考。

7.2.3　ID 选择器

ID 选择器的使用方法跟 class 选择器基本相同，不同之处在于 ID 选择器只能在 HTML 页面中使用一次，因此其针对性更强。在 HTML 的标记中只需要利用 id 属性，就可以直接调用 CSS 中的 ID 选择器，其格式如图 7.6 所示。

图 7.5　同时使用两种 CSS 风格

下面举一个实际案例，示例文件位于光盘中"第7章\07-04.htm"。

```
<html>
<head>
<title>ID 选择器</title>
<style type="text/css">
#bold{
```

```
            font-weight:bold;              /* 粗体 */
        }
    #green{
            font-size:30px;                /* 字体大小 */
            color:#009900;                 /* 颜色 */
        }
    </style>
    </head>
    <body>
        <p id="blod">ID 选择器 1</p>
        <p id="green">ID 选择器 2</p>
        <p id="green">ID 选择器 3</p>
        <p id="bold green">ID 选择器 4</p>
    </body>
</html>
```

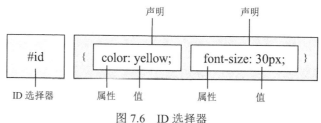

图 7.6 ID 选择器

显示效果如图 7.7 所示，可以看到第 2 行与第 3 行都显示了 CSS 的方案，换句话说在很多浏览器下，ID 选择器也可以用于多个标记。但这里需要指出的是，将 ID 选择器用于多个标记是错误的，因为每个标记定义的 id 不只是 CSS 可以调用，JavaScript 等其他脚本语言同样也可以调用。如果一个 HTML 中有两个相同 id 的标记，那么将会导致 JavaScript 在查找 id 时出错，例如函数 getElementById()。

正因为 JavaScript 等脚本语言也能调用 HTML 中设置的 id，因此 ID 选择器一直被广泛地使用。网站建设者在编写 CSS 代码时，应该养成良好的编写习惯，一个 id 最多只能赋予一个 HTML 标记。

图 7.7 ID 选择器示例

另外从图 7.7 中还可以看到，最后一行没有任何 CSS 样式风格显示，这意味着 ID 选择器不支持像 class 选择器那样的多风格同时使用，类似"id="bold green""是完全错误的语法。

7.3 在 HTML 中使用 CSS 的方法

在对 CSS 有了大致的了解之后，就可以使用 CSS 对页面进行全方位的控制。本节主要介绍如何在 HTML 中使用 CSS，包括行内样式、内嵌式、链接式和导入式等，最后探讨各种方式的优先级问题。

7.3.1 行内样式

行内样式是所有样式方法中最为直接的一种，它直接对 HTML 的标记使用 style 属性，然后将 CSS 代码直接写在其中。例如如下代码，实例文件位于光盘中"第 7 章\07-05.html"。

```
<html>
<head>
<title>页面标题</title>
</head>
<body>
    <p style="color:#FF0000; font-size:20px; text-decoration:underline;">正文内容1</p>
    <p style="color:#000000; font-style:italic;">正文内容2</p>
    <p style="color:#FF00FF; font-size:25px; font-weight:bold;">正文内容3</p>
</body>
</html>
```

其显示效果如图 7.8 所示。可以看到在 3 个<p>标记中都使用了 style 属性，并且设置了不同的 CSS 样式，各个样式之间互不影响，分别显示自己的样式效果。

第 1 个<p>标记设置了字体为红色（color:#FF0000;），字号大小为 20px（font-size:20px;），并有下划线（text-decoration:underline;）。第 2 个<p>标记则设置文字的颜色为黑色，字体为斜体。最后一个<p>标记设置文字为紫色、字号为 25px 的粗体字。

图 7.8 行内样式

行内样式是最为简单的 CSS 使用方法，但由于需要为每一个标记设置 style 属性，后期维护成本很高，而且网页容易过"胖"，因此不推荐使用。

7.3.2 内嵌式

内嵌样式表就是将 CSS 写在<head>与</head>之间，并且用<style>和</style>标记进行声明，如前面的 07-04.htm 就是采用的这种方法。对于 07-05.htm 如果采用内嵌式的方法，则 3 个<p>标记显示的效果将完全相同。例如下面这段代码，实例文件位于光盘中"第 7 章\07-06.html"。

```
<html>
<head>
<title>页面标题</title>
<style type="text/css">
p{
    color:#0000FF;
    text-decoration:underline;
    font-weight:bold;
    font-size:25px;
}
</style>
</head>
<body>
    <p>这是第 1 行正文内容……</p>
    <p>这是第 2 行正文内容……</p>
    <p>这是第 3 行正文内容……</p>
</body>
</html>
```

可以从 07-06.htm 中看到，所有 CSS 的代码部分被集中在了同一个区域，方便了后期的维护，页面本身也大大瘦身。但如果是一个网站，拥有很多的页面，对于不同页面上的<p>标记都要采用同样的风格时,内嵌式的方法就显得略微麻烦,维护成本也高,因此仅适用于对特殊的页面设置单独的样式风格。

7.3.3 链接式

链接式 CSS 样式表是使用频率最高,也是最为实用的方法。它将 HTML 页面本身与 CSS 样式风格分离为两个或者多个文件,实现了页面框架 HTML 代码与美工 CSS 代码的完全分离,使得

图 7.9 内嵌式

前期制作和后期维护都十分方便,网站后台的技术人员与美工设计者也可以很好地分工合作。

同一个 CSS 文件可以链接到多个 HTML 文件中,甚至可以链接到整个网站的所有页面中,使网站整体风格统一、协调,并且后期维护的工作量也大大减少。下面来看一个链接式样式表的实例,实例文件位于光盘中"第 7 章\07-07.html"。

首先创建 HTML 文件,代码如下所示。

```
<html>
<head>
<title>页面标题</title>
<link href="08-07.css" type="text/css" rel="stylesheet">
</head>
<body>
    <h2>CSS 标题</h2>
    <p>这是正文内容……</p>
    <h2>CSS 标题</h2>
    <p>这是正文内容……
</p>
</body>
</html>
```

然后创建文件 07-07.css,其内容如下所示。保存文件时确保这个文件和上面的 07-08.htm 在同一个文件夹中,否则 href 属性中需要带有正确的文件路径。

```
h2{
    color:#0000FF;
}
p{
    color:#FF0000;
    text-decoration:underline;
    font-weight:bold;
    font-size:15px;
}
```

从 07-07.htm 中可以看到,文件 07-07.css 将所有的 CSS 代码从 HTML 文件 07-07.htm 中分离出来,然后在文件 07-07.htm 的<head> 和 </head> 标记之间加上 " <link href="1.css" type="text/css" rel="stylesheet">"语句,将 CSS 文件链接到页面中,对其中的标记进行样式控制。其显示效果如图 7.10 所示。

链接式样式表的最大优势在于 CSS 代码与 HTML 代码完全分离,并且同一个 CSS 文件可以被不同的 HTML 链接使用。因此在设计整个网站时,可以将所有页面都链接到同一个 CSS 文件,使用

图 7.10 链接式

相同的样式风格。如果整个网站需要进行样式上的修改，就只需要修改这一个 CSS 文件即可。

7.3.4 导入样式

导入样式表与上一小节提到的链接样式表的功能基本相同，只是语法和运作方式上略有区别。采用 import 方式导入的样式表，在 HTML 文件初始化时，会被导入到 HTML 文件内，作为文件的一部分，类似内嵌式的效果。而链接式样式表则是在 HTML 的标记需要格式时才以链接的方式引入。

在 HTML 文件中导入样式表，常用的有如下几种@import 语句，可以选择任意一种放在 <style>与</style>标记之间。

```
@import url(sheet1.css);
@import url("sheet1.css");
@import url('sheet1.css');
@import sheet1.css;
@import "sheet1.css";
@import 'sheet1.css';
```

下面制作一个实例，实例文件位于光盘中"第 7 章\07-08.html"。

```
<html>
<head>
<title>页面标题</title>
<style type="text/css">
<!--
@import url(08-07.css);
-->
</style>
</head>
<body>
    <h2>CSS 标题</h2>
    <p>这是正文内容……</p>
    <h2>CSS 标题</h2>
    <p>这是正文内容……
</body>
</html>
```

07-08.htm 在 07-07.htm 的基础上进行了修改，页面内容与例 07-07.htm 中的显示效果完全相同，区别在于引入 CSS 的方式不同，页面效果如图 7.11 所示。可以看到效果和前面使用连接方式引入的没有任何区别。

导入样式表的最大用处在于可以让一个 HTML 文件导入很多的样式表，以 07-08.htm 为基础进行修改，创建文件 07-09.css，同时使用两个@import 语句将 07-08.css 和 07-09.css 同时导入到 HTML 中，具体如下所示，实例文件位于光盘中"第 7 章\07-09.htm"。

图 7.11 导入样式

首先创建 07-09.html 文件，代码如下。

```
<html>
<head>
<title>页面标题</title>
<style type="text/css">
```

```
<!--
@import url(08-07.css);
@import url(08-09.css);        /* 同时导入两个CSS样式表 */
-->
</style>
</head>
<body>
    <h2>CSS 标题</h2>
    <p>这是正文内容……</p>
    <h2>CSS 标题</h2>
    <p>这是正文内容……
    <h3>新增加的标题</h3>
    <p>新增加的正文内容</p>
</body>
</html>
```

可以看到，引入了两个 CSS 文件，其中一个是前面已经制作好的 07-07.css。下面再新建立一个 07-09.css，将<h3>设置为斜体，颜色为绿色，大小为 40px，代码如下。

```
h3{
    color:#33CC33;
    font-style:italic;
    font-size:40px;
}
```

其效果如图 7.12 所示，可以看到新导入的 08-09.css 中设置的<h3>风格样式也被运用到了页面效果中，而原有 07-08.css 中设置的效果保持不变。

不单是 HTML 文件的<style>与</style>标记中可以导入多个样式表，在 CSS 文件内也可以导入其他的样式表。以 07-09.htm 为例，将"@import url(07-09.css);"去掉，然后在 07-07.css 文件中加入"@import url(07-09.css);"，也可以达到相同的效果。

图 7.12　导入多个样式表

7.3.5　各种方式的优先级问题

上面的 4 个小节分别介绍了 CSS 控制页面的 4 种不同方法，各种方法都有其自身的特点。这 4 种方法如果同时运用到同一个 HTML 文件的同一个标记上，就会出现优先级的问题。如果在各种方法中设置的属性不一样，例如内嵌式设置字体为宋体，行内式设置颜色为红色，那么显示结果会让二者同时生效，为宋体红色字。但当各种方法同时设置一个属性时，例如都设置字体的颜色，情况就会比较复杂，如下所示，实例文件位于光盘"第 7 章\07-10.htm"。

首先创建两个 CSS 文件，其中第一个命名为 red.css，其内容为：

```
p{
    color:red;
}
```

第 2 个命名为 green.css，其内容为：

```
p{
    color:green;
}
```

这两个 CSS 的作用分别将文本段落文字的颜色设置为红色和绿色，接着创建一个 HTML 文件，代码如下：

```
<html>
<head>
    <title>页面标题</title>
    <style type="text/css">
    p{
        color:#blue;
    }
    @import url(red.css);
    </style>
</head>
<body>
    <p style="color:gray;">观察文字颜色</p>
</body>
</html>
```

从代码中可以看到，在内嵌式的样式规则中，将 p 段落文字的颜色设置为蓝色，而行内样式又将 p 段落文字的颜色设置为灰色。此外，通过导入的方式引入了 red.css，这将文字颜色设置为红色，那么这时这个段落文字到底会显示为什么颜色呢？在浏览器中的效果如图 7.13 所示。

可以看到，结果是灰色，即以行内样式为准的。接下来，将行内样式代码删除，再次在浏览器观察，可以看到效果如图 7.14 所示。

图 7.13　文字显示为灰色

图 7.14　文字显示为蓝色

可以看到，结果是蓝色，即以嵌入样式为准。接着把嵌入的代码删除，仅保留导入的命令，这时在浏览器中将看到红色的文字。从而说明，在行内、嵌入和导入这 3 种方式之间的优先级关系是：

行内式 > 嵌入式 > 导入式

接下来，在代码中增加链接方式引入的 CSS 文件，分别尝试如下两种情况。

情况 A：

```
<head>
    <style type="text/css">
        @import url(red.css);
    </style>
<link href="green.css" type="text/css" rel="stylesheet">
<head>
```

情况 B：

```
<head>
    <link href="green.css" type="text/css" rel="stylesheet">
    <style type="text/css">
        @import url(red.css);
```

```
    </style>
<head>
```

这两种情况的区别在于哪种方式的样式表放在前面。经过尝试可以发现，谁放在后面就以谁为准。

因此，结合前面的结论，如果我们把导入式和链接式统称为外部样式，那么优先级规则应该写为：

（1）行内式 > 嵌入式 > 外部样式；

（2）外部样式中，出现在后面的优先级高于出现在前面的。

此次，这个规则已经比较完善了，然而还没有结束。现在如果将<head>部分的代码改为：

```
<head>
    <style type="text/css">
        p{
        color:blue;
        }
    </style>
    <style type="text/css">
        @import url(red.css);
    </style>
<head>
```

将导入式的命令和嵌入式的样式放在两个<style>中，这时在浏览器中的效果，文字会显示为红色，这就说明这时将不再遵循嵌入式优先于导入式的规则了。再例如对于如下代码：

```
<style type="text/css">
    p{
        color:blue;
    }
</style>
<link href="green.css" type="text/css" rel="stylesheet">
<style type="text/css">
    @import url(red.css);
</style>
<head>
```

这说明优先级最高的是最后面的导入式，其次是链接式，最后才是嵌入式。因此，如果在<head>中存在多个<style>标记，那么这些<style>标记和链接式之间将由先后顺序决定优先级，而在同一个<style>内部，才会遵循嵌入式优先于导入式的规则。

> **经验之谈**　虽然各种 CSS 样式加入页面的方式有先后的优先级，但在建设网站时，最好只使用其中的 1~2 种，这样既有利于后期的维护和管理，也不会出现各种样式"冲突"的情况，便于设计者理顺设计的整体思路。

7.4 本章小结

本章讲解了 CSS 的核心基础。首先介绍了 CSS 规则的定义方法，即 CSS 规则是如何由选择器、属性和属性值三者构成的。然后讲解了选择器的含义和 3 种基本的选择器，还介绍了 4 种在 HTML 中使用 CSS 的方式。在下一章中，我们将通过实际操作的方式，实践一下如何通过 CSS 对一个页面进行样式的设置。

第 8 章
手工编写与借助工具

通过上一章的学习,已经理解了 CSS 的基本思想和基本使用方法。在继续深入学习各种 CSS 属性之前,在本章先进行一些实际的操作,复习一下前面介绍过的在网页中使用图像和文字的方法,同时也实际编写一个比较完整的使用 CSS 的网页,为后面继续深入学习 HTML 和 CSS 打下基础。

本章通过一个简单的实例,初步体验 CSS 是如何控制页面的,对页面从无到有,并使用 CSS 实现一些效果有一个初步的了解。对于本节中的很多细节读者不必深究,在以后的章节中都将一一讲解,本章的主要目的是使读者对整个流程有一个比较全面的认识。该例的最终效果如图 8.1 所示。

图 8.1 体验 CSS

8.1 从零开始

首先,我们不借助 Dreamweaver 软件,而是完全采用手工编写代码的方式制作这个页面。然后再看一看如何使用 Dreamweaver 更方便地制作它。

首先建立 HTML 文件,构建最简单的页面框架。其内容包括标题和正文部分,每一个部分又分别处于不同的模块中,源文件参见本书附带光盘"第 8 章\08-01.htm",代码如下所示:

```
<html>
    <head>
        <title>体验 CSS</title>
    </head>
<body>
        <h1>互联网发展的起源</h1>
        <p>1969 年,为了保障通信联络,美国国防部高级研究计划署 ARPA 资助建立了世界上第一个分组交
```

换试验网 ARPANET，连接美国四个大学。ARPANET 的建成和不断发展标志着计算机网络发展的新纪元。</p>
        <p> 20 世纪 70 年代末到 80 年代初，计算机网络蓬勃发展，各种各样的计算机网络应运而生，如 MILNET、USENET、BITNET、CSNET 等，在网络的规模和数量上都得到了很大的发展。一系列网络的建设，产生了不同网络之间互联的需求，并最终导致了 TCP/IP 协议的诞生。 </p>
    </body>
</html>
```

这时的页面只有标题和正文内容，而没加任何的效果，在 IE 浏览器中的显示效果如图 8.2 所示，看上去十分的单调，但页面的核心框架已经初现。

考虑到单纯的文字显得贫乏，因此加入一幅图片作为简单的插图。图片所在的位置与正文一样，使用 HTML 语言中的<img>标记，此时<body>部分修改后的代码如下，源文件参见本书附带光盘"第 8 章\08-02.htm"。

```
<html>
……部分代码省略……
    <body>
        <h1>互联网发展的起源</h1>
        <img src="cup.gif" width="128" height="128"/>
        <p>1969 年，为了保障通信联络，美国国防部高级研究计划署 ARPA 资助建立了世界上第一个分组交换试验网 ARPANET，连接美国四个大学。ARPANET 的建成和不断发展标志着计算机网络发展的新纪元。</p>
……部分代码省略……
    </body>
</html>
```

此时的显示效果如图 8.3 所示，可以看到图片和文字的排列比较混乱，必须利用 CSS 对页面进行全面的改进。

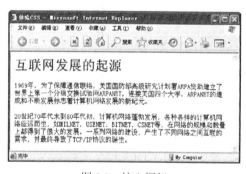

图 8.2 核心框架

图 8.3 加入图片

8.2 设置标题

下面对标题样式进行修改。使用蓝色背景的白色文字可以使标题更醒目。另外，这里将标题设为居中，并且与正文有一定的距离，再通过修改标题的背景色达到进一步突出的目的。
```

首先在 HTML 的 head 部分加入<style>和</style>标记，然后在它们之间加入 CSS 样式规则。源文件参见本书附带光盘"第 8 章\08-03.htm"。代码如下：

```
<html>
    <head>
        <title>体验 CSS</title>
    <style>
    h1{
        color:white;                    /* 文字颜色*/
        background-color:#0000FF;       /* 背景色 */
        text-align:center;              /* 居中 */
        padding:15px;                   /* 边距 */
    }
    </style>
    </head>
<body>
……省略……
```

此时的显示效果如图 8.4 所示，标题部分明显较图 8.3 有所突出。

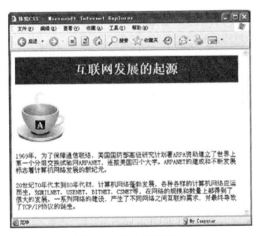

图 8.4　修改标题样式

8.3　控制图片

在对标题和正文都进行了 CSS 控制后，整个页面的焦点便集中在了插图上。如图 8.4 所示，图片与文字的排列显得不够协调。在<style>与</style>标记之间加入如下代码：

```
img{
    float:left;
    border:1px #9999CC dashed;
    margin:5px;
}
```

源文件参见本书附带光盘"第 8 章\08-04.htm"。其效果如图 8.5 所示，实现了类似 Word 的图文混排效果，不再像图 8.4 所示那样，文字上方空出一大截。关于图文混排将在后面的章节中详细介绍。

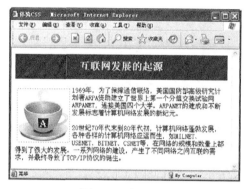

图 8.5　图文混排

8.4　设置正文

下面设置正文部分,可以控制文字得大小、排列的疏密等属性,使得整体上达到更加协调的效果。加入如下代码到<style>与</style>标记之间。

```
p{
    font-size:12px;
    text-indent:2em;
    line-height:1.5;
    padding:5px;
}
```

源文件参见本书附带光盘"第 8 章\08-05.htm"。此时的浏览效果如图 8.6 所示。可以看到正文的字号变得比原来要小,而行间距略有放大。正文的文字与图片都跟浏览器边界有了一定的距离,整体感觉要比原来舒服了很多。此外,还使得每个段落首行开头空出了两个字符的空白,这样更符合中文的排版习惯。

图 8.6　修改正文样式

8.5　设置整体页面

接下来对页面整体进行设置,对<body>标记设置样式,消除网页内容与浏览器窗口边界之间的空白,并设置浅色的背景色。

```
body{
    margin:0px;
    background-color:#CCCCFF;
}
```

源文件参见本书附带光盘"第 8 章\08-06.htm",这时效果如图 8.7 所示。

图 8.7 设置页面的整体效果

8.6 对段落进行分别设置

如果读者对选择器的概念还有印象，可以看出上面设置 CSS 样式使用的都是"标记选择器"，为了验证一下其他的选择器的用法，这里我们为两个文本段落分别设置不同的效果。

首先，分别给两个段落的<p>标记设置一个 id 属性，代码如下：

```
<p id="p1">1969 年，为了保障通信联络，美国国防部高级研究计划署 ARPA 资助建立了世界上第一个分组交换试验网 ARPANET，连接美国四个大学。ARPANET 的建成和不断发展标志着计算机网络发展的新纪元。</p>

<p id="p2"> 20 世纪 70 年代末到 80 年代初，计算机网络蓬勃发展，各种各样的计算机网络应运而生，如 MILNET、USENET、BITNET、CSNET 等，在网络的规模和数量上都得到了很大的发展。一系列网络的建设，产生了不同网络之间互联的需求，并最终导致了 TCP/IP 协议的诞生。 </p>
```

然后在 CSS 部分设置如下 CSS 规则。

```
#p1{
    border-right:3px red double ;
}
#p2{
    border-right:3px orange double ;
}
```

源文件参见本书附带光盘"第 8 章\08-07.htm"。这时效果如图 8.8 所示，可以看到，在两个段落的右侧分别出现了两条竖线，上面的竖线是红色，下面的竖线是橙色。

图 8.8 对段落进行不同的设置

> **经验** 从这里可以看出 CSS 所具有的灵活性。前面使用<p>标记选择器，对两个段落设置具有共性的属性，然后再通过不同的 id 选择器，设置各个段落的具有个性的样式。

8.7 完整代码

下面把整个页面 08-07.htm 的完整代码抄录如下，使读者对整个文件有一个整体的理解。

```
<html>
<head>
<title>体验 CSS</title>
<style>
body{margin:0px;
background-color:#CCCCFF;
}
h1{
    color:white;                        /* 文字颜色 */
    background-color:#0000FF;           /* 背景色 */
    font-size:25px;                     /* 字号 */
    font-weight:bold;                   /* 粗体 */
    text-align:center;                  /* 居中 */
    padding:15px;                       /* 间距 */
}

img{float:left;
border:1px #9999CC dashed;
margin:5px;
}

p{
font-size:12px;
text-indent:2em;
line-height:1.5;
padding:5px;
}

#p1{
border-right:4px red double ;
}

#p2{
border-right:4px orange double ;
}
</style>
</head>

<body>
<h1>互联网发展的起源</h1>
```

```
        <img src="cup.gif" width="128" height="128"/><p id="p1">1969 年，为了保障通信联络，
美国国防部高级研究计划署 ARPA 资助建立了世界上第一个分组交换试验网 ARPANET，连接美国四个大学。
ARPANET 的建成和不断发展标志着计算机网络发展的新纪元。</p>
        <p id="p2"> 20 世纪 70 年代末到 80 年代初，计算机网络蓬勃发展，各种各样的计算机网络应运而生，
如 MILNET、USENET、BITNET、CSNET 等，在网络的规模和数量上都得到了很大的发展。一系列网络的建设，
产生了不同网络之间互联的需求，并最终导致了 TCP/IP 协议的诞生。 </p>
    </body>
</html>
```

8.8 CSS 的注释

编写 CSS 代码与编写其他的程序一样，养成良好的写注释习惯对于提高代码的可读性，以及减少日后维护的成本都是非常重要的。在 CSS 中，注释的语句都位于 "/*" 与 "*/" 之间，其内容可以是单行也可以是多行，如下都是 CSS 的合法注释：

```
/* 这是有效的 CSS 注释内容 */
/* 如果注释内容比较长，也可以写在
   多行中，同样是有效的*/
```

另外需要注意的是，对于单行注释，每行注释的结尾都必须加上 "*/"，否则将会使之后的代码失效。例如下面代码中的后 3 行代码将会被当作注释而不会发挥任何作用。

```
h1{color: gray;}        /* this CSS comment is several lines
h2{color: silver;}      long, but since it is not wrapped
p{color: white;}        in comment markers, the last three
pre{color: gray;}       styles are part of the comment. */
```

因此在添加单行注释时，必须注意将结尾处的 "*/" 加上。另外，在<style>与</style>之间有时会见到 "<!--" 和 "-->" 将所有的 CSS 代码包含于其中，这是为了避免老式浏览器不支持 CSS、将 CSS 代码直接显示在浏览器上而设置的 HTML 注释。

8.9 辅助：使用 Dreamweaver 创建页面

下面来使用 Dreamweaver 软件编辑同样的页面。首先运行 Dreamweaver 软件，然后输入 3 行文字，如图 8.9 所示。按 "Enter" 键会产生一个新的段落。

然后用鼠标在第 1 行文字中间单击一下，在下侧的 "属性" 面板的 "格式" 下拉列表框中选择 "标题 1" 选项，这样第 1 行文字就被设置为一级标题了。然后再按一次 "Enter" 键，在标题和正文之间插入一个新行，然后选择菜单 "插入记录→图像"，然后在打开的对话框中选择一个图像文件，注意最好先把这个图像文件放到和这个网页文件所在的相同文件夹中，这样比较方便。这时在 Dreamweaver 中，效果如图 8.10 所示。

至此，这个页面的内容就已经插入页面了，接下来的任务就是设置 CSS 样式了。

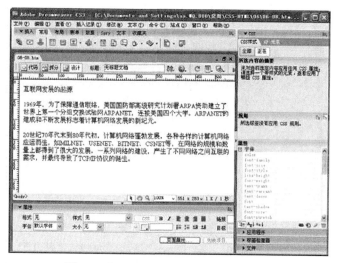

图 8.9 在 Dreamweaver 中输入文本段落

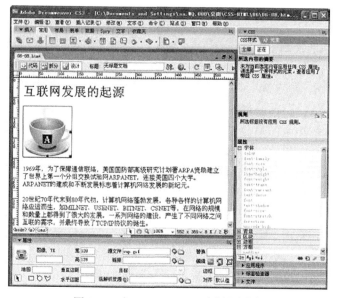

图 8.10 在 Dreamweaver 中插入图片

8.10 辅助：在 Dreamweaver 中新建 CSS 规则

在 Dreamweaver 中，有如下几种方法可以设置 CSS 样式。

（1）选择菜单"文本→CSS 样式→新建"命令。

（2）打开"CSS"面板，单击面板标题栏右端的图标，然后在弹出菜单中选择"新建"命令，如图 8.11 左图所示。

（3）单击"CSS"面板底端的"新建 CSS 规则"按钮，如图 8.11 右图所示。

使用上述 3 种方法中的任意一种，都会打开"新建 CSS 规则"对话框，如图 8.12 所示。具体设置步骤如下。

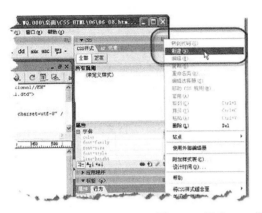

图 8.11　新建 CSS 规则的方法

❶ 选择"选择器类型",由于先要设置 h1 标题的样式,因此这里选择第 2 行选项"标签"。在"标签"下拉列表框中选择"h1"。最后在"定义在"选项中选择"仅对该文档"。这样产生的 CSS 代码就会直接出现在文档中,否则会新建一个独立的 CSS 文件,并把代码写到这个文件中。设置好以后的对话框如图 8.13 所示。

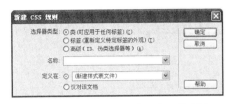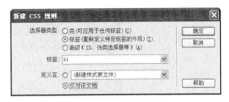

图 8.12　"新建 CSS 规则"对话框　　　　图 8.13　在"新建 CSS 规则"对话框中进行相应的设置

❷ 单击"确定"按钮,会出现一个"h1 的 CSS 规则定义"对话框,左侧是一个目录,右侧是针对每个目录中的具体设置项目。首先显示的是"类别"页,这时用鼠标单击一下"颜色"旁边的小矩形,会出现一个颜色选择板,这时可以选择一种颜色,如图 8.14 所示。

❸ 这里选择白色,也就是设置 h1 标题的文字为白色。然后在左侧的分类中选择"背景",这时就会切换到"背景"页,在"背景颜色"选项中选择蓝色,也可以直接输入"#0000FF",如图 8.15 所示。

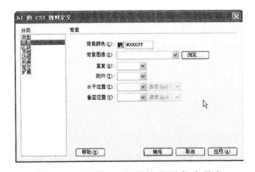

图 8.14　设置 h1 标题的文字颜色为白色　　　图 8.15　设置 h1 标题的背景色为蓝色

❹ 选择分类中的"区块",然后在右侧的"文本对齐"下拉列表框中选择"居中"选项,如图 8.16 所示。

❺ 再选择分类中的"方框",在右侧的填充选项中选中"全部相同"复选框,然后在"上"输入框中输入"15",并保持单位为"像素",如图 8.17 所示。

图 8.16 设置 h1 标题的对齐方式

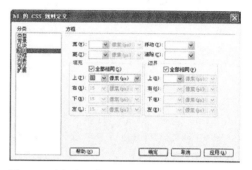

图 8.17 设置 h1 标题的填充(padding 属性)

至此,属性设置完毕,单击"确定"按钮。现在回到 Dreamweaver 的文档窗口,先单击上侧的"拆分"按钮,这样文档窗口就拆分为上下两个部分,上侧显示的是网页代码,下策显示网页效果,如图 8.18 所示。

图 8.18 Dreamweaver 的文档窗口

可以看到,Dreamweaver 生成的 CSS 代码和我们前面自己编写的是相同的。也就是说,各种 CSS 属性都可以通过这种在对话框中点选的方式进行设置,而不必自己输入。

> **经验** 当然实际上,在真正工作中,到底使用那种方式效率更高,可以根据自己的实际情况选择,对于大多数熟练使用 CSS 的设计师来说,手工通过键盘输入的效率远比在对话框中点击鼠标选择高得多。

8.11 辅助:在 Dreamweaver 中编辑 CSS 规则

在 Dreamweaver 中,如果要修改已经设置的 CSS 规则,又该怎么办呢?

（1）一种方式是直接在代码视图中修改代码，或者在 CSS"属性"面板中进行修改。

（2）另一种方法是在 CSS"属性"面板中会列出已经设置的 CSS 样式规则，例如目前只设置 h1 一条规则，这时"CSS"面板如图 8.19 左图所示。

这时，如果用鼠标双击 h1 项目，就会打开刚才设置属性的对话框，进行修改。

而如果用鼠标单击 h1，就可以选中它，然后可以在下面的属性列表中修改属性的值。

例如要修改文字的颜色属性，就单击"字体"项目左端的加号按钮，以展开所有的属性，如图 8.19 右图所示，这时就可以随意修改里面的属性值了。其他的属性修改方法也是相同的。

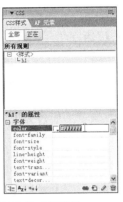

图 8.19　"CSS"面板中修改属性值

当然，对 CSS 属性还十分陌生的读者，从各种属性中进行选择会比较方便。而如果用户已经对 CSS 比较熟悉了，那么直接在代码视图中进行操作也是非常高效的，因为 Dreamweaver 提供了非常好的代码提示功能。

例如，现在要给 h1 的 CSS 规则增加一条设置。在代码视图中，把文本光标移动到"padding:15px;"这一行的末尾，然后按"Enter"键，这时光标跳到下一行的开头，并会出现一个属性列表。假设我们知道要输入的属性的第一个字母是"t"，那么按一下"t"键，这时 t 开头的属性就全部出现在列表中了，如图 8.20 所示。如果现在需要的属性，例如"text-decoration"，已经出现在列表中，那么通过键盘的上下方向键就可以选中这个属性，然后按"Enter"键，这个属性就输入到代码中了。这样对于很多很长且很难拼写的属性，都可以非常快捷地输入到代码中，而且保证不会有拼写错误，确实是非常方便的。

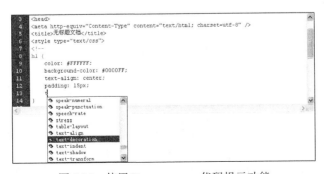

图 8.20　使用 Dreamweaver 代码提示功能

> **经验** Dreamweaver 本质上就是给出了几种不同的方式，编辑 CSS 样式代码，既可以在代码视图中直接输入，也可以通过"CSS"面板设置。前者比较适合熟悉 CSS 的设计师，后者则更适于 CSS 的新手。

8.12 为图像创建 CSS 规则

接下来设置图像的 CSS 样式，针对<img>标记新建一个 CSS 规则，如图 8.21 所示。如果读者不清楚如何新建 CSS 规则请参考本节前面的内容。

接下来，在规则定义对话框中设置图像的 CSS 样式。

❶ 在分类中选择"方框"项目，然后在右侧"浮动"下拉框中选择"左对齐"，并在下面的"边界"中

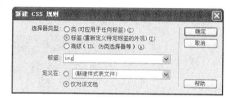

图 8.21 针对 img 标签新建 CSS 规则

选中"全部相同"复选框，在"上"输入框中输入"5"，单位保持"像素"，如图 8.22 所示。

❷ 在分类中选择"边框"项目，在右侧依次选择"虚线"、"1 像素"，颜色设置为"#CCCCFF"，如图 8.23 所示。

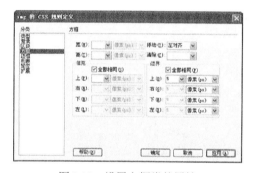

图 8.22 设置方框类的属性

图 8.23 设置边框属性

这时在文档窗口中可以看到，无论是显示效果还是代码，和前面手工编写的代码也是相同的，如图 8.24 所示。

❸ 至此，我们已经了解了使用 Dreamweaver 可以如何辅助设计进行 CSS 的设置。本案例接下来的操作大多是类似的，只要针对某一个选择器新建 CSS 规则，然后依次选择要设置的属性，并输入属性值就可以了，这里不再重复了。

一个不同的设置是对两个文本段落进行分别设置时，要使用 ID 选择器，这在 Dreamweaver 中应该如何实现呢？

❶ 仍然是新建一个 CSS 规则，这次在"选择器类型"中选择"高级"选项，然后在"选择器"输入框中输入"#p1"，如图 8.25 所示。

❷ 然后单击"确定"按钮，在定义规则的对话框的分类中选择"边框"，把"样式"、"宽度"和"颜色"3 栏中的"全部相同"复选框都去除。在"右"这一行依次选择"双线"、"4 像素"和"#FF0000"，其余 3 行保持空白，如图 8.26 所示。

第 8 章 手工编写与借助工具

图 8.24 设置图像的 CSS 样式

图 8.25 设置 ID 选择器

图 8.26 设置右侧边框的样式

❸ 单击"确定"按钮,这个 ID 选择器的 CSS 规则就设置好了。但是现在还没有指定把它应用到 HTML 中的哪个元素上。

❹ 在代码视图中,把文本光标移动到段落标记<p>中,在字母 p 的后面输入一个空格,这时会出现一个代码提示的下拉框,如图 8.27 左图所示。可见 Dreamweaver 不仅会对 CSS 代码进行代码提示,对 HTML 同样也可以进行代码提示。利用键盘的方向键在下拉框中找到"id"属性,然后按"Enter"键选中它,此时如图 8.27 右图所示,刚才设置的"#p1"选择器已经出现在提示列表中了,选中它即可。

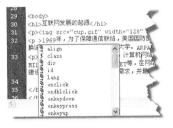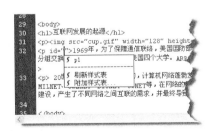

图 8.27 在 HTML 中使用 ID 选择器设置的 CSS 样式

注意的一点是,在设置 CSS 时,ID 选择器的名称开头有一个"#",表示它是 ID 选择器,而在 HTML 中,最为 id 属性的值,使不加这个"#"的。

115

8.13 本章小结

本章通过一个简单的实例体验了 CSS 的设置方法。从中可以看出，基本的方法就是要通过选择器确定对哪个或哪些对象进行设置，然后通过对各种 CSS 属性进行适当的设置，实现对页面样式的全面控制。在本例中，用到的许多样式在前面都没有介绍过，从下一章开始，就会逐渐讲清楚它们的含义和用法了。

第 9 章
CSS 的高级特性

在上一章中,实际动手体验了利用 CSS 设置网页样式的基本方法,希望读者能够逐渐深刻地理解 CSS 的核心思想,也就是尽可能地使网页内容与形式分离。在本章中,将深入地了解 CSS 的相关概念,在前面介绍的 3 种基本选择的基础上,学习 3 种由基本选择器复合构成的选择器,然后再了解 CSS 的两个重要特性。

9.1 复合选择器

8.2 节介绍了 3 种基本的选择器,以这 3 种基本选择器为基础,通过组合,还可以产生更多种类的选择器,实现更强、更方便的选择功能,复合选择器就是由基本选择器通过不同的连接方式构成的。

复合选择器就是两个或多个基本选择器,通过不同方式连接而成的选择器。

9.1.1 "交集"选择器

"交集"复合选择器由两个选择器直接连接构成,其结果是选中二者各自元素范围的交集。其中第 1 个必须是标记选择器,第 2 个必须是类别选择器或者是 ID 选择器。这两个选择器之间不能有空格,必须连续书写,形式如图 9.1 所示。

这种方式构成的选择器,将选中同时满足前后二者定义的元素,也就是前者所定义的标记类型,并且指定了后者的类别或者 id 的元素,因此被称为"交集"选择器。

例如,声明了 p、.special、p.special 这 3 种选择器,它们的选择范围如图 9.2 所示。

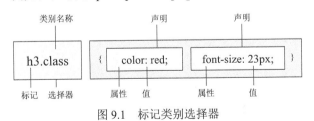

图 9.1 标记类别选择器

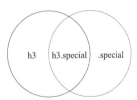

图 9.2 交集选择器示意图

下面举一个实际案例,示例文件位于光盘中"第 9 章\09-01.htm"。

```
<!DOCTYPE html PUBLIC "-//W3C//DTD XHTML 1.0 Transitional//EN"
    "http://www.w3.org/TR/xhtml1/DTD/xhtml1-transitional.dtd">
<html xmlns="http://www.w3.org/1999/xhtml">
<head>
<title>选择器.class</title>
```

```
<style type="text/css">
p{                          /* 标记选择器 */
    color:blue;
}
p.special{                  /* 标记.类别选择器 */
    color:red;              /* 红色 */
}
.special{                   /* 类别选择器 */
    color:green;
}
</style>
</head>
<body>
    <p>普通段落文本（蓝色）</p>
    <h3>普通标题文本（黑色）</h3>
    <p class="special">指定了.special 类别的段落文本（红色）</p>
    <h3 class="special">指定了.special 类别的标题文本（绿色）</h3>
</body>
</html>
```

上面的代码中定义了<p>标记的样式，也定义了".special"类别的样式，此外还单独定义了 p.special，用于特殊的控制，而在这个 p.special 中定义的风格样式仅仅适用于<p class="special">标记，而不会影响使用了.special 的其他标记，显示效果如图 9.3 所示。

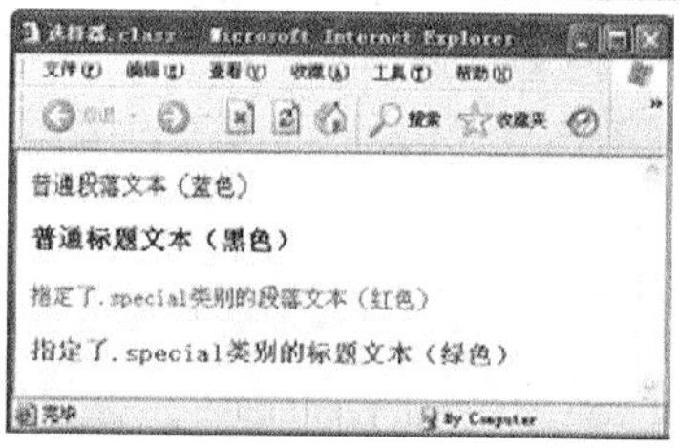

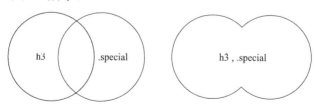

图 9.3　标记.类别选择器示例

9.1.2　"并集"选择器

与交集选择器相对应，还有一种"并集"选择器，或者称为"集体声明"。它的结果是同时选中各个基本选择器所选择的范围。任何形式的选择器（包括标记选择器、class 类别选择器、ID 选择器等）都可以作为并集选择器的一部分。

并集选择器是多个选择器通过逗号连接而成的。在声明各种 CSS 选择器时，如果某些选择器的风格是完全相同的，或者部分相同，就可以利用并集选择器同时声明风格相同的 CSS 选择器，选择范围如图 9.4 所示。

图 9.4　并集选择器示意图

下面举一个实际案例，源文件请参考本书附带光盘中的"第 9 章\09-02.htm"。

```
<html>
<head>
<title>并集选择器</title>
<style type="text/css">
h1, h2, h3, h4, h5, p{              /*并集选择器*/
```

```
        color:purple;              /* 文字颜色 */
        font-size:15px;            /* 字体大小 */
    }
    h2.special, .special, #one{    /* 集体声明 */
        text-decoration:underline; /* 下划线 */
    }
    </style>
    </head>
    <body>
        <h1>示例文字 h1</h1>
        <h2 class="special">示例文字 h2</h2>
        <h3>示例文字 h3</h3>
        <h4>示例文字 h4</h4>
        <h5>示例文字 h5</h5>
        <p>示例文字 p1</p>
        <p class="special">示例文字 p2</p>
        <p id="one">示例文字 p3</p>
    </body>
    </html>
```

其显示效果如图 9.5 所示，可以看到所有行的颜色都是紫色的，而且字体大小均为 15px。这种集体声明的效果与单独声明的效果完全相同，h2.special、.special 和#one 的声明并不影响前一个集体声明，第 2 行和最后两行在紫色和大小为 15px 的前提下使用了下划线进行突出。

另外，对于实际网站中的一些页面，例如弹出的小对话框和上传附件的小窗口等，希望这些页面中所有的标记都使用同一种 CSS 样式，但又不希望逐个来声明的情况，可以利用全局选择器"*"。如下例所示，示例文件位于光盘中"第 9 章\09-02.htm"。

图 9.5 集体声明

```
    <html>
    <head>
    <title>并集选择器</title>
    <style type="text/css">
    h1, h2, h3, p{                 /*并集选择器*/
        color:purple;              /* 文字颜色 */
        font-size:15px;            /* 字体大小 */
    }
    h2.special, .special, #one{    /* 集体声明 */
        text-decoration:underline; /* 下划线 */
    }
    </style>
    </head>
    <body>
        <h1>示例文字 h1</h1>
        <h2 class="special">示例文字 h2</h2>
        <h3>示例文字 h3</h3>
        <p>示例文字 p1</p>
        <p class="special">示例文字 p2</p>
```

```
    <p id="one">示例文字 p3</p>
</body>
</html>
```

其效果如图 9.6 所示，与前面案例的效果完全相同，代码却大大缩减了。

图 9.6 全局声明

9.1.3 后代选择器

在 CSS 选择器中，还可以通过嵌套的方式对特殊位置的 HTML 标记进行声明，例如当 <p>与</p>之间包含<span></span>标记时，就可以使用后代选择器进行相应的控制。后代选择器的写法就是把外层的标记写在前面，内层的标记写在后面，之间用空格分隔。当标记发生嵌套时，内层的标记就成为外层标记的后代。

例如，假设有下面的代码：

```
<p>这是最外层的文字，<span>这是中间层的文字，<b>这是最内层的文字，</b></span></p>
```

最外层是<p>标记，里面嵌套了<span>标记，<span>标记中又嵌套了<b>标记，则称<span>是<p>的子元素，<b>是<span>的子元素。

下面举一个完整的例子，具体代码如下所示，示例文件位于光盘中"第 9 章\09-03.htm"。

```
<html>
<head>
<title>后代选择器</title>
<style type="text/css">
p span{                      /* 嵌套声明 */
    color:red;               /* 颜色 */
}
span{
    color:blue;              /* 颜色 */
}
</style>
</head>
<body>
    <p>嵌套使<span>用 CSS（红色）</span>标记的方法</p>
    嵌套之外的<span>标记（蓝色）</span>不生效
</body>
</html>
```

通过将 span 选择器嵌套在 p 选择器中进行声明，显示效果只适用于<p>和</p>之间的<span>标记，而其外的<span>标记并不产生任何效果，如图 9.7 所示，只有第 1 行中<span>和</span>之间的文字变成了红色，而第 2 行文字中<span>和</span>之间的文字的颜色则是按照第 2 条 CSS 样式规则设置的，即为蓝色。

图 9.7　嵌套选择器

后代选择器的使用非常广泛，不仅标记选择器可以以这种方式组合，类别选择器和 ID 选择器都可以进行嵌套。下面是一些典型的语句：

```
.special i{ color: red; }              /* 使用了属性 special 的标记里面包含的<i> */
#one li{ padding-left:5px; }           /* ID 为 one 的标记里面包含的<li> */
td.out .inside strong{ font-size: 16px; }  /* 多层嵌套，同样实用 */
```

上面的第 3 行使用了 3 层嵌套，实际上更多层的嵌套在语法上都是允许的。上面的这个 3 层嵌套表示的就是使用了.out 类别的<td>标记中包含的.inside 类别的标记，其中又包含了<strong>标记，一种可能的相对应的 HTML 为：

```
<td class="out">
    <p class="inside">
        其他内容<strong>CSS 控制的部分</strong>其他内容
    </p>
</td>
```

> **经验**　选择器的嵌套在 CSS 的编写中可以大大减少对 class 和 id 的声明。因此在构建页面 HTML 框架时通常只给外层标记（父标记）定义 class 或者 id，内层标记（子标记）能通过嵌套表示的则利用嵌套的方式，而不需要再定义新的 class 或者专用 id。只有当子标记无法利用此规则时，才单独进行声明。例如一个<ul>标记中包含多个<li>标记，而需要对其中某个<li>单独设置 CSS 样式时才赋给该<li>一个单独 id 或者类别，而其他<li>同样采用"ul li{...}"的嵌套方式来设置。

需要注意的是，后代选择器产生的影响不仅限于元素的"直接后代"，而且会影响到它的"各级后代"。

例如，有如下的 HTML 结构：

```
<p>这是最外层的文字,<span>这是中间层的文字,<b>这是最内层的文字,</b></span></p>
```

如果设置了如下 CSS 样式：

```
p span{
    color:blue;
}
```

那么"这是最外层的文字"这几个字将以黑色显示，即没有设置样式的颜色；后面的"这是中间层的文字"和"这是最内层的文字"都属于它的后代，因此都会变成蓝色。

因此在 CSS 2 中，规范的制定者还规定了一种复合选择器，称为"子选择器"，也就是只对直接后代有影响的选择器，而对"孙子"以及多个层的后代不产生作用。

子选择器和后代选择的语法区别是使用大于号连接。例如，将上面的 CSS 设置为：

```
p>span{
    color:blue;
}
```

结果是仅有"这是中间层的文字"这几个字变为蓝色，因为 span 是 p 的直接后代，或者叫做"儿子"，b 是 p 的"孙子"，不在选中的范围内。

而 IE 6 中，不支持子选择器，仅支持后代选择。IE 7 和 Firefox 都既支持后代选择器，也支持子选择器。

9.2 CSS 的继承特性

在本节中，对后代选择器的应用再进一步作一些讲解，因为它将会贯穿在所有的设计中。

学习过面向对象语言的读者，对于继承（Inheritance）的概念一定不会陌生。在 CSS 中的继承并没有像在 C++和 Java 等语言中那么复杂，简单的说就是将各个 HTML 标记看作一个个容器，其中被包含的小容器会继承包含它的大容器的风格样式。本节从页面各个标记的父子关系出发，来详细地讲解 CSS 的继承。

9.2.1 继承关系

所有的 CSS 语句都是基于各个标记之间的继承关系的，为了更好地理解继承关系，首先从 HTML 文件的组织结构入手，如下例所示，示例文件位于光盘中"第 9 章\09-04.htm"。

```html
<html>
<head>
    <title>继承关系演示</title>
</head>
<body>
    <h1>前沿<em>Web 开发</em>教室</h1>
    <ul>
        <li>Web 设计与开发需要使用以下技术：
            <ul>
                <li>HTML</li>
                <li>CSS
                <ul>
                    <li>选择器</li>
                    <li>盒子模型</li>
                    <li>浮动与定位</li>
                </ul>
                </li>
                <li>Javascript</li>
            </ul>
        </li>
        <li>此外，还需要掌握：:
            <ol>
                <li>Flash</li>
                <li>Dreamweaver</li>
                <li>Photoshop</li>
            </ol>
        </li>
    </ul>
    <p>如果您有任何问题，欢迎联系我们</p>
</body>
</html>
```

相应的页面效果如图9.8所示。

可以看到这个页面中,标题的中间部分的文字使用了<em>（强调）标记,在浏览器中显示为斜体。后面使用了列表结构,其中最深的部分使用了三级列表。

这里着重从"继承"的角度来考虑各个标记之间的"树"型关系,如图9.9所示。在这个树型关系中,处于最上端的<html>标记称之为"根（root）",它是所有标记的源头,往下层层包含。在每一个分支中,称上层标记为其下层标记的"父"标记;相应地,下层标记称为上层标记的"子"标记。例如<h1>标记是<body>标记的子标记,同时它也是<em>的父标记。

图9.8　包含多层列表的页面

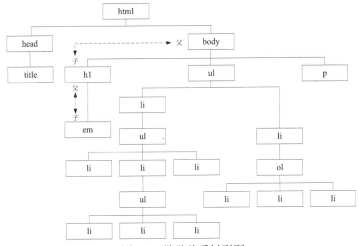

图9.9　继承关系树型图

9.2.2　CSS 继承的运用

通过前面的讲解,我们已经对各个标记间的父子关系有了认识,下面进一步了解 CSS 继承的运用。CSS 继承指的是子标记会继承父标记的所有样式风格,并可以在父标记样式风格的基础上再加以修改,产生新的样式,而子标记的样式风格完全不会影响父标记。

例如在前面的案例中加入如下 CSS 代码,就将 h1 标记设置为蓝色,加上下划线,并将 em 标记设置为红色,示例文件位于光盘中"第 9 章\09-05.htm"。

```
<style>
h1{
    color:blue;                      /* 颜色 */
    text-decoration:underline;       /* 下划线 */
    }
em{
    color:red;                       /* 颜色 */
    }
</style>
```

显示效果如图 9.10 所示,可以看到其子标记 em 也显示出下划线,说明对父标记的设置也对子标记产生效果;而 em 文字显示为红色,h1 标题中其他文字仍为蓝色,说明对子标记的设置不会对其父标记产生作用。

CSS 的继承贯穿 CSS 设计的始终,每个标记都遵循着 CSS 继承的概念。可以利用这种巧妙的继承关系,大大缩减代码的编写量,并提高可读性,尤其是在页面内容很多且关系复杂的情况下。

例如,现在如果要嵌套最深的第 3 级列表的文字显示为粗体,那么增加如下样式设置:

```
li{
    font-weight:bold;
}
```

示例文件位于光盘中"第 9 章\09-06.htm",效果并不是第 3 级列表文字显示为粗体,而是

图 9.10　父子关系示例

如图 9.11 所示,所有列表项目的文字都变成了粗体。那么要仅使"CSS"项下的最深的 3 个项目显示为粗体,其他项目仍显示为正常粗细,该怎么设置呢?

一种方法是设置单独的类别,比如定义一个".bold"类别,然后将该类别赋予需要变为粗体的项目,但是这样设置显然很麻烦。

可以利用继承的特性,使用前面介绍的"后代选择器",这样不需要设置新的类别,即可完成同样的任务,效果如图 9.12 所示,示例文件位于光盘中"第 9 章\09-07.htm"。

图 9.11　各级列表均变成绿色

图 9.12　正确效果

```
li ul li ul li{
    color:green ;
    font-weight:bold;
}
```

可以看到只有第 3 层的列表项目是粗体显示的。实际上,对上面的选择器,还可以化简,比如化简为下面这段代码,效果也是完全相同的。

```
li li li{
    color:green ;
    font-weight:bold;
}
```

下面为了帮助读者进一步理解继承的特性,给读者出几个思考题,请读者思考。

(1) 刚才演示了设置一个 li 的选择器效果,和 3 个选择器的效果,那么如果设置改为下面这段代码,效果将如何?答案参考本书光盘中"第 9 章\09-08.htm"。

```
li li {
    font-weight:bold;
}
```

（2）如果设置为下面这段代码，效果将如何？答案参考本书光盘中"第 9 章\09-09.htm"。

```
ul li {
    font-weight:bold;
}
```

（3）如果设置为下面的代码，在最终的效果中，哪些项目将以粗体显示呢？答案参考本书光盘中"第 9 章\09-10.htm"。

```
ul ul li {
    font-weight:bold;
}
```

> **注意** 并不是所有的属性都会自动传给子元素，即有的属性不会继承父元素的属性值，例如上面举的文字颜色 color 属性，子对象会继承父对象的文字颜色属性，但是如果给某个元素设置了一个边框，它的子元素不会自动也加上一个边框，因为边框属性是非继承的。

9.3 CSS 的层叠特性

作为本章的最后一节，这里主要讲解 CSS 的层叠属性。CSS 的全名叫做"层叠样式表"，读者有没有考虑过，这里的"层叠"是什么意思？为什么这个词如此重要，以至于要出现在它的名称里。

CSS 的层叠特性确实很重要，但是要注意，千万不要和前面介绍的"继承"相混淆，二者有着本质的区别。实际上，层叠可以简单地理解为"冲突"的解决方案。

例如有如下一段代码，示例文件位于光盘中"第 9 章\09-11.htm"。

```
<html>
<head>
<title>层叠特性</title>
<style type="text/css">
p{
    color:green;
    }
.red{
    color:red;
    }
.purple{
    color:purple;
    }
#line3{
    color:blue;
    }
</style>
</head>
<body>
    <p >这是第 1 行文本</p>
    <p class="red">这是第 2 行文本</p>
    <p id="line3" class="red">这是第 3 行文本</p>
    <p style="color:orange;" id="line3">这是第 4 行文本</p>
    <p class="purple red">这是第 5 行文本</p>
</body>
</html>
```

代码中一共有 5 组<p>标记定义的文本,并在 head 部分声明了 4 个选择器,声明为不同颜色。下面的任务是确定每一行文本的颜色。

● 第 1 行文本没有使用类别样式和 ID 样式,因此这行文本显示为标记选择器 p 中定义的绿色。

● 第 2 行文本使用了类别样式,因此这时已经产生了"冲突"。那么,是按照标记选择器 p 中定义的绿色显示,还是按照类别选择器中定义的红色显示呢?答案是类别选择器的优先级高于标记选择器,因此显示为类别选择器中定义的红色。

● 第 3 行文本同时使用了类别样式和 ID 样式,这又产生了"冲突"。那么,是按照类别选择器中定义的红色显示,还是按照 ID 选择器中定义的蓝色显示呢?答案是 ID 选择器的优先级高于类别选择器,因此显示为 ID 选择器中定义的蓝色。

● 第 4 行文本同时使用了行内样式和 ID 样式,那么这时又以哪一个为准呢?答案是行内样式的优先级高于 ID 样式的优先级,因此显示为行内样式定义的橙色。

● 第 5 行文本中使用了两个类别样式,应以哪个为准呢?答案是两个类别选择器的优先级相同,此时以前者为准,".purple"定义在".red"的前面,因此显示为".purple"中定义的紫色。

综上所述,上面这段代码的显示效果如图 9.13 所示。

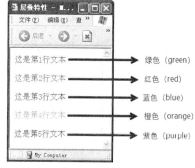

图 9.13 层叠特性示意

> **总结** 优先级规则可以表述为:
> 行内样式 > ID 样式 > 类别样式 > 标记样式

在复杂的页面中,某一个元素有可能会从很多地方获得样式,例如一个网站的某一级标题整体设置为使用绿色,而对某个特殊栏目需要使用蓝色,这样在该栏目中就需要覆盖通用的样式设置。在很简单的页面中,这样的特殊需求实现起来不会很难,但是如果网站的结构很复杂,就完全有可能使代码变得非常混乱,可能出现无法找到某一个元素的样式来自于哪条规则的情况。因此,必须要充分理解 CSS 中"层叠"的原理。

> **注意** 计算冲突样式的优先级是一个比较复杂的过程,并不仅仅是上面这个简单的优先级规则可以完全描述的。但是读者可以把握一个大的原则,就是"越特殊的样式,优先级越高"。
> 例如,行内样式仅对指定的一个元素产生影响,因此它非常特殊;使用了类别的某种元素,一定是所有该种元素中的一部分,因此它也一定比标记样式特殊;以此类推,ID 是针对某一个元素的,因此它一定比应用于多个元素的类别样式特殊。特殊性越高的元素,优先级就越高。

最后再次提醒读者,千万不要混淆了层叠与继承,二者完全不同。

9.4 本章小结

本章重点介绍了 4 个方面的问题。先介绍了 HTML 和 XHTML 的发展历程以及需要注意的问题,然后介绍了如何将 CSS 引入 HTML,接着讲解了 CSS 的各种选择器,及其各自的使用方法,最后重点说明了 CSS 的继承与层叠特性,以及它们的作用。

作为 CSS 设计的核心基础,请读者务必真正理解这些最基础和核心的原理。

第 10 章
用 CSS 设置文本样式

在 HTML 中已经对如何在网页中使用文字做了详细的介绍，本章将以 CSS 的样式定义方法来介绍文字的使用，所不同的是 CSS 的文字样式定义将更加丰富，实用性更强。通过本章的学习，读者更能随心所欲地在网页制作中完成文本文字的制作。同时，在本章里也会向读者介绍如何利用 CSS 的样式定义进行版面编排，如何丰富列表的制作样式。

10.1 长度单位

在 HTML 中，无论是文字的大小，还是图片的长宽设置，通常都使用像素或百分比来进行设置。而在 CSS 中，就有了更多的选择，可以用多种长度单位，主要分为两种类型，一种是相对类型，另一种是绝对类型。

1. 相对类型

所谓相对，就是要有一个参考基础，相对于该参考基础而设置的尺度单位。这在网页制作中有两种。

（1）px（piexl）

像素，由于它会根据显示设备的分辨率的多少而代表不同的长度，因此它属于相对类型。比如，在 800×600 的分辨率中设置一幅图片的高为 100px，当同样大小的显示器换成 1024×768 的分辨率时，就会发现图片相对变小了，因为现在的 100px 和前面的 100px 所代表的长度已经不同了。

（2）em

这是设置以目前字符的高度为单位。比如 h1 {margin:2em}，就会以目前字符的两倍高度来显示。但要注意一点，em 作为尺度单位时是以 font-size 属性为参考依据的，如果没有 font-size 属性，就以浏览器默认的字符高度作为参考。关于 font-size 属性，在后面的章节中将会进行介绍。使用 em 来设置字符高度并不常用，大家可以有选择地使用。

2. 绝对类型

所谓绝对，就是无论显示设备的分辨率是多少，都代表相同的长度。例如，在 800×600 的分辨率中设置一幅图片的高为 10cm，当换成 1024×768 的分辨率时，就会发现图片还是同样的大小。关于绝对类型的尺度单位见表 10.1。

表 10.1　　　　　　　　　　　　　　絶对类型的尺度单位

尺度单位名	说　明
in（英寸）	不是国际标准单位，平常极少使用
cm（厘米）	国际标准单位，较少用
mm（毫米）	国际标准单位，较少用
pt（点数）	最基本的显示单位，较少用
pc（印刷单位）	应用在印刷行业中，1pc=12pt

以上介绍了好几种尺度单位，其实在网页制作中已经默认以像素为单位，这样在交流或制作过程中都较为方便。如果在特殊领域里需要用到其他的单位，那么在使用时一定要加上尺度单位（数值和尺度单位之间不用加上空格），如 10em、5in、6cm 和 20pt 等。如果没有加尺度单位，浏览器就会默认以像素为单位来显示。但这也不是绝对的，对于某些浏览器来说，想以像素为单位时必须也要加上 px，否则浏览器无法识别，会以默认的字体大小进行显示。

同时还要注意一个问题，大部分长度设置都要使用正数，只有少数可以进行正、负数的设置。但在使用负数来设置的时候，浏览器也有一个承受限度，当设置值超过这个承受限度的时候，浏览器就会选择能承受的极限值来显示。

10.2　颜色定义

在前面简单介绍过颜色的定义方法，在本节继续进行一些扩展的讲解。

在 HTML 页面中，颜色统一采用 RGB 的模式显示，也就是通常人们所说的"红绿蓝"三原色模式。每种颜色都由这 3 种颜色的不同比重组成，每种颜色的比重分为 0～255 档。当红绿蓝 3 个分量都设置为 255 时就是白色，例如 rgb(100%,100%,100%)和#FFFFFF 都指白色，其中"#FFFFFF"为十六进制的表示方法，前两位为红色分量，中间两位是绿色分量，最后两位是蓝色分量，"FF"即为十进制中的 255。

当 RGB 3 个分量都为 0 时，即显示为黑色，例如 rgb(0%,0%,0%)和#000000 都表示黑色。同理，当红、绿分量都为 255，而蓝色分量为 0 时，则显示为黄色，例如 rgb(100%,100%,0)和#FFFF00 都表示黄色。

文字的各种颜色配合其他页面元素组成了整个五彩缤纷的页面，在 CSS 中文字颜色是通过 color 属性设置的。下面的几种方法都是将文字设置为蓝色，它们是完全等价的定义方法。

```
h3{ color: blue; }
h3{ color: #0000ff; }
h3{ color: #00f; }
h3{ color: rgb(0,0,255); }
h3{ color: rgb(0%,0%,100%); }
```

第 1 种方式使用颜色的英文名称作为属性值。
第 2 种方式是最常用一个 6 位的十六进制数值表示。
第 3 种方式是第 2 种方式的简写方式，形如#aabbcc 的颜色值，就可以简写为#abc。
第 4 种方式是分别给出红绿蓝 3 种颜色分量的十进制数值。

第 5 种方式是分别给出红绿蓝 3 种颜色分量的百分比。

10.3 准备页面

文字的版面以及样式的设置在 HTML 部分已经向大家作了介绍，这里将采用 CSS 来定义文字的版面和样式。

在学习使用 CSS 对文字进行设置之前，先准备一个基本的网页，如图 10.1 所示。

这个网页由一个标题和两个正文段落组成，这两个文本段落分别设置了 ID，以便后面设置样式时使用。代码如下所示，实例源文件位于本书附带光盘中的"第 10 章\10-01.htm"。

图 10.1　预备用于设置 CSS 样式网页文件

```
……头部代码省略……
<body>
<h1>互联网发展的起源</h1>
<p id="p1">A very simple ascii map of the first network link on ARPANET between UCLA and SRI taken from RFC-4 Network Timetable, by Elmer B. Shapiro, March 19611.</p>
<p id="p2">1969 年，为了保障通信联络，美国国防部高级研究计划署 ARPA 资助建立了世界上第一个分组交换试验网 ARPANET，连接美国四个大学。ARPANET 的建成和不断发展标志着计算机网络发展的新纪元。</p>
</body>
</html>
```

10.4 设置文字的字体

在 HTML 中，设置文字的字体需要通过<font>标记的 face 属性。而在 CSS 中，则使用 font-family 属性。针对上面准备好的网页，在样式部分增加对<p>标记的样式设置如下，实例源文件位于本书附带光盘中的"第 10 章\10-02.htm"。

```
<style type="text/css">
    h1{
        font-family:黑体;
    }
    p{
        font-family: Arial, "Times New Roman";
    }
</style>
```

以上语句声明了 HTML 页面中 h1 标题和文本段落的字体名称为黑体，并且对文本段落同时声明了两个字体名称，分别是 Arial 字体和 Times New Roman 字体。其含义是告诉浏览器首先在访问者的计算机中寻找 Arial 字体；如果该用户计算机中没有 Arial 字体，就寻找 Times New Roman；如果这两种字体都没有，则使用浏览器的默认字体显示。

font-family 属性可以同时声明多种字体，字体之间用逗号分隔开。另外，一些字体的名称中间会出现空格，例如上面的 Times New Roman，这时需要用双引号将其括起来，使浏览器知道这是一种字体的名称。注意不要输入成中文的双引号，而要使用英文的双引号。

这时在浏览器中的效果如图 10.2 所示。可以看到，标题和第 1 个正文段落中的字体都发生了变化，而第 2 个段落是中文，因此英文字体对这个段落中的中文是无效的，而该段落中的英文字母则都变成了 Arial 字体。

图 10.2　设置正文字体

> **注意**　很多设计者喜欢使用各种各样的字体来给页面添彩，但这些字体在大多数用户的机器上都没有安装，因此一定要设置多个备选字体，避免浏览器直接替换成默认的字体。最直接的方式是将使用了生僻字体的部分，用图形软件制作成小的图片，再加载到页面中。

10.5　设置文字的倾斜效果

在 CSS 中也可以定义文字是否显示为斜体，倾斜看起来很容易理解，实际上它比通常想象的要复杂一些。

大多数人对于字体倾斜的认识都是来自于 Word 等文字处理软件。例如图 10.3 中左图是一个 Time New Roman 字体的字母 a，中间图是它的常见的倾斜形式，右侧图是另一种倾斜的形式。

图 10.3　正常字体与"意大利体"，及"倾斜体"的对比

请注意，文字的倾斜并不是真的通过把文字"拉斜"实现的，其实倾斜的字体本身就是一种独立存在的字体。例如上面左图正常的字体无论怎么倾斜，也不会产生中间图中的字形。因此，倾斜的字体就是一个独立的字体，对应于操作系统中的某一个字库文件。

而严格来说，在英文中，字体的倾斜有以下两种。

（1）一种称为 italic，即意大利体。我们平常说的倾斜都是指"意大利体"，这也就是为什么在各种文字处理软件上，字体倾斜的按钮上面大都使用字母"I"来表示的原因。

（2）另一种称为 oblique，即真正的倾斜。这就是把一个字母向右边倾斜一定角度产生的效果，类似于图 10.8 右图显示的效果。这里说"类似于"，是因为 Windows 操作系统中并没有实现 oblique 方式的字体，只是找了一个接近它的字体来示意。

CSS 中的 font-style 属性正是用来控制字体倾斜的，它可以设置为"正常"、"意大利体"和"倾斜" 3 种样式，分别如下：

```
font-style:normal;
font-style:oblique;
font-style:italic;
```

然而在 Windows 上，并不能区分 oblique 和 italic，他们二者都是按照 italic 方式显示的，这不仅仅是浏览器的问题，而是本质上是由于操作系统不够完善造成的。

对于中文字体来说，并不存在这么多情况。另外，中文字体的倾斜效果并不好看，因此

网页上很少使用中文字体的倾斜效果。

尽管上面讲了很多复杂的情况，但实际上使用起来并不复杂，例如现在上面网页中的第1段正文并未倾斜的字体效果，只需为#p1 设置一条 CSS 规则即可。代码如下所示，实例源文件位于本书附带光盘中的"第 10 章\10-03.htm"。

```
#p1{
    font-style:italic;
}
```

这时的效果如图 10.4 所示。

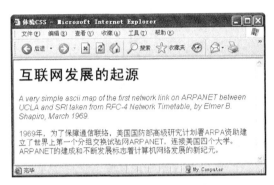

图 10.4　设置文本倾斜后的效果

10.6　设置文字的加粗效果

在 HTML 语言中可以通过添加<b>标记或者<strong>标记将文字设置为粗体。在 CSS 中，使用 font-weight 属性控制文字的粗细，可以将文字的粗细进行细致的划分，更重要的是 CSS 还可以将本身是粗体的文字变为正常粗细。

从 CSS 规范的规定来说，font-weight 属性可以设置很多不同的值，从而对文字设置不同的粗细，如表 10.2 所示。

表 10.2　　　　　　　　　　　　　　font-weight 属性的设置值

设　置　值	说　　　明
normal	正常粗细
bold	粗体
bolder	加粗体
lighter	比正常粗细还细
100-900	共有 9 个层次（100，200……900），数字越大字体越粗

然而遗憾的是，实际上大多数操作系统和浏览器还不能很好地实现非常精细的文字加粗设置，通常只能设置"正常"和"加粗"两种粗细，分别如下。

```
font-weight:normal      /*正常*/
font-weight:bold        /*加粗*/
```

> **经验** 在 HTML 中,<b>标记和<strong>这两个标记表面上的效果是相同的,都是使文字以粗体显示,但是前者是一个单纯的表现标记,不含语义,因此应该尽量避免使用;而<strong>标记是具有语义的标记,表示"突出"和"加强"的含义。因此,如果要在一个网页的文本中突出某些文字,就应该用<strong>标记。
>
> 大多数搜索引擎都对网页中的<strong>标记很重视,因此这时就出现了一种需求。一方面,设计者希望把网页上的文字用<strong>标记来进行强调,使搜索引擎更好地了解这个网页的内容;另一方面,设计者又不希望这些文字以粗体显示,这时就可以对<strong>标记使用"font-weight:normal",这样既可以让它恢复为正常的粗细,又不影响语义效果。

> **说明** 这里需要补充说明的是,由于西文字母数量很少,因此对于字母的样式还有很多非常复杂的属性,在 CSS 2 的规范中有很大篇幅的内容是关于字体属性的定义。对于普通的设计师而言,不必研究得太深,把上面介绍的几点了解清楚就足以胜任日常工作了。

10.7 英文字母大小写转换

英文字母大小写转换是 CSS 提供的很实用的功能之一,我们只需要设定英文段落的 text-transform 属性,就能很轻松地实现大小写的转换。

例如下面 3 个文字段落分别可以实现单词的首字母大写、所有字母大写和所有字母小写。

```
p.one{ text-transform:capitalize; }       /* 单词首字大写 */
p.two{ text-transform:uppercase; }        /* 全部大写 */
p.three{ text-transform:lowercase; }      /* 全部小写 */
```

下面继续用上面的网页做一个实验,对#p1 和#p2 两个段落分别设置如下,实例源文件位于本书附带光盘中的"第 10 章\10-04.htm"。

```
#p1{
font-style:italic;
text-transform:capitalize;
}
#p2{
text-transform:lowercase;
}
```

这时的效果如图 10.5 所示。

图 10.5 设置英文单词的大小写形式

可以看出,如果设置"text-transform:capitalize",原来是小写的单词则会变为首字母大小,而对于本来是大写的单词,例如第一段中的单词"UCLA",则仍然保持全部大写。

10.8 控制文字的大小

CSS 中是通过 font-size 属性来控制文字大小的,而该属性的值可以使用很多种长度单位,这在本章的 10.1 节中曾经介绍过。

仍以上面的网页为例子,增加对 font-size 属性的设置,将其设置为 12 像素,代码如下,实例源文件位于本书附带光盘中的"第 10 章\10-05.htm"。

```
p{ font-family: Arial, "Times New Roman";
    font-size:12px;}
```

这时在浏览器中的效果如图 10.6 所示。可以看到,此时两个正文段落中的文字都变小了。

在实际工作中,font-size 属性最经常使用的单位是 px 和 em。1em 表示的长度是字母 m 的标准宽度。

例如,在文字排版时,有时会要求第一个字母比其他字母大很多,并下沉显示,就可以使用这个单位。首先,在上面的 HTML 中,把第 1 段文字的第 1 个字母"A"放入一对<span></span>标记中,并对其设置一个 CSS 类别"#firstLetter"。

图 10.6 设置了正文文字的大小为 12 像素

```
<p id="p1"><span id="firstLetter">A</span> very ……
```

然后设置它的样式,将 font-size 设置为 2em,并使它向左浮动,代码如下:

```
#firstLetter{
    font-size:3em;
    float:left;
    }
```

实例源文件位于本书附带光盘中的"第 10 章\10-06.htm"。这时在浏览器中的效果如图 10.7 所示。此时第 1 段的首字母就变为标准大小的 3 倍,并因设置了向左浮动,而实现了下沉显示。这里使用了还没有介绍的<span>标记和 float 属性,读者暂时不必深究,后面还会详细介绍。

最后还有一种单位,就是使用百分比作为单位。例如,"font-size:200%"表示文字的大小为原来的两倍。

图 10.7 设置段首的字母放大并下沉显示

10.9 文字的装饰效果

在 HTML 文件中,可以使用的<u>标记给文字加下划线,在 CSS 中由 text-decoration 属性为文字加下划线、删除线和顶线等多种装饰效果。

关于 text-decoration 属性的设置值见表 10.3。

表 10.3　　　　　　　　　　text-decoration 属性的设置值

设　置　值	说　　　明
none	正常显示
underline	为文字加下划线
line-through	为文字加删除线
overline	为文字加顶线
blink	文字闪烁，仅部分浏览器支持

这个属性可以同时设置多个属性值，用空格分隔即可。例如，对网页的 h1 标题进行如下设置，实例源文件位于本书附带光盘中的"第 10 章\10-07.htm"。

```
h1{
    font-family:黑体;
    text-decoration: underline overline;
}
```

效果将如图 10.8 所示，可以看到同时出现了下划线和顶划线。

图 10.8　设置文本的装饰效果

10.10　设置段落首行缩进

根据中文的排版习惯，每个正文段落的首行的开始处应该保持两个中文字的空白。请注意，在英文版式中，通常不会这样设置。

在网页中如何实现文本段落的首行缩进呢？在 CSS 中专门有一个 text-indent 属性可以控制段落的首行缩进和缩进的距离。

Text-indent 属性可以各种长度为属性值，为了缩进两个字的距离，最经常用的是"2em"这个距离。例如，对网页的 p2 段落进行如下设置，实例源文件位于本书附带光盘中的"第 10 章\10-08.htm"。

```
#p2{
    text-indent:2em;
}
```

浏览器中的效果将如图 10.9 所示。

可以看到,除首行缩进了相应的距离外,第 2 行以后都紧靠左边对齐显示,因此 text-indent

只设置第 1 行文字的缩进距离。

这里再举一个不太常用的例子，如果希望首行不是缩进，而是凸出一定距离，也称为"悬挂缩进"，又该如何设置呢？请看如下代码，实例源文件位于本书附带光盘中的"第 10 章\10-09.htm"。

```
#p2{
    padding-left:2em;
    text-indent:-2em;
}
```

这时的效果如图 10.10 所示。它的原理是首先通过设置左侧的边界使整个文字段落向右侧移动 2em 的距离，然后将 text-indent 属性设置为"－2em"，这样就会凸出两个字的距离了。关于 padding 属性这里读者只需要了解即可，后面章节会深入讲解。

图 10.9　设置段落中首行文本缩进

图 10.10　设置段落中首行文本悬挂缩进

10.11　设置字词间距

在英文中，文本是由单词构成的，而单词是由字母构成的，因此对于英文文本来说，要控制文本的疏密程度，需要从两个方面考虑，即设置单词内部的字母间距和单词之间的距离。

在 CSS 中，可以通过 letter-spacing 和 word-spacing 这两个属性分别控制字母间距和单词间距。例如下面的代码，实例源文件位于本书附带光盘中的"第 10 章\10-10.htm"。

```
#p1{
    font-style:italic;
    text-transform:capitalize;
    word-spacing:10px;
    letter-spacing:-1px;
}
```

效果将如图 10.11 所示。将上面英文段落的字母间距设置为"－1px"，这样单词的字母就比正常情况更紧密地排列在一起，而如果将单词间距设置为 10 个像素，这样单词之间的距离就大于正常情况了。

图 10.11　设置字词间距

> **注意**　对于中文而言，如果要调整汉字之间的距离，需要设置 letter-spacing 属性，而不是 word-spacing 属性。

135

10.12 设置段落内部的文字行高

如果不使用 CSS，在 HTML 中是无法控制段落中行与行之间的距离的。而在 CSS 中，line-height 正是用于控制行的高度的，通过它就可以调整行与行之间的距离。

关于 line-height 属性的设置值见表 10.4。

表 10.4　　　　　　　　　　　　　line-height 属性的设置值

设　置　值	说　　明
长度	数值，可以使用前面所介绍的尺度单位
倍数	font-size 的设置值的倍数
百分比	相对于 font-size 的百分比

例如设置"line-height:20px"就表示行高为 20 像素，而设置"line-height:1.5"则表示行高为 font-size 的 1.5 倍，或者设置"line-height:130%"则表示行高为 font-size 的 130%。

依然用上面的实例，对第 2 段文字设置如下代码，实例源文件位于本书附带光盘中的"第 10 章\10-11.htm"。

```
#p2{
    line-height:2;
}
```

页面效果如图 10.12 所示。

可以看到第 2 段文字的行与行之间的距离比第 1 段文字要大一些。这里需要注意两点。

（1）如果不设置行高，那么将由浏览器来根据默认的设置决定实际的行高，通常浏览器大约是段落文字的 font-size 的 1.2 倍。

（2）这里设置的行高是图中相邻虚线之间的距离，而文字在每一行中会自动竖直居中显示。

图 10.12　设置段落中的行高

10.13 设置段落之间的距离

上面介绍了如何设置一个段落内部的行与行之间的疏密程度，那么段落之间的距离又怎么控制呢？

这里先做一个实验，为<p>标记增加一条 CSS 样式，目的是给两个段落分别增加 1 像素粗细的红色实线边框，代码如下，实例源文件位于本书附带光盘中的"第 10 章\10-12.htm"。

```
p{
    border:1px red solid;
}
```

这时页面效果如图 10.13 所示，可以清晰地看出两个文本段落之间有一定的空白，这就是段落之间的距离，它由 margin 属性确定。如果没有设置 margin 属性，它将由浏览器默认设置。

因此，如果要调整段落之间的距离，设置 margin 属性即可，margin 称为"外边距"。例如，在<p>标记的 CSS 样式中，进行如下设置。

```
p{
    border:1px red solid;
    margin:5px 0px;
}
```

这里为 margin 设置了两个属性值，前者确定上下距离为 5 像素，后者确定左右距离为 0 像素。这时效果如图 10.14 所示，可以看出段落间距小于原来浏览器默认的距离。

图 10.13　为段落增加边框

图 10.14　调整段落间距后的效果

> **注意**　这里需要特别注意，将 p 段落的上下 margin 设置为 5 像素，那么按理说，在相邻的两个段落之间的距离应该是 5＋5＝10 像素，因为上下两个段落分别存在一个 5 像素的外边距。但是这里的实际距离并不是将上下两个外边距相加获得的，而是取二者中较大的一个，这里都是 5 像素，因此结果就是 5 像素，而不是 10 像素。在本书后面的章节中，还会专门对此进行深入细致的讲解。

10.14　控制文本的水平位置

使用 text-align 属性可以方便地设置文本的水平位置。text-align 属性的设置值见表 10.5。

表 10.5　　　　　　　　　　text-align 属性的设置值

设　置　值	说　　明
left	左对齐，也是浏览器默认的
right	右对齐
center	居中对齐
justify	两端对齐

表中前 3 项都很好理解，这里需要解释的是 justify，即两端对齐这种方式的含义。首先看一下本章前面的各个页面效果，可以看到在左对齐方式下，每一行的右端是不整齐的，而如果希望右端也能整齐，则可以设置"text-align:justify"。

例如，在图 10.15 中显示的是 h1 标题居中对齐，文本段落两端对齐的效果，实例源文件位于本书附带光盘中的"第 10 章\10-13.htm"。

图 10.15　标题居中对齐

10.15 设置文字与背景的颜色

如果读者对颜色的表示方法还不熟悉，或者希望了解各种颜色的具体名称，请参考网页 http://learning.artech.cn/20061130.color-definition.html。

在 CSS 中，除了可以设置文字的颜色，还可以设置背景的颜色。它们二者分别使用属性 color 和 background-color。例如继续设置上面的页面，设置 h1 标题的样式为：

```
h1{
    background:#678;
    color:white;
}
```

将背景色设置为#678，也就是相当于#667788，并将文字颜色设置为白色。实例源文件位于本书附带光盘中的"第 10 章\10-14.htm"。效果如图 10.16 所示。

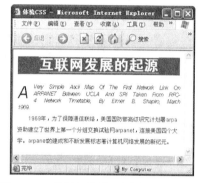

图 10.16　设置标题背景颜色和文字颜色

10.16 设置段落的垂直对齐方式

上面介绍了文字的水平对齐方式，读者自然会想到竖直方向又该如何对齐呢？例如，假设有如图 10.17 所示的页面。左侧方框的高度大于内部的文字的高度，现在希望内部的文字在竖直方向上居中对齐，应该如何设置呢？

在 CSS 中有一个用于竖直方向对齐的属性 vertical-align。在目前的浏览器中，只能对表格单元格中的对象进行竖直方向的对齐设置，而对于一般的块级元素，例如 div 等，都是不起作用的。

也就是说，如果一些文字在一个表格的单元格中，且对该单元格使用 vertical-align:middle，那么该单元格中的内容将以竖直方向居中对齐；而如果文字放在一个 div 中，那么对这个 div 使用 vertical-align:middle 将不会有任何效果。

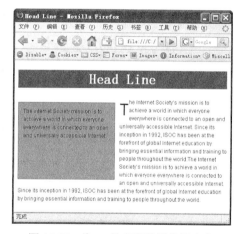

图 10.17　将 p1 的高度设置为固定值

10.16.1 使用 line-height 属性进行设置

如果文字内容只有一行，则可以使用 line-height 与 height 相同的办法使文字竖直居中。例如，假设有如下 HTML 代码：

```
<div class="middle">
    Here is ONE line of text
```

相应的 CSS 设置为：
```
.middle{
    height:100px;
    line-height:100px;
    boeder:1px #666 solid;
}
```
效果如图 10.18 所示，这里将行高设置为与高度相同的值，就可以保证文字竖直居中了。但是对于超过一行的文本，这种方法就无效了，效果将如图 10.19 所示。

图 10.18　单行文字的情况可以正确竖直居中对齐　　图 10.19　两行文字的情况无法正确竖直居中对齐

因此上面的方法不是一个通用的解决方法。这个问题，实际上没有一个非常简单的办法，必须要通过一定的非常规手段才能实现。

10.16.2　更通用的解决方案

具体来说，应该实现如下的目标：
（1）div 容器的高度固定；
（2）内部需要居中对齐的内容高度不固定，例如是服务器动态产生的数据；
（3）不使用表格。

> **说明**　下面的内容应该放在本章讲解，但是里面涉及了很多还没有讲到的内容，因此建议读者先跳过本节，学习完全本书后再回来学习本节内容。

捷克的设计师 Dušan Janovský 和 Aka Yuhů 给出了一个比较完善的解决方案，其中的逻辑比较复杂，需要对不同的浏览器使用不同的代码，然后合并在一起。这里仅给出一个最终的代码，供读者直接使用在自己的网页中。如果读者有兴趣深入研究其中原理，请访问网址 http://www.jakpsatweb.cz/css/css-vertical-center-solution.html。

以下代码引用自 Dušan Janovský 发表在互联网上的文章。

```
<!DOCTYPE html PUBLIC "-//W3C//DTD XHTML 1.0 Transitional//EN"
        "http://www.w3.org/TR/xhtml1/DTD/xhtml1-transitional.dtd">
<html xmlns="http://www.w3.org/1999/xhtml">
<head>
  <title>Universal vertical center with CSS</title>
  <style>
  #outer {height: 100px; overflow: hidden; position: relative;}
  #outer[id] {display: table; position: static;}
```

```
    #middle {position: absolute; top: 50%;} /* for explorer only*/
    #middle[id] {display: table-cell; vertical-align: middle; position: static;}

    #inner {position: relative; top: -50%} /* for explorer only */
    /* optional: #inner[id] {position: static;} */

    .withBorder{
        border:1px green solid;
        }
</style>
</head>

<body>
<div id="outer" class="withBorder">
  <div id="middle">
    <div id="inner">
      any text any height any content,
      everything is vertically centered.
    </div>
  </div>
</div>
</body>
</html>
```

该页面的效果如图 10.20 所示，浏览器窗口宽度变化和文字折行等都不会影响文字的竖直居中效果。

图 10.20　多行文字实现在块级容器中竖直居中

这种方需要使用嵌套的 3 层 div 才可以实现。如果读者需要使用这种方法，只需要将相应的高度换成需要的高度，其余的结构和 CSS 样式都不用修改，直接使用即可。

10.17　本章小结

本章介绍了使用 CSS 设置文本相关的各种样式的方法。实际上读者可以发现，这些属性主要可以分为两类：以 "font-" 开头的属性，例如 font-size、font-family 等都是与字体相关的；而以 "text-" 开头的属性，例如 text-indent、text-align 等都是与文本排版格式相关的属性。此外，就是一些单独的属性了，比如设置颜色的 color 属性、设置行高的 line-height 属性等。根据这个规律，读者就可以更方便地记住这些属性了。

第 11 章
用 CSS 设置图像效果

图片是网页中不可缺少的内容,它能使页面更加丰富多彩,能让人更直观地感受网页所要传达给浏览者的信息。本章将详细介绍 CSS 设置图片风格样式的方法,包括图片的边框、对齐方式和图文混排等,并通过实例综合文字和图片的各种运用。

作为单独的图片本身,它的很多属性可以直接在 HTML 中进行调整,但是通过 CSS 统一管理,不但可以更加精确地调整图片的各种属性,还可以实现很多特殊的效果。本节主要讲解用 CSS 设置图片基本属性的方法,为进一步深入探讨打下基础。

11.1 设置图片边框

在 HTML 中可以直接通过<img>标记的 border 属性值为图片添加边框,属性值为边框的粗细,以像素为单位,从而控制边框的粗细。当设置该值为 0 时,则显示为没有边框。代码如下所示:

```
<img src="img.jpg" border="0">
<img src="img.jpg" border="2">
```

然而使用这种方法存在很大的限制,即所有的边框都只能是黑色,而且风格十分单一,都是实线,只是在边框粗细上能够进行调整。如果希望更换边框的颜色,或者换成虚线边框,仅仅依靠 HTML 都是无法实现的。

11.1.1 基本属性

在 CSS 中可以通过边框属性为图片添加各式各样的边框。border-style 用来定义边框的样式,如虚线、实线或点画线等。

在 CSS 中,一个边框由 3 个要素组成。

(1) border-width(粗细):可以使用各种 CSS 中的长度单位,最常用的是像素。

(2) border-color(颜色):可以使用各种合法的颜色来定义方式。

(3) border-style(线型):可以在一些预先定义好的线型中选择。

对于边框样式各种风格的详细说明,在后面的章节中还会详细介绍,读者可以先自己尝试不同的风格,选择自己喜爱的样式。另外,还可以通过 border-color 定义边框的颜色,通过 border-width 定义边框的粗细。

下面给出一个简单的案例,说明使用 CSS 设置边框的方法。实例源文件请参考本书附带光盘文件"第 11 章/11-01.htm"。

```
<style type="text/css">
.test1{
    border-style:dotted;        /* 点画线 */
    border-color:#996600;       /* 边框颜色 */
    border-width:4px;           /* 边框粗细 */
}
.test2{
    border-style:dashed;        /* 虚线 */
    border-color:blue;          /* 边框颜色 */
    border-width:2px;           /* 边框粗细 */
}
</style>

<body>
<img src="cup.gif" class="test1">
<img src="cup.gif" class="test2">
</body>
```

其显示效果如图 11.1 所示，第 1 幅图片设置的是金黄色、4 像素宽的点画线，第 2 幅图片设置的是蓝色、2 像素宽的虚线。

图 11.1　设置各种图片边框

> **说明**　从本章起，在给出案例代码的时候仅给出 CSS 样式布局和相关的 HTML 代码，每个页面都有相同的固定不变代码（例如 DOCTYPE 等内容）就不再给出了。如果读者对此还不是十分清楚，一方面请仔细阅读本书前面的讲解，把网页的基本代码结构搞清，再继续深入学习；另一方面可以参考本书光盘中的源代码。

> **说明**　这里使用的是类别选择器与前面使用过的 ID 选择器类似，但是二者是有区别的，一个类别选择器定义的样式可以应用于多个网页元素，而 ID 选择器定义的样式仅能应用于一个网页元素。

11.1.2　为不同的边框分别设置样式

上面的设置方法对一个图片的 4 条边框同时产生作用。如果希望分别设置 4 条边框的不同样式，在 CSS 中也是可以实现的。只需要分别设定 border-left、border-right、border-top 和 border-bottom 的样式即可，依次对应于左、右、上、下 4 条变框。

在使用时，依然是每条边框分别设置粗细、颜色和线型这 3 项。例如，设置有边框的颜色，那么相应的属性就是 border-right-color，因此这样的属性共有 4×3＝12 个。

这里给出一个演示实例，源文件请参考本书附带光盘文件"第 11 章/11-02.htm"。

```
<style>
img{
    border-left-style:dotted;          /* 左点画线 */
    border-left-color:#FF9900;         /* 左边框颜色 */
    border-left-width:3px;             /* 左边框粗细 */
    border-right-style:dashed;
    border-right-color:#33CC33;
    border-right-width:2px;
    border-top-style:solid;            /* 上实线 */
    border-top-color:#CC44FF;          /* 上边框颜色 */
    border-top-width:2px;              /* 上边框粗细 */
    border-bottom-style:groove;
    border-bottom-color:#66cc66;
    border-bottom-width:3px;
}
</style>

<body>
    <img src="grape.jpg">
</body>
```

其显示效果如图 11.2 所示，图片的 4 条边框被分别设置了不同的风格样式。

这样将 12 个属性依次设置固然是可以的，但是比较繁琐。事实上在绝大多数情况下，各条边框的样式基本上是相同的，仅有个别样式不一样，这时就可以先进行统一设置，再针对个别的边框属性进行特殊设置。例如下面的设置方法，源文件请参考本书附带光盘文件"第 11 章/11-03.htm"。

```
img{
    border-style:dashed;
    border-width:2px;
    border-color:red;

    border-left-style:solid;
    border-top-width:4px;
    border-right-color:blue;
    }
```

在浏览器中的效果如图 11.3 所示。这个例子先对 4 条边框进行统一的设置，然后分别对上边框的粗细、右边框的颜色和左边框的线型进行特殊设置。

图 11.2　分别设置 4 个边框

图 11.3　边框效果

在使用熟练后，border 属性还可以将各个值写到同一语句中，用空格分离，这样可大大简化 CSS 代码的长度。例如下面的代码：

```
img{
    border-style:dashed;
    border-width:2px;
    border-color:red;
}
```

还有下面的代码：

```
img{
    border:2px red dashed;
}
```

这两段代码是完全等价的，而后者写起来要简单得多，把 3 个属性值依次排列，用空格分隔即可。这种方式适用对边框同时设置属性。

11.2 图片缩放

CSS 控制图片的大小与 HTML 一样，也是通过 width 和 height 两个属性来实现的。所不同的是 CSS 中可以使用更多的值，如上一章中"文字大小"一节提到的相对值和绝对值等。例如当设置 width 的值为 50%时，图片的宽度将调整为父元素宽度的一半，代码如下所示。

```
<html>
<head>
<title>图片缩放</title>
<style>
img.test1{
    width:50%;         /* 相对宽度 */
}
</style>
</head>
<body>
    <img src="pear.jpg" class="test1">
</body>
</html>
```

因为设定的是相对大小（这里即相对于 body 的宽度），所以当拖动浏览器窗口改变其宽度时，图片的大小也会相应地发生变化。

这里需要指出的是，当仅仅设置了图片的 width 属性，而没有设置 height 属性时，图片本身会自动等纵横比例缩放；如果只设定 height 属性，也是一样的道理。只有当同时设定 width 和 height 属性时才会不等比例缩放，代码如下所示。

```
<html>
<head>
<title>不等比例缩放</title>
<style>
img.test1{
    width:70%;         /* 相对宽度 */
```

```
        height:110px;     /* 绝对高度 */
    }
    </style>
    </head>
    <body>
        <img src="cup.jpg" class="test1">
    </body>
    </html>
```

11.3 图文混排

　　Word 中文字与图片有很多排版的方式，在网页中同样可以通过 CSS 设置实现各种图文混排的效果。本节在上一章文字排版和上几节图片对齐等知识的基础上，介绍 CSS 图文混排的具体方法。

11.3.1 文字环绕

　　文字环绕图片的方式在实际页面中的应用非常广泛，如果再配合内容、背景等多种手段便可以实现各种绚丽的效果。在 CSS 中主要是通过给图片设置 float 属性来实现文字环绕的，如下例所示。代码如下，实例文件位于本书附带光盘的"第 11 章\11-04.htm"。

```
<html>
<head>
<title>图文混排</title>
<style type="text/css">
body{
    background-color:#EAECDF;      /* 页面背景颜色 */
    margin:0px;
    padding:0px;
}
img{
    float:right;                    /* 文字环绕图片 */
}
p{
    color:#000000;                  /* 文字颜色 */
    margin:0px;
    padding-top:10px;
    padding-left:5px;
    padding-right:5px;
}
span{
    float:left;                     /* 首字放大 */
    font-size:60px;
    font-family:黑体;
    margin:0px;
    padding-right:5px;
}
```

```
        </style>
    </head>
<body>
        <img src="zcz.jpg" border="0">
        <p><span>祖</span>冲之（公元429年—公元500年）是中国数学家、科学家。南北朝时期人，
字文远。生于未文帝元嘉六年，卒于齐昏侯永元二年。祖籍范阳郡道县（今河北涞水县）。先世迁入江南，祖父
掌管土木建筑，父亲学识渊博。祖冲之从小接受家传的科学知识。青年时进入华林学省，从事学术活动。一生先
后任过南徐州（今镇江市）从事史、公府参军、娄县（今昆山县东北）令、谒者仆射、长水校尉等官职。其主要
贡献在数学、天文历法和机械三方面。在数学方面，他写了《缀术》一书，被收入著名的《算经十书》中，作为
唐代国子监算学课本，可惜后来失传了。《隋书·律历志》留下一小段关于圆周率（π）的记载，祖冲之算出π
的真值在3.1415926（　数）和3.1415927（盈数）之间，相当于精确到小数第7位，成为当时世界上最先进
的成就。这一纪录直到15世纪才由阿拉伯数学家卡西打破。</p>
    </body>
</html>
```

在上面的例子中，对图像使用了"float:right"，使得它在页面右侧，文字对它环绕排版。此外也对第一个"祖"字运用"float:left"，使得文字环绕图片以外，还运用了上一章中的首字放大的方法。可以看到图片环绕与首字放大的方式几乎是完全相同的，只不过对象分别是图片和文字本身，显示效果如图11.4所示。

如果将对img设置float属性为left，图片将会移动至页面的左边，从而文字在右边环绕，如图11.5所示。

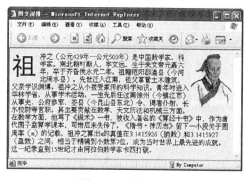
图11.4 文字环绕

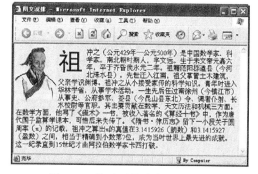
图11.5 修改后的文字环绕效果

可以看到这样的排版方式确实非常灵活，可以给设计师很大的创作空间。

11.3.2 设置图片与文字的间距

在上例中文字紧紧环绕在图片周围。如果希望图片本身与文字有一定的距离，只需要给 <img> 标记添加 margin 或者 padding 属性即可，如下所示。至于 margin 和 padding 属性的详细用法，后面的章节还会深入介绍，它们是 CSS 网页布局的核心属性。

```
img{
    float:right;            /* 文字环绕图片 */
    margin:10px;
}
```

其显示效果如图11.6所示，可以看到文字距离图片明显变远了，如果把 margin 的值设定为负数，那文字将移动到图片上方，读者可以自己试验。

第 11 章 用 CSS 设置图像效果

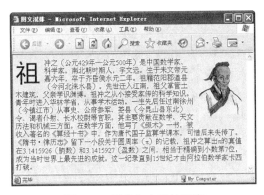

图 11.6　图片与文字的距离

11.4　案例——八大行星科普网页

本节通过具体实例,进一步巩固图文混排方法的使用,并把该方法运用到实际的网站制作中。本例以介绍太阳系的八大行星为题材,充分利用 CSS 图文混排的方法,实现页面的效果。实例的最终效果如图 11.7 所示。实例源文件请参见本书附带光盘的"第 11 章\11-05\11-05.html"。

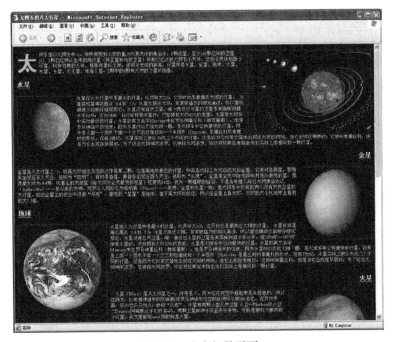

图 11.7　八大行星页面

首先选取一些相关的图片和文字介绍,将总体的描述和图片放在页面的最上端,同样采用首字放大的方法。

```
<img src="baall.jpg" class="pic2">
<p><span class="first">太</span>阳系是以太阳为中心,和所有受到太阳的重力约束天体的集合体:
```

8颗行星、至少165颗已知的卫星、3颗已经辨认出来的矮行星（冥王星和他的卫星）和数以亿计的太阳系小天体。这些小天体包括小行星、柯伊伯带的天体、彗星和星际尘埃。依照至太阳的距离，行星序是水星、金星、地球、火星、木星、土星、天王星和海王星，8颗中的6颗有天然的卫星环绕着。</p>

为整个页面选取一个合适的背景颜色。为了表现广袤的星空，这里用黑色作为整个页面的背景色。然后用图文混排的方式将图片靠右，并适当地调整文字与图片的距离，将正文文字设置为白色。CSS部分的代码如下所示。

```css
body{
    background-color:black;        /* 页面背景色 */
}
p{
    font-size:13px;                /* 段落文字大小 */
    color:white;
}
img{
    border:1px #999 dashed;        /* 图片边框 */
}
span.first{                        /* 首字放大 */
    font-size:60px;
    font-family:黑体;
    float:left;
    font-weight:bold;
    color:#CCC;                    /* 首字颜色 */
}
```

此时的显示效果如图11.8示。

图11.8　首字放大并图片靠右

考虑到"八大行星"的具体排版，这里采用一左一右的方式，并且全部应用图文混排。因此图文混排的CSS分左右两段，分别定义为img.pic1和img.pic2。.pic1和.pic2都采用图文混排，不同之处在于一个用于图片在左侧的情况，另一个用于图片在右侧的情况，这样交替使用。具体代码如下：

```css
img.pic1{
    float:left;                    /* 左侧图片混排 */
    margin-right:10px;             /* 图片右端与文字的距离 */
```

```
        margin-bottom:5px;
    }
    img.pic2{
        float:right;                    /* 右侧图片混排 */
        margin-left:10px;               /* 图片左端与文字的距离 */
        margin-bottom:5px;
    }
```

当图片分别处于左右两边后,正文的文字并不需要做太大的调整,而每一小段的标题则需要根据图片的位置做相应的变化。因此八大行星名称的小标题也需要定义两个 CSS 标记,分别为 p.title1 和 p.title2,而段落正文不用区分左右,定义为 p.content。具体代码如下:

```
    p.title1{                           /* 左侧标题 */
        text-decoration:underline;      /* 下划线 */
        font-size:18px;
        font-weight:bold;               /* 粗体*/
        text-align:left;                /* 左对齐 */
    }
    p.title2{                           /* 右侧标题 */
        text-decoration:underline;
        font-size:18px;
        font-weight:bold;
        text-align:right;
    }
    p.content{                          /* 正文内容 */
        line-height:1.2em;              /* 正文行间距 */
        margin:0px;
    }
```

从代码中可以看到,两段标题代码的主要不同之处就在于文字的对齐方式。当图片使用 img.pic1 而位于左侧时,标题则使用 p.title1,并且也在左侧。同样的道理,当图片使用 img.pic2 而位于右侧时,标题则使用 p.title2,并且也移动到右侧。

对于整个页面中 HTML 分别介绍八大行星的部分,文字和图片都一一交错地使用两种不同的对齐和混排方式,即分别采用两组不同的 CSS 类型标记,达到一左一右的显示效果,HTML 部分的代码如下所示。

```
    ……
        <p class="title1">水星</p>
        <img src="ba1.jpg" class="pic1">
        <p class="content">
    水星在八大行星中是最小的行星,比月球大 1/3,它同时也是最靠近太阳的行星。 水星目视星等范围从 0.4 到 5.5;水星太接近太阳,常常被猛烈的阳光淹没,所以望远镜很少能够仔细观察它。水星没有自然卫星。唯一靠近过水星的卫星是美国探测器水手 10 号,在 1974 年—1975 年探索水星时,只拍摄到大约 45%的表面。水星是太阳系中运动最快的行星。……</p>

        <p class="title2">金星</p>
        <img src="ba2.jpg" class="pic2">
        <p class="content">金星是八大行星之一,按离太阳由近及远的次序是第二颗。它是离地球最近的行星。中国古代称之为太白或太白金星。它有时是晨星,黎明前出现在东方天空,被称为"启明";有时是昏
```

星，黄昏后出现在西方天空，被称为"长庚"。……</p>
    ……

通过图文混排后，文字能够很好地使用空间，就像在 Word 中使用图文混排一样，十分方便且美观。本例中间部分的截图如图 11.9 所示，充分体现出 CSS 图文混排的效果和作用。

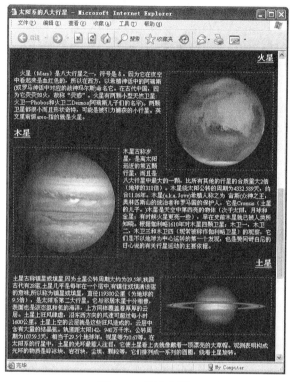

图 11.9 图文混排

最终的所有代码这里不再罗列，读者可参考光盘中的"第 11 章\11-05\11-05.html"文件。本例主要通过图文混排的技巧，合理地将文字和图片融为一体，并结合上一章设置文字的各种方法，实现了常见的介绍性页面。这种方法在实际运用中使用很广，读者可以参考这种方法来设计自己的页面。

11.5 设置图片与文字的对齐方式

当图片与文字同时出现在页面上的时候，图片的对齐方式就显得很重要了。如何能够合理地将图片对齐到理想的位置，成为页面是否整体协调、统一的重要因素。本节从图片水平对齐和竖直对齐两方面出发，分别介绍 CSS 设置图片对齐方式的方法。

11.5.1 横向对齐方式

图片水平对齐的方式与上一章中文字水平对齐的方式基本相同，分为左、中、右 3 种。不同的是图片的水平对齐通常不能直接通过设置图片的 text-align 属性，而是通过设置其父元素的该属性来实现的，如下例所示。实例源文件请参见本书附带光盘的"第 11 章\11-06.htm"，代码如下。

```
<html>
<head>
<title>水平对齐</title>
</head>
<body>
<table width="100%" border="1">
    <p style="text-align:left;"><img src="cup.gif"></p>
    <p style="text-align:center;"><img src="cup.gif"></p>
    <p style="text-align:right;"><img src="cup.gif"></p>
</table>
</body>
</html>
```

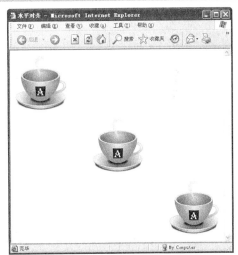

图 11.10　水平对齐

其显示效果如图 11.10 所示，可以看到图片在段落中分别以左、中、右的方式对齐。而如果直接在图片上面设置水平对齐方式，则达不到想要的效果，读者可以自己试验一下。

对文本段落设置它的 text-align 属性，目的是确定该段落中的内容在水平方向如何对齐，可以看到，它不仅对普通的文本起作用，也会对图像起到相同的作用。

11.5.2　纵向对齐方式

图片竖直方向上的对齐方式主要体现在与文字搭配的情况下，尤其当图片的高度与文字本身不一致时。在 CSS 中同样是通过 vertical-align 属性来实现各种效果的。实际上这个属性是一个比较复杂的属性，下面选择一些重点的内容进行讲解。

首先，如果有如下代码：

```
<p><img src="demo.jpg">lpsum </p>
```

这是没有进行任何设置时的默认效果，如图 11.11 所示。

从图中可能看不出这个方形图像和旁边的文字是如何对齐的，这时如果在图中画出一条横线，就可以看得很清楚了，如图 11.12 所示。

图 11.11　默认的纵向对齐方式　　　　图 11.12　图像与文字基线对齐

可以看到，大多数英文字母的下端是在同一水平线上的。而对于 p、j 等个别字母，它们的最下端低于这条水平线，这条水平线称为"基线"（baseline），同一行中的英文字母都以此为基准进行排列。

由此可以得出结论,在默认情况下,行内的图像的最下端,将与同行的文字的基线对齐。要改变这种对齐方式,需要使用 vertical-align 属性。例如将上面的代码修改为:

```
<p><img src="demo.jpg" style="vertical-align:text-bottom;">lpsum </p>
```

这时的效果如图 11.13 所示,可以看到,如果将 vertical-align 属性设置为 text-bottom,则图像的下端将不再按照默认的方式与基线对齐,而是与文字的最下端所在水平线对齐。

此外,还可以将 vertical-align 属性设置为 text-top,则图像的下端将与文字的最上端所在水平线对齐,如图 11.14 所示。

图 11.13　图像与文字底端对齐　　　　　图 11.14　图像与文字顶端对齐

此外,最经常用到应该是如何居中对齐。这时可以将 vertical-align 属性设置为 middle。这个属性值的严格定义是,图像的下端与文字的基线加上文字高度的一半所在水平线对齐。效果如图 11.15 所示。

上面介绍了 4 种对齐方式——基线、文字顶端、文字底端、居中。事实上,vertical-align 属性还可以设置其它的很多种属性值,这里就不再一一介绍。

图 11.15　图像与文字中间对齐

另外特别指出的有以下 3 点。

(1) 当图像(或其他对象)放在表格的一个单元格中,该属性的表现与放置在其他的容器中(例如上面的文本段落)的表现是不一样的,需要特别注意。

(2) 上面介绍的是 CSS 规范中的定义,然而需要指出的是 vertical-align 属性在 IE 与 Firefox 浏览器中的显示结果在某些值上还略有区别。这里举一个例子说明。实例源文件请参见本书附带光盘的"第 11 章\11-07.htm",代码如下。

```
<html>
<head>
<title>竖直对齐</title>
<style type="text/css">
p{ font-size:15px;
border:1px red solid;}
img{ border: 1px solid #000055; }
</style>
  </head>
<body>
   <p> 竖 直 对 齐 <img  src="donkey.jpg"  style="vertical-align:baseline;"> 方式:baseline<img src="miki.jpg" style="vertical-align:baseline;">方式</p>
     <p> 竖直对齐 <img src="donkey.jpg" style="vertical-align:top">方式:top<img src="miki.jpg" style="vertical-align:top">方式</p>
        <p> 竖 直 对 齐 <img  src="donkey.jpg"  style="vertical-align:middle;"> 方式:middle<img src="miki.jpg" style="vertical-align:middle;">方式</p>
          <p> 竖 直 对 齐 <img  src="donkey.jpg"  style="vertical-align:bottom;"> 方式:bottom<img src="miki.jpg" style="vertical-align:bottom;">方式</p>
```

```
        <p>竖直对齐<img src="donkey.jpg" style="vertical-align:text-bottom;">方
式:text-bottom<img src="miki.jpg" style="vertical-align:text-bottom;">方式</p>
        <p>竖直对齐<img src="donkey.jpg" style="vertical-align:text-top;">方
式:text-top<img src="miki.jpg" style="vertical-align:text-top;">方式</p>
        <p>竖直对齐<img src="donkey.jpg" style="vertical-align:sub;">方式:sub<img
src="miki.jpg" style="vertical-align:sub;">方式</p>
        <p>竖直对齐<img src="donkey.jpg" style="vertical-align:super;">方式:super<img
src="miki.jpg" style="vertical-align:super;">方式</p>
    </body>
</html>
```

在 IE 与 Firefox 中的显示效果分别如图 11.16 左图和右图所示。其中图片 donkey.jpg 的高度比文字大，而 miki.jpg 的高度则小于文字的高度（15px）。这里每一个文本段落设置了 1 像素的边框，使读者可以更清楚地了解图像和文字的相对位置。

图 11.16 竖直对齐方式

当 vertical-align 的值为 baseline 时（默认效果），两幅图片的下端都落在文字的基线上，即如果给文字添加了下划线，就是下划线的位置。对于其他的值，都能从显示结果和值本身的名称直观地得到结果，这里就不一一介绍了，具体还需要通过实际的制作，才能真正用好。

从图 11.16 的显示结果来看，在有些情况下，IE 与 Firefox 的显示结果是不一样的，建议尽量少使用浏览器间显示效果不一样的属性值。

（3）图片的竖直对齐也可以用具体的数值来调整，正数和负数都可以使用。例如下面这个实例。实例源文件请参见本书附带光盘的"第 11 章\11-08.htm"，代码如下。

```
<html>
<head>
<title>竖直对齐,具体数值</title>
<style type="text/css">
```

```
p{ font-size:15px; }
img{ border: 1px solid #000055; }
</style>
</head>
<body>
    <p>竖直对齐<img src="donkey.jpg" style="vertical-align:5px;">方式：5px</p>
    <p>竖直对齐<img src="miki.jpg" style="vertical-align:-10px;">方式：-10px</p>
</body>
</html>
```

其显示效果如图 11.17 所示，图片在竖直方向上，以基线为基准，上移（正值）或下移（负值）一定的距离。注意这里无论图片本身的高度是多少，均以图像底部为准。

图 11.17　具体数值

11.6　本章小结

在本章中介绍了关于使用图像的一些相关设置方法。可以看到，使用 CSS 对图像进行设置，无论是边框的样式、与周围文字的间隔，还是与旁边文字的对齐方式等因素，都可以做到非常精确、灵活地设置，这都是使用 HTML 中<img>标记的属性所无法实现的。

第 12 章
用 CSS 设置背景颜色与图像

在 HTML 部分中已经对如何设置网页的背景颜色以及如何把图片设置为网页的背景做了详细的介绍。在本章,首先要介绍颜色的多种设置方法,接着向大家介绍如何设置网页和文字的背景颜色,以及多种背景图片样式的设置方法。通过本章的学习,读者可以更加灵活地进行网页和网页元素的背景设置。

12.1 设置背景颜色

在 HTML 中,设置网页的背景颜色利用的是 <body> 标记中的 bgcolor 属性,而在 CSS 中不但可以设置网页的背景颜色,还可以设置文字的背景颜色。

在 CSS 中,网页元素的背景颜色使用 background-color 属性来设置,属性值为某种颜色。颜色值的表示方法和前面介绍的文字颜色设置方法相同。

下面举一个实际的案例来讲解设置方法。把前面第 11 章中的 11-01.htm 文件复制为 13-01.htm 作为本章案例的基础,其初始效果如图 12.1 所示。

其核心代码仅包括一个 h1 标题和两个文本段落,代码如下所示。源文件请参考本书光盘 "第 12 章/12-01.htm"。

图 12.1 网页的初始效果

```
<body>
<h1>互联网发展的起源</h1>
    <p id="p1">A very simple ascii map of the first network link on ARPANET between UCLA and SRI taken from RFC-4 Network Timetable, by Elmer B. Shapiro, March 19613.</p>
    <p id="p2">1969 年,为了保障通信联络,美国国防部高级研究计划署 ARPA 资助建立了世界上第一个分组交换试验网 ARPANET,连接美国四个大学。ARPANET 的建成和不断发展标志着计算机网络发展的新纪元。</p>
</body>
```

下面将标题设置为蓝色背景加白色文字的效果。CSS 样式部分代码为:

```
<style type="text/css">
h1{
    font-family:黑体;
    color:white;
    background-color:blue;
    }
```

```
</style>
```

这时效果如图 12.2 所示，源代码请参考本书光盘"第 12 章/12-02.htm"。

代码中 color 属性用于设置标题文字的颜色，background-color 用于设置标题背景的颜色。background-color 属性可以用于各种网页元素。如果要给整个页面设置背景色，只需要对<body>标记设置该属性即可，例如：

```
body{
    background-color:#0FC;
}
```

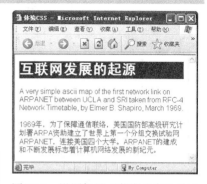

图 12.2　设置标题"蓝底白字"效果

注意，在 CSS 中可以使用 3 个字母的颜色表达方式，例如#0FC 就等价于#00FFCC，这种 3 个字母的表示方法在 HTML 中是不允许的，仅能够用在 CSS 中。

12.2　设置背景图像

背景不仅可以设置为某种颜色，CSS 中还可以用图像作为网页元素的背景，而且用途极为广泛。本书后面的章节中，读者将经常看到使用背景图像的案例。

设置背景图像，使用 background-image 属性实现。仍然以上面的实例为基础，在 CSS 样式部分，增加如下样式代码。

```
body{
    background-image:url(bg.gif);
}
```

然后准备一个图像文件，这个图片中有 4 条斜线，如图 12.3 所示。这里的这个图像的长和宽都是 10 像素。读者也可以自己随意准备一个图像。

这时页面效果如图 12.4 所示，可以看到背景图像会铺满整个页面的背景，也就是说，用这种方式设置背景图像以后，图像会自动沿着水平和竖直两个方向平铺。

图 12.3　准备一个背景图像　　　　图 12.4　页面的 body 元素设置了背景图像后的效果

为了使页面上的文字不至于和背景混在一起，可以把<p>标记的背景色设置为白色，这时的效果如图 12.5 所示。

其他元素也同样可以使用背景图像，例如将实例中的<h1>标记的背景由原来的背景色改为使用图像作为背景，效果如图 12.6 所示。

图 12.5　将正文段落的背景设置为白色　　　　图 12.6　h1 标题使用背景图像的效果

本案例最终的效果请参见本书光盘中的"第 12 章/12-03.htm"。

12.3　设置背景图像平铺

在默认情况下，图像会自动向水平和竖直两个方向平铺。如果不希望平铺，或者只希望沿着一个方向平铺，可以使用 background-repeat 属性来控制。该属性可以设置为以下 4 种之一。

- repeat：沿水平和竖直两个方向平铺，这也是默认值。
- no-repeat：不平铺，即只显示一次。
- repeat-x：只沿水平方向平铺。
- repeat-y：只沿竖直方向平铺。

例如首先准备一个如图 12.7 所示的图像。

然后，对 body 元素设置如下 CSS 样式，并去除刚才对 h1 标题的背景图像设置。

图 12.7　渐变色构成的背景图像

```
body{
    background-image:url(bg-grad.gif);
}
```

这时的效果如图 12.8 所示，可以看到，背景图像沿着竖直和水平方向平铺。

这时将上面的代码改为：

```
body{
    background-image:url(bg-g.jpg);
    background-repeat:repeat-x;
}
```

这时背景图像只沿着水平方向平铺，效果如图 12.9 所示。

在 CSS 中还可以同时设置背景图像和背景颜色，这样背景图像覆盖的地方就显示背景图像，背景图像没有覆盖到地方就按照设置的背景颜色显示。例如，在上面的 body 元素 CSS 设置中，代码修改为：

图 12.8　设置背景颜色后的效果

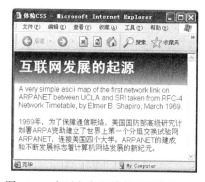
图 12.9　水平方向平铺背景图像的效果

```
body{
    background-image:url(bg-g.jpg);
    background-repeat:repeat-x;
    background-color:#D2D2D2;
}
```

这时效果如图 12.10 所示，顶部的渐变色是通过背景图像制作出来的，而下面的灰色则是通过背景颜色设置的。读者可以参考本书光盘中的"第 12 章/12-04.htm"文件。

这里还使用了一个非常巧妙的技巧，可以看到图 12.20 中的背景色过渡非常自然，在渐变色和下面的灰色之间，并没有一个明显的边界，这是因为背景颜色正好设置为背景图像中最下面一排像素的颜色，这样可以制作出非常自然的渐变色背景。可以保证，无论页面多高，颜色都可以一直延伸到页面最下端。

图 12.10　同时设置背景图像和背景颜色

如图 12.11 所示的就是一个使用了这种技巧的非常精致的网页。读者可以访问该网页，查看详情 http://www.csszengarden.com/?cssfile=095/095.css。

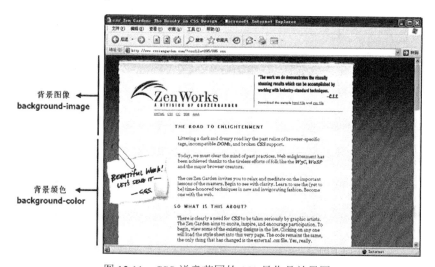
图 12.11　CSS 禅意花园的 158 号作品效果图

其上部使用一个水平方向平铺的图像背景，下面则是整体一致的背景颜色，如图 12.12 所示。

图 12.12　隐藏页面其他内容后的效果

就如同 font、border 等属性在 CSS 中可以简写一样，背景样式的 CSS 属性也可以简写。例如下面这段样式，使用了 3 条 CSS 规则。

```
body{
    background-image:url(bg-grad.gif);
    background-repeat:repeat-x;
    background-color:#3399FF;
}
```

它完全等价于如下这条 CSS 规则。

```
body{
    background: #3399FF url(bg-grad.gif) repeat-x;
}
```

注意属性之间用空格分隔。

12.4　设置背景图像位置

下面来研究背景图像的位置，假设将网页的 body 元素设置如下 CSS 样式。

```
body{
    background-image:url(cup.gif);
    background-repeat:no-repeat;
}
```

这时效果如图所示，可以看到，背景图像设置为不平铺，这里这个图像是整个页面的背景图像，因此在默认情况下，背景图像将显示在元素的左上角。

如果希望背景图像出现在右下角或其他位置，又该如何设置呢？这需要用到另一个 CSS 属性——background-position。假设将上面的代码修改为：

```
body{
    background-image:url(cup.gif);
    background-repeat:no-repeat;
    background-position:right bottom;
}
```

这时效果如图 12.13 所示。读者可以参考本书光盘中的"第 12 章/12-05.htm"文件。

159

即在 background-position 属性中，设置两个值：

（1）第 1 个值用于设定水平方向的位置，可以选择 "left"（左）、"center"（中）或 "right"（右）之一；

（2）第 2 个值用于设定竖直方向的位置，可以选择 "top"（上）、"center"（中）或 "bottom"（下）之一。

此外，还可以使用具体的数值来精确地确定背景图像的位置，例如将上面的代码修改为：

```
body{
    background-image:url(cup.gif);
    background-repeat:no-repeat;
    background-position:200px 100px;
}
```

这时效果如图 12.14 所示，图像距离上边缘为 100 像素，距离左边缘为 200 像素。读者可以参考本书光盘中的 "第 12 章/12-06.htm" 文件。

图 12.13　将背景图像放在右下角

图 12.14　用数值设置背景图像的位置

最后要说明的是，采用数值的方式，除了使用百分比作为单位，用各种长度单位都是类似的。使用百分比作为单位，则是特殊的计算方法了。例如将上面的代码修改为：

```
body{
    background-image:url(cup.gif);
    background-repeat:no-repeat;
    background-position:30% 60%;
}
```

这里前面的 30%表示在水平方向上，背景图像的水平 30%的位置与整个元素（这里是 body）水平 30%的位置对齐，如图 12.15 所示。竖直方向与此类似。读者可以参考本书光盘中的 "第 12 章/12-07.htm" 文件。

这里总结一下 background-position 属性的设置方法。background-position 属性的设置是非常灵活的，可使用长度直接设置，相关的设置值见表 12.1。

表 12.1　　　　　　　　background-position 属性的长度设置值

设　置　值	说　　明
X（数值）	设置网页的横向位置，其单位可以是所有尺度单位
Y（数值）	设置网页的纵向位置，其单位可以是所有尺度单位

第 12 章 用 CSS 设置背景颜色与图像

图 12.15　用百分比设置背景图像的位置

也可以使用百分比来设置，相关设置值见表 12.2。

表 12.2　　　　　　　　background-position 属性的百分比设置值

设 置 值	说 明
0% 0%	左上位置
50% 0%	靠上居中位置
100% 0%	右上位置
0% 50%	靠左居中位置
50% 50%	正中位置
100% 50%	靠右居中位置
0% 100%	左下位置
50% 100%	靠下居中位置
100% 100%	右下位置

也可以使用关键字来设置，相关设置值见表 12.3。

表 12.3　　　　　　　　background-position 属性的关键字设置值

设 置 值	说 明
top left	左上位置
top center	靠上居中位置
top right	右上位置
left center	靠左居中位置
center center	正中位置

续表

设　置　值	说　明
right center	靠右居中位置
bottom left	左下位置
bottom center	靠下居中位置
bottom right	右下位置

background-position 属性都可以设置以上的设置值，同时也可以混合设置，如"background-position：200px 50%"。只要横向值和纵向值以空格隔开即可。

12.5 设置背景图片位置固定

在网页上设置背景图片时，随着滚动条的移动，背景图片也会跟着一起移动，例如图 12.16 所示，拖动滚动条时，背景图像会一起运动。

图 12.16　背景图像会随页面一起移动

使用 CSS 的 background-attachment 属性可以把背景图像设置成固定不变的效果，使背景图像固定，而不跟随网页内容一起滚动。首先把上面的代码修改为：

```
body{
    background-image:url(cup.gif);
    background-repeat:no-repeat;
    background-position:30% 60%;
    background-attachment:fixed;
}
```

这时效果如图 12.17 所示，可以看到拖动浏览器的滚动条，虽然网页的内容移动了，但是背景图像的位置固定不变。读者可以参考本书光盘中的"第 12 章/12-08.htm"文件。

图 12.17 将背景图像固定在浏览器窗口中

12.6 设置标题的图像替换

前面关于文字样式中曾经谈到，由于文字的显示字体依赖于访问者的计算机系统情况，因此如果在使用字体的时候要特别谨慎，防止使用了大多数人都没有的字体。而这给网页设计带来了很大限制。特别是对于中文网页的设计，因为英文字母数量很少，所以一般的计算机操作系统中都配置有大量英文字库，字体很丰富，而中文汉字数量很大，每一种字体的字库文件大小都远远大于英文字库文件，这就导致在一般人的计算机上的中文字体非常有限，仅有很基本的宋体、黑体等几种字体。

对于正文，通常在几种基本的字体中选择。对于标题文字，如果仍然只能使用这几种最基本的字体，对于网页美观性就会非常不利。因此，很多网页通常使用图像代替文本的方法来设置标题。

为了美观性的要求，需要使用图像来代替文本，然而从另外的角度考虑，例如，为了便于搜索引擎理解和收录网页，以及为了以后维护的考虑，把图像直接以<img>标记的方式嵌入到网页中，也不是一个好办法。

因此，一些 CSS 设计师发明了"图像替换"的方法来解决这个问题。其核心思想是在 HTML 中，文字仍以文本形式存在，便于维持页面的内容和结构完整性，然后通过 CSS 使文字不显示在页面上，而将图片以背景图像的形式出现，这样访问者看到的就是美观的图像了。

如图 12.18 所示的网页中，可以看到用文本是无法制作这样的标题效果的，只有用图像才能产生这样的效果。

其中的每一个 h3 标题，都对应一个图像文件，如图 12.19 所示。

下面就来实际演示一下图像替换的具体方法。依然以前面制作的如图 12.20 所示的页面为例，在原来的页面中 h1 标题文字使用的是普通的黑体字，现在要将这个标题做得更"花哨"一些。

现在的任务是，通过使用图像替换的方法，使标题看起来更美观，而且不依赖于访问者的字体文件。

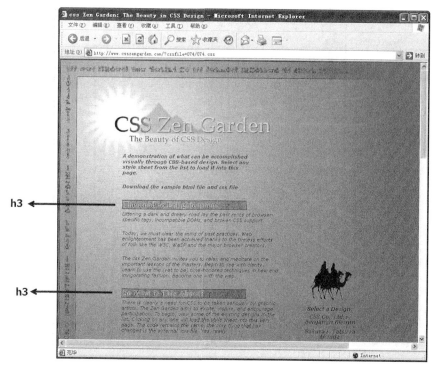

图 12.18　"CSS 禅意花园"的 198 号作品

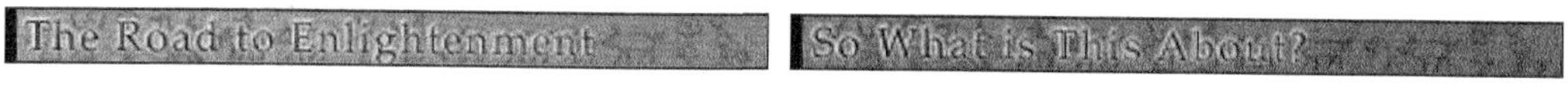

图 12.19　标题对应的图像

首先准备标题图像，基于刚才的渐变色的背景，制作如图 12.21 所示的图像。这个图像中文字使用的是"琥珀体"，这显然是大多数浏览者计算机中没有的字体，而且利用图像软件增加了阴影和光照效果，看起来更有立体感。

图 12.20　文字标题效果

图 12.21　制作一个标题背景图像

接着设置 h1 的 CSS 属性，将上面制作好的图像作为 h1 的背景图像，设置为不平铺，并给出高度 60 像素。

```
h1{ height:40px;
```

```
background-image:url(h1.jpg);
background-repeat:no-repeat;
background-position:center;
}
```

这时的效果如图 12.22 所示，可以看到标题文字的下面已经出现了背景图像，读者可以参考本书光盘中的"第 12 章/12-09.htm"文件。

标题文字和图像同时存在显然是不可以的，因此下一步的任务就是使文字隐藏起来，使访问者仅看到图像。

这里要用到暂时还没有讲的 CSS 技术，后面会详细介绍，这里直接使用这个技术，作为预习。首先在 HTML 代码中，在 h1 标题内部加入一对<span></span>标记，代码如下。

```
<h1><span>Head Line</span></h1>
```

<span>标记的作用是划定一定的范围，然后通过它可以设定 CSS 样式。接下来，将 span 元素通过 CSS 的 display 属性设置为不显示，目的是把原来文本显示的文字隐藏起来。

```
span{
    display:none;
}
```

这时效果如图 12.23 所示。读者可以参考本书光盘中的"第 12 章/12-10.htm"文件。

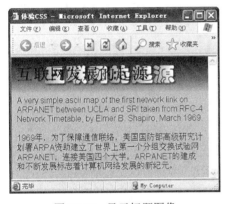
图 12.22　显示标题图像

图 12.23　图像替换的最终效果

这时可以看到原先的文字已经由图像代替了。这里使用的这种图像替换方法称为"FIR"（Fahrner Image Replacement）法，是由美国设计师 Todd Fahrner 和英国设计师 C.Z.Robertson 开创的。这是最早也是最容易理解的一种方法。

> **注意**　希望读者充分理解为什么要对标题文字即进行图像替换，最核心的作用就是在 HTML 代码中仍然保留文字信息，这样对于网页的维护和结构完整都有很大的帮助，同时对搜索引擎的优化也有很大的意义，可以使网页更好地被 Google 或百度这样的搜索引擎理解和收录，从而使网页在搜索引擎中有更好的排名。

> **注意**　需要补充说明的一点是，如果读者认真思考一下这个案例的代码，会发现一个问题，这里为了隐藏原来的标题文字，把网页上的<span>标记设置为不可见了，使用的代码是：
> ```
> span{
>     display:none;
> }
> ```

这样做的结果是，网页上所有的<span>标记中的内容都变为不可见了。那么如果希望网页中其他部分的<span>标记不受影响，仅仅是<h1>标记内部的<span>标记不可见，应该怎么办呢？方法是把代码修改为：

```
h1 span{
    display:none;
}
```

这种方式的选择器在前面的介绍没有出现过，它称为"后代选择器"，也就是说两个标记之间用空格隔开，表示只有在前者内部的相应元素才被选中。例如这里，只有<h1>标记内部的<span>标记才会被选中，也就是被隐藏起来，而其他位置的<span>标记，仍旧保持不变。

事实上，文字的"图像替换"方法还有很多，读者如果有兴趣，可以到互联网上寻找更多的相关学习资料，在这里就不再进一步深入了。关键的一点是希望读者通过本章的例子更好地理解 CSS 的基本原理。

12.7 使用滑动门技术的标题

滑动门技术是一个非常实用的 CSS 技术。例如在同一个网页中，可能需要显示多个 h3 标题，而这些标题的宽度各不相同，但是具有相同的风格，如图 12.24 所示，每个标题都有背景图像，而且图像的左右两侧有各自的花纹。本节案例的最终效果请参考本书光盘中的"第 12 章/12-11.htm"文件。

对于这样的标题，如果标题的宽度是固定的，实现起来就很简单，可以制作一个固定的背景图像作为<h3>标记的 background-image 即可。

如果标题宽度不固定，需要变化宽度，而同时要保证花纹在左右两端，情况就会复杂一些，需要使用一种

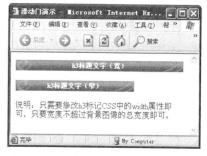

图 12.24 可以变化宽度而保持两端花纹的标题效果

称为"滑动门"（Slide Door）的技术。图 12.24 所示的效果就是通过滑动门技术来实现的。所谓"滑动门"，就是两个嵌套的元素，各自使用一个背景图像，二者中间部分重叠，两端不重叠，这样左右两端的花纹就可以都被显示出来，中间部分的宽度可以自动适应，因此宽度变化时依然可以保证左右两端的图案不变。"滑动门"这个名称很形象地描述了这种方法的本质，两个图像就像两扇门，二者可以滑动，当宽度小的时候就多重叠一些，宽度大的时候就少重叠一些。

下面介绍具体的制作方法。首先，为了"挂上"两个背景图像，需要两个 HTML 元素，因此在<h3>标记中间再嵌套一层<span>标记。

```
<h3><span>h3 标题文字（宽）</span></h3>
<h3><span>h3 标题文字（窄）</span></h3>
```

然后，分别对<h3>和<span>的 CSS 样式进行如下设置。

```
h3{
    font-size:13px;
    line-height:21px;
    text-align:center;
```

```
    background-image:url(bg.gif);
    background-repeat:no-repeat;
    padding-left:40px;
}

span{
    display:block;
    padding-right:40px;
    background-image:url(bg.gif);
    background-repeat:no-repeat;
    background-position:right;
}
```

可以看到，实际上二者用的是同一个背景图像，这个背景图像如图 12.25 所示。这样做的好处就是页面上多个宽窄不同的标题都可以用这一个背景图像，从而不但方便了编写网页代码，而且还减小了文件的大小，提高网页的下载速度。

图 12.25　背景图像

现在还没有两个 h3 标题设置各自的宽度，因此需要分别为这设置一个类别，然后设定各自的宽度。HTML 代码如下：

```
<h3 class="wide"><span>h3 标题文字（宽）</span></h3>
<h3 class="narrow"><span>h3 标题文字（窄）</span></h3>
```

CSS 代码如下：

```
.wide{
    width:300px;   /*修改这个数值，即可改变宽度，可以保持两端的花纹*/
}
.narrow{
    width:200px;   /*修改这个数值，即可改变宽度，可以保持两端的花纹*/
}
```

这样就实现了最终的效果。其中关键的要点是，由于 span 元素在 h3 元素里面，因此 span 的背景图像在 h3 的背景图像的上面。h3 通过设置左侧的 padding 露出左端的花纹。而 span 通过 background-position 属性，从右边开始显示背景图像，这样就可以露出背景图像的右端了。

> **注意**　使用滑动门时，需要考虑背景图形的宽度。因为如果标题的宽度太宽，就会出现如图 12.26 所示的错误效果，也会增加图像文件的大小，影响下载的效率。因此，在准备背景图像的时候要计算好，确保宽度合适。

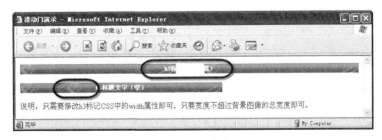

图 12.26　标题宽度过大

12.8 本章小结

在上一章中,讲解了图像的设置方法,其中的图像都是以<img>标记插入页面的,而本章主要介绍的内容则是以背景图像形式出现的图像。两者的作用和用法都有所不同,希望读者体会并了解它们各自适合于什么情况。本章中需要重点理解背景的设置方法,包括背景颜色和背景图像,特别是背景图像的具体属性,包括位置、平铺等内容。

第 3 部分
CSS 高级篇

第 13 章
CSS 盒子模型
第 14 章
盒子的浮动与定位
第 15 章
用 CSS 设置表格样式
第 16 章
用 CSS 设置链接与导航菜单
第 17 章
用 CSS 建立表单
第 18 章
网页样式综合案例——灵活的电子相册

第 13 章
CSS 盒子模型

盒子模型是 CSS 控制页面时一个很重要的概念。只有很好地掌握了盒子模型以及其中每个元素的用法，才能真正地控制好页面中的各个元素。本章主要介绍盒子模型的基本概念，并讲解 CSS 定位的基本方法。

所有页面中的元素都可以看成是一个盒子，占据着一定的页面空间。一般来说这些被占据的空间往往都要比单纯的内容大。换句话说，可以通过调整盒子的边框和距离等参数，来调节盒子的位置和大小。

一个页面由很多这样的盒子组成，这些盒子之间会互相影响，因此掌握盒子模型需要从两方面来理解。一是理解一个孤立的盒子的内部结构；二是理解多个盒子之间的相互关系。

在本章中首先讲解独立的盒子相关的性质，然后介绍在普通情况下盒子的排列关系。在下一章中，将更深入地讲解浮动和定位的相关内容。

13.1 "盒子"与"模型"的概念探究

在学习盒子模型之前，先来看一个例子。假设在墙上整齐地排列着 4 幅画，如图 13.1 所示。对于每幅画来说，都有一个"边框"，在英文中称为"border"；每个画框中，画和边框通常都会有一定的距离，这个距离称为"内边距"，在英文中称为"padding"；各幅画之间通常也不会紧贴着，它们之间的距离称为"外边距"，在英文中称为"margin"。

这种形式实际上存在于我们生活中的各个地方，如电视机、显示器和窗户等，都是这样的。因此，padding-border-margin 模型是一个极其通用的描述矩形对象布局形式的方法。这些矩形对象可以被统称为"盒子"，英文为"Box"。

了解了盒子之后，还需要理解"模型"这个概念。所谓模型就是对某种事物的本质特性的抽象。

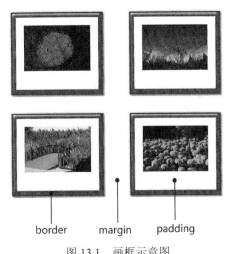

图 13.1　画框示意图

模型的种类很多，例如物理上有"物理模型"。大科学家爱因斯坦提出了著名的 $E=mc^2$ 公式，就是对物理学中质量和能量转换规律的本质特性进行抽象后的精确描述。这样一个看起来十分简单的公式，却深刻地改变了整个世界的面貌。这就是模型的重要价值。

同样，在网页布局中，为了能够使纷繁复杂的各个部分合理地进行组织，这个领域的一些有识之士对它的本质进行充分研究后，总结出了一套完整的、行之有效的原则和规范。这就是"盒子模型"的由来。

在 CSS 中，一个独立的盒子模型由 content（内容）、border（边框）、padding（内边距）和 margin（外边距）4 个部分组成，如图 13.2 所示。

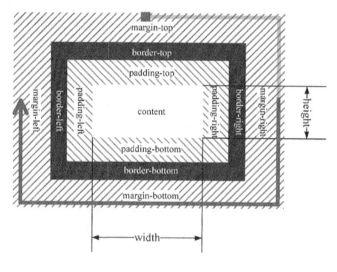

图 13.2 盒子模型

可以看到，与前面的图 13.1 非常相似，盒子的概念是非常容易理解的。但是如果需要精确地排版，有的时候 1 个像素都不能差，这就需要非常精确地理解其中的计算方法。

一个盒子实际所占有的宽度（或高度）是由"内容+内边距+边框+外边距"组成的。在 CSS 中可以通过设定 width 和 height 的值来控制内容所占的矩形的大小，并且对于任何一个盒子，都可以分别设定 4 条边各自的 border、padding 和 margin。因此只要利用好这些属性，就能够实现各种各样的排版效果。

> **注意**　并不仅仅是用 div 定义的网页元素才是盒子，事实上所有的网页元素本质上都是以盒子的形式存在的。在人的眼中，网页上有各种内容，包括文本、图像等，而在浏览器看来，就是许多盒子排列在一起或者相互嵌套。

图 13.2 中有一个从上面开始顺时针旋转的箭头，它表示需要读者特别记住的原则。当使用 CSS 这些部分设置宽度时，是按照顺时针方向确定对应关系的，下一节会详细介绍。

当然还有很多具体的特殊情况，并不能用很简单的规则覆盖全部的计算方法，因此在这一章中，将深入盒子模型的内部，把一般原则和特殊情况都尽可能地阐述清楚。

13.2 边框（border）

边框一般用于分隔不同元素，其外围即为元素的最外围，因此计算元素实际的宽和高时，就要将 border 纳入。换句话说，border 会占据空间，所以在计算精细的版面时，一定要把 border

的影响考虑进去。如图 13.3 所示，黑色的粗实线框即为 border。

border 的属性主要有 3 个，分别是 color（颜色）、width（粗细）和 style（样式）。在设置 border 时常常需要将这 3 个属性很好地配合起来，才能达到良好的效果。在使用 CSS 设置边框的时候，可以分别使用 border-color、border-width 和 border-style 设置它们。

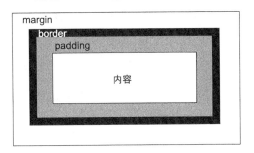

图 13.3 border

- border-color 指定 border 的颜色，它的设置方法与文字的 color 属性完全一样，一共可以有 256^3 种颜色。通常情况下设置为十六进制的值，例如红色为 "#FF0000"。

> **经验** 对于形如 "#336699" 这样的十六进制值，可以缩写为 "#369"，当然也可以使用颜色的名称，例如 red、green 等。

- border-width 用来指定 border 的粗细程度，可以设为 thin（细）、medium（适中）、thick（粗）和 <length>。其中 <length> 表示具体的数值，例如 5px 和 0.1in 等。width 的默认值为 "medium"，一般的浏览器都将其解析为 2px 宽。

- 这里需要重点讲解的是 border-style 属性，它可以设为 none、hidden、dotted、dashed、solid、double、groove、ridge、inset 和 outset 之一。它们依次分别表示"无"、"隐藏"、"点线"、"虚线"、"实线"、"双线"、"凹槽"、"突脊"、"内陷"和"外凸"。其中 none 和 hidden 都不显示 border，二者效果完全相同，只是运用在表格中时，hidden 可以用来解决边框冲突的问题。

13.2.1 设置边框样式（border-style）

为了了解各种边框样式的具体表现形式，编写如下网页，示例文件位于本书光盘"第 13 章\13-01.htm"。

```html
<html>
<head>
<title>border-style</title>
<style type="text/css">
div{
    border-width:6px;
    border-color:#000000;
    margin:20px; padding:5px;
    background-color:#FFFFCC;
}
</style>
</head>

<body>
    <div style="border-style:dashed">The border-style of dashed.</div>
    <div style="border-style:dotted">The border-style of dotted.</div>
    <div style="border-style:double">The border-style of double.</div>
    <div style="border-style:groove">The border-style of groove.</div>
```

```
        <div style="border-style:inset">The border-style of inset.</div>
        <div style="border-style:outset">The border-style of outset.</div>
        <div style="border-style:ridge">The border-style of ridge.</div>
        <div style="border-style:solid">The border-style of solid.</div>
    </body>
</html>
```

其执行结果在 IE 和 Firefox 中略有区别,如图 13.4 所示。可以看到,对于 groove、inset、outset 和 ridge 这 4 种值,IE 都支持得不够理想。

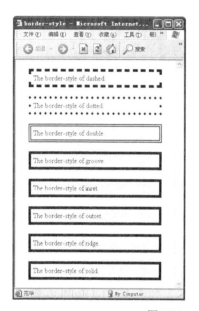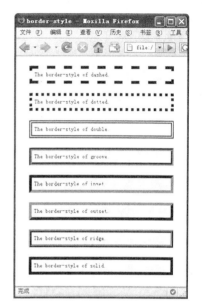

图 13.4 border-style

> **注意** IE 浏览器不支持 border-style 效果,在实际制作网页的时候不推荐使用。

13.2.2 属性值的简写形式

CSS 中可以用简单的方式确定边框的属性值。

1.对不同的边框设置不同的属性值

13.2.1 节的实验代码中,分别设置了 border-color、border-width 和 border-style 这 3 个属性,其效果是对上下左右 4 个边框同时产生作用。在实际使用 CSS 时,除了采用这种方式,还可以分别对 4 条边框设置不同的属性值。

方法是按照规定的顺序,给出 2 个、3 个或者 4 个属性值,它们的含义将有所区别,具体含义如下:

- 如果给出 2 个属性值,那么前者表示上下边框的属性,后者表示左右边框的属性;
- 如果给出 3 个属性值,那么前者表示上边框的属性,中间的数值表示左右边框的属性,后者表示下边框的属性;
- 如果给出 4 个属性值,那么依次表示上、右、下、左边框的属性,即顺时针排序。

例如,下面这段代码:

```
border-color: red green
border-width:1px 2px 3px;
border-style: dotted、dashed、solid、double;
```

其含义是，上下边框为红色，左右边框为绿色；上边框宽度为1像素，左右边框宽度为2像素，下边框宽度为3像素；从上边框开始，顺时针方向，4个边框的样式分别为点线、虚线、实线和双线。

2．在一行中同时设置边框的宽度、颜色和样式

要把border-width、border-border-color和border-style这3个属性合在一起，还可以用border属性来简写。例如：

```
border: 2px green dashed
```

这行样式表示将4条边框都设置为2像素的绿色虚线，这样就比分为3条样式来写方便多了。

3．对一条边框设置与其他边框不同的属性

在CSS中，还可以单独对某一条边框在一条CSS规则中设置属性，例如：

```
border: 2px green dashed;
border-left: 1px red solid
```

第1行表示将4条边框设置为2像素的绿色虚线，第2行表示将左边框设置为1像素的红色实线。这样，合在一起的效果就是，除了左侧边框之外的3条边框都是2像素的绿色虚线，而左侧边框为1像素的红色实线。这样就不需要使用4条CSS规则分别设置4条边框的样式了，仅使用2条规则即可。

4．同时制定一条边框的一种属性

有时，还需要对某一条边框的某一个属性进行设置，例如仅希望设置左边框的颜色为红色，可以写作：

```
border-left-color:red
```

类似地，如果希望设置上边框的宽度为2像素，可以写作：

```
border-top-width:2px
```

> **注意** 当有多条规则作用于同一个边框时，会产生冲突，后面的设置会覆盖前面的设置。

5．动手实践

在上面讲解的基础上，请读者来做一个练习，对照属性缩写形式的规则，分析下面这段代码执行后，4条边框最终的宽度、颜色和样式。示例文件位于本书光盘"第13章\13-02.htm"。

```
<html>
<head>
<style type="text/css">
#outerBox{
    width:200px;
    height:100px;
    border:2px black solid;
```

```
        border-left:4px green dashed;
        border-color:red gray orange blue;  /*上  右  下  左*/
        border-right-color:purple;
    }
    </style>
    </head>
    <body>
        <div id="outerBox">
        </div>
    </body>
```

在这个例子关于边框的 4 条 CSS 规则中，首先把 4 条边框设置为 2 像素的黑色实线，然后把左边框设置为 4 像素绿色虚线，接着又依次设置了边框的颜色，最后把右侧边框的颜色设置为紫色。最终的效果如图 13.5 所示。

13.2.3 边框与背景

在设置边框时，还有一点值得注意，在给元素设置

图 13.5 设置边框属性

background-color 背景色时，IE 作用的区域为 content + padding，而 Firefox 的作用区域则是 content + padding + border。这在 border 设置为粗虚线时表现得特别明显，请看如下实例。

这里设置一个 div，并将其宽度设置为 10 像素，以使效果非常明显。示例文件位于本书光盘"第 13 章\13-03.htm"。

```
    <style type="text/css">
    #outerBox{
        width:128px;
        height:128px;
        border:10px black dashed;
        background:silver;
    }
    </style>

    <body>
        <div id="outerBox"></div>
    </body>
```

在两种浏览器中的执行结果如图 13.6 所示，左边是 IE 中的效果，右边是 Firefox 中的效果，读者可以通过图中窗口左上角的图标区分浏览器。可看到 IE 中并没有对 border 的背景上色，而 Firefox 中的边框中显示出了背景色。

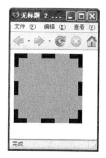

图 13.6 IE 与 Firefox 对待背景色的不同处理

虽然这个差别非常细微，但是在设计一些要求很高的页面时，还是需要注意的。

> **注意**　不要因为上面这个例子，就误认为差别的产生是因为 IE 和 Firefox 设置背景的基准点不同。实际上它们都是以 padding 为基准点来设置背景的。要验证这一点，可以把上面例子中的背景设置为一幅图像，这时二者效果如图 13.7 所示。 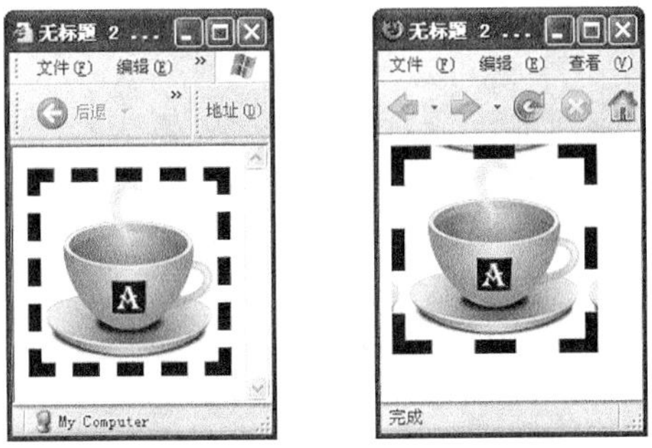
>
>
>
> 图 13.7　IE 与 Firefox 对待背景图像的不同处理
>
> 可以看出，二者的背景图像位置是完全相同的，区别只在于边框所占据的面积中，IE 并不显示背景图像的内容，Firefox 则显示背景图像的内容。

13.3　设置内边距（padding）

padding 又称为内边距，用于控制内容与边框之间的距离。如图 13.8 所示，在边框和内容之间的空白区域就是内边距。

和前面介绍的边框类似，padding 属性可以设置 1、2、3 或 4 个属性值，分别如下：

图 13.8　padding 示意图

- 设置 1 个属性值时，表示上下左右 4 个 padding 均为该值；
- 设置 2 个属性值时，前者为上下 padding 的值，后者为左右 padding 的值；
- 设置 3 个属性值时，第 1 个为上 padding 的值，第 2 个为左右 padding 的值，第 3 个为下 padding 的值；
- 设置 4 个属性值时，按照顺时针方向，依次为上、右、下、左 padding 的值。

如果需要专门设置某一个方向的 padding，可以使用 padding-left、padding-right、padding-top 或者 padding-bottom 来设置。例如有如下代码，示例文件位于本书光盘"第 13 章\13-04.htm"。

```
<style type="text/css">
#box{
    width:128px;
    height:128px;
    padding:0 20px 10px;    /*上    左右    下*/
    padding-left:10px;
    border:10px gray dashed;
```

```
}
#box img{
border:1px blue solid;
}
</style>

<body>
    <div id="box"><img src="cup.gif"></img></div>
</body>
```

其结果是上侧的 padding 为 0，右侧 padding 为 20 像素，下侧和左侧的 padding 为 10 像素，如图 13.9 所示。

图 13.9　设置 padding 后的效果

> **经验**　当一个盒子设置了背景图像后，默认情况下背景图像覆盖的范围是 padding 和内容组成的范围，并以 padding 的左上角为基准点平铺背景图像。

13.4　设置外边距（margin）

margin 指的是元素与元素之间的距离。观察上面的图 13.7，可以看到边框在默认情况下会定位于浏览器窗口的左上角，但是并没有紧贴着浏览器窗口的边框。这是因为 body 本身也是一个盒子，在默认情况下，body 会有一个若干像素的 margin，具体数值因各个浏览器而不尽相同。因此在 body 中的其他盒子就不会紧贴着浏览器窗口的边框了。为了验证这一点，可以给 body 这个盒子也加一个边框，代码如下。

```
body{
    border:1px black solid;
    background:#cc0;
}
```

在 body 设置了边框和背景色以后，效果如图 13.10 所示。可以看到，在细黑线外面的部分就是 body 的 margin。

> **注意**　body 是一个特殊的盒子，它的背景色会延伸到 margin 的部分，而其他盒子的背景色只会覆盖"padding+内容"部分（IE 浏览器中），或者"border+padding+内容"部分（Firefox 浏览器中）。

下面再给 div 盒子的 margin 增加 20 像素，这时效果如图 13.11 所示。可以看到 div 的粗边框与 body 的细边框之间的 20 像素距离就是 margin 的范围。右侧的距离很大，这是因为目前 body 这个盒子的宽度不是由其内部的内容决定的，而是由浏览器窗口决定的，相关的原理本章后面还会深入分析。

图 13.10　margin 的效果

图 13.11　margin 的范围

margin 属性值的设置方法与 padding 一样，也可以设置不同的数值来代表相应的含义，这里就不再赘述了。

从直观上而言，margin 用于控制块与块之间的距离。倘若将盒子模型比作展览馆里展出的一幅幅画，那么 content 就是画面本身，padding 就是画面与画框之间的留白，border 就是画框，而 margin 就是画与画之间的距离。

13.5　盒子之间的关系

读者要理解前几节的内容并不困难，因为都只涉及一个盒子内部的关系。而实际网页往往是很复杂的，一个网页可能存在着大量的盒子，并且它们以各种关系相互影响着。

要把一个盒子与外部的其他盒子之间的关系理解清楚，并不是简单的事情。在很多 CSS 资料中大都通过简单的分类，就 CSS 本身的介绍来说明这个问题，往往只是就事论事。如果不能从站得更高的角度来理解这个问题，那么想真正搞懂它是很困难的，因此这里尝试从更深入的角度来介绍 CSS 与 HTML 的关系，希望对读者的理解有所帮助。

为了能够方便地组织各种盒子有序的排列和布局，CSS 规范的制定者进行了深入细致的考虑，使得这种方式既有足够的灵活性，以适应各种排版要求，又能使规则尽可能简单，让浏览器的开发者和网页设计师都能够相对容易地实现。

CSS 规范的思路是，首先确定一种标准的排版模式，这样可以保证设置的简单化，各种网页元素构成的盒子按照这种标准的方式排列布局。这种方式就是接下来要详细介绍的"标准流"方式。

但是仅通过标准流方式，很多版式是无法实现的，限制了布局的灵活性，因此 CSS 规范中又给出了另外若干种对盒子进行布局的手段，包括"浮动"属性和"定位"属性等。这些内容将在下一章中详细介绍。

> **注意**
> 需要特别提醒读者注意的是，CSS 的这些不同的布局方式设计得非常精巧，环环相扣，在后面所有章节中，都是以这些基本的方法和原理为基础的，因此即使是对 CSS 有一些了解的读者，也应该尽可能仔细地阅读第 3 章和第 4 章的内容，亲自动手调试一下所有实验案例，这对于深刻理解其中的原理将会大有益处。

13.5.1 HTML 与 DOM

这里首先介绍 DOM 的概念。DOM 是 Document Object Model 的缩写，即"文档对象模型"。一个网页的所有元素组织在一起，就构成了一棵"DOM 树"。

1. 树

读者可能会有疑问，一个 HTML 文件就是一个普通的文本文件，怎么会和"树"有关系呢？这里的树表示的一种具有层次关系的结构。比如大家都很熟悉的"家谱"就是个很典型的"树"型结构，家谱也可以称为"家族树"（Family Tree）。

如图 13.12 所示的就是一棵"家族树"，最上面表示 Tom 和 Alice 结婚，生育了 5 个孩子，比如其中有一个孩子叫 Mickey，他又和 Maggie 结婚生育了两个孩子。依此类推，从 Tom 和 Alice 开始，就产生了一个不断分叉的树状结构，这就像一棵倒过来的树一样，最上面的 Tom 和 Alice 就是"树根"，每一个孩子（包括他的配偶一起）构成了一个"节点"，节点之间都存在着层次关系，例如 Tom 是 Mickey 的"父节点"，相应地 Mickey 是 Tom 的"子节点"，同时，Mickey 又是 Sarah 的"父节点"，而 Sarah 又是 Melissa 的"兄弟节点"。依此类推，称呼的方法就和我们日常生活中称呼亲戚是一样的。

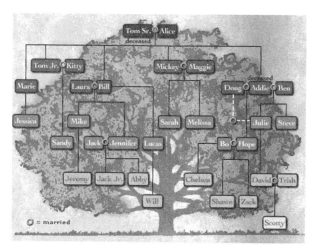

图 13.12 家谱示意图

> **延伸思考**
> 从对家谱树的研究，我们可以看出，科学研究实际上也是来源于生活的，科学研究的过程就是把生活中的常识和直觉，经过系统严格的试验或理论推导，获得本质描述的过程。只有对一个事物的本质有了深入的把握，才是真正理解了它。

2. DOM 树

上面首先搞清楚了什么是"树"，下面就要讨论什么是 HTML 的"DOM 树"。

假设有一个 HTML 文档，其中的 CSS 样式部分省略了，这里只关心它的 HTML 结构。这个网页的结构非常简单，代码如下，示例文件位于本书光盘"第 13 章\13-05.htm"。

```
<!DOCTYPE html PUBLIC "-//W3C//DTD XHTML 1.0 Transitional//EN"
"http://www.w14.org/TR/xhtml1/DTD/xhtml1-transitional.dtd">
<html xmlns="http://www.w14.org/1999/xhtml">
<head>
<meta http-equiv="Content-Type" content="text/html; charset=gb2312" />
<title>盒子模型的演示</title>
    <style type="text/css">
        ……省略……
    </style>
</head>

<body>
    <ul>
        <li>第 1 个列表的第 1 个项目内容</li>
        <li class="withborder">第 1 个列表的第 2 个项目内容，内容更长一些，目的是演示自动折行的效果。</li>
    </ul>
    <ul>
        <li>第 2 个列表的第 1 个项目内容</li>
        <li class="withborder">第 2 个列表的第 2 个项目内容，内容更长一些，目的是演示自动折行的效果。</li>
    </ul>
</body>
</html>
```

这个 HTML 在 IE 和 Firefox 浏览器中的显示效果是一样的，如图 13.13 所示。

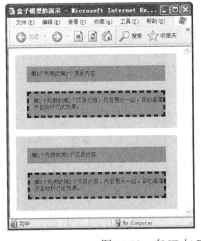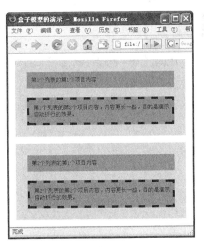

图 13.13　在 IE 与 Firefox 中的显示效果

为了使读者能够直观地理解什么是"DOM 树"，请读者使用 Firefox 浏览器打开这个网页，然后选择菜单命令"工具→DOM 查看器"，这时会打开一个新窗口，如图 13.14 所示。窗口左侧列表中的"#document"是整个文档的根节点，双击这个项目，就会打开或关闭它的下级节点。每一个节点都可以打开它的下级节点，直到该节点本身没有下级节点为止。

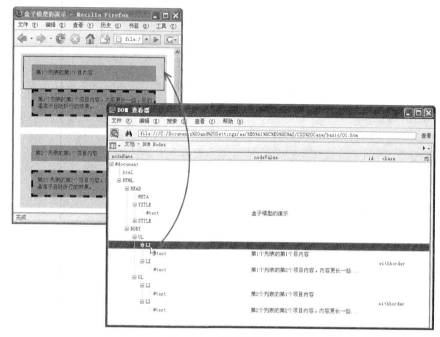

图 13.14　打开新窗口

3．DOM 树与盒子模型的联系

图 13.14 中显示的是所有节点都打开的效果。这里使用了一棵"树"的形式把一个 HTML 文档的内容组织起来，形成了严格的层次结构。例如在本例中，body 是浏览器窗口中显示的所有对象的根节点，即 ul、li 等对象都是 body 的下级节点。同理，li 又是 ul 的下级节点。在这棵"DOM 树"上的各个节点，都对应于网页上的一个区域，例如在"DOM 查看器"上单击某一 li 节点，立即就可以在浏览器窗口中看到一个红色的矩形框，闪烁若干次，如图 13.14 所示，表示该节点在浏览器窗口中所占的区域，这正是前面所说的 CSS"盒子"。

到这里，我们已经和 CSS"盒子"联系起来了，如图 13.15 所示。

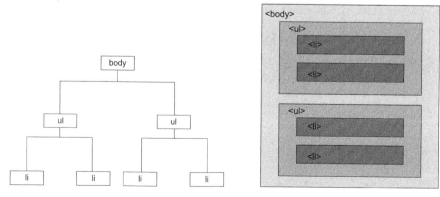

图 13.15　DOM 树与页面布局的对应关系

左图就是这种层次结构的树状表示，右图则是在浏览器中以嵌套的盒子的形式表示的。它们二者是相互对应的，也就是说，任意一个 HTML 结构都惟一地与一棵 DOM 树对应，而该 DOM 树的节点如何在浏览器中表现，则需要由 CSS 参与确定了。

> **注意**
> 读者务必要理解，一个 HTML 文档并不是一个简单的文本文件，而是一个具有层次结构的逻辑文档，每一个 HTML 元素（例如 p、ul、li 等）都作为这个层次结构中的一个节点存在。每个节点反映在浏览器上会具有不同的表现形式，具体的表现形式正是由 CSS 来决定的。
> 到这里又印证了一个几乎所有 CSS 资料中都会提及的一句话"CSS 的目的是使网页的表现形式与内容结构分离，CSS 控制网页的表现形式，HTML 控制网页的内容结构"，现在读者应该可以更深刻地理解这个原则了。

接下来，就需要理解 CSS 如何为各种处于层次结构中的元素设置表现形式。

13.5.2 标准文档流

这里又出现了一个新的概念——"标准文档流"（Normal Document Stream），或简称"标准流"。所谓标准流，就是指在不使用其他与排列和定位相关的特殊 CSS 规则时，各种元素的排列规则。

> **延伸思考**
> 如果和生活中的案例进行一个对比，就好像长江，从源头东流到海，不断有支流汇入。在没有人力干预的时候，都会自然而然的依据地势形成河流的形状，而人类出现以后，就开始不断地人为干预，比如修建三峡大坝，这样就会人为地改变河流的流向等等。因此，河流的最终走向就是自然地势和人力所共同决定的。
> 在网页布局中也和此类似，不使用特定的定位和布局手段时，网页会有它自己默认的自然形成的布局方式，这就是标准流形成的效果，在本书后面章节中，我们还会介绍如何人为地干预，就好像修建大坝一样，改变布局的默认形式。

仍然以 13.5.1 节的网页为例，只观察从 body 开始的这一部分，其内容是 body 中有两个列表（ul），每个列表中各有两个列表项目（li）。一共有 4 层结构，顶层为 body，第 2 层为 ul，第 3 层为 li，第 4 层为 li 中的文本。这 4 种元素又可以分为以下两类。

1. 块级元素（block level）

li 占据着一个矩形的区域，并且和相邻的 li 依次竖直排列，不会排在同一行中。ul 也具有同样的性质，占据着一个矩形的区域，并且和相邻的 ul 依次竖直排列，不会排在同一行中。因此，这类元素称为"块级元素"（block level），即它们总是以一个块的形式表现出来，并且跟同级的兄弟块依次竖直排列，左右撑满。

2. 行内元素（inline）

对于文字这类元素，各个字母之间横向排列，到最右端自动折行，这就是另一种元素，称为"行内元素"（inline）。

比如<strong></strong>标记，就是一个典型的行内元素，这个标记本身不占有独立的区域，仅仅是在其他元素的基础上指出了一定的范围。再比如，最常用的<a>标记，也是一个行内元素。

> **注意**　行内元素在 DOM 树中同样是一个节点。从 DOM 的角度来看，块级元素和行内元素是没有区别的，都是树上的一个节点；而从 CSS 的角度来看，二者有很大的区别，块级元素拥有自己的区域，行内元素则没有。

标准流就是 CSS 规定的默认的块级元素和行内元素的排列方式。那么具体是如何排列的呢？这里读者不妨把自己想象成一名浏览器的开发者，来考虑一下对一段 HTML，应该如何放置这些内容。

```
<body>
    <ul>
        <li>第1个列表的第1个目内容</li>
        <li class="withborder">第1个列表的第2个项目内容，内容更长一些，目的是演示自动折行的效果。</li>
    </ul>
    <ul>
        <li>第2个列表的第1个项目内容</li>
        <li class="withborder">第2个列表的第2个项目内容，内容更长一些，目的是演示自动折行的效果。</li>
    </ul>
</body>
```

（1）第 1 步

从 body 标记开始，body 元素就是一个最大的块级元素，应该包含所有的子元素，依次把其中的子元素放到适当的位置。例如上面这段代码中，body 包含了两个 ul，就把这两个块级元素竖直排列。至此第一步完成。

（2）第 2 步

分别进入每一个 ul 中，查看它的下级元素，这里是两个 li，因此又为它们分别分配了一定的矩形区域。至此第二步完成。

（3）第 3 步

再进入 li 内部，这里面是一行文本，因此按照行内元素的方式，排列这些文字。

如果一个 HTML 更为复杂，层次更多，那么依然是不断地重复这个过程，直至所有的元素都被检查一遍，该分配区域的分配区域，该设置颜色的设置颜色，等等。伴随着扫描的过程，样式也就被赋予到每个元素上了。

在这个过程，一个一个盒子自然地形成一个序列，同级别的兄弟盒子依次排列在父级盒子中，同级父级盒子又依次排列在它们的父级盒子中，就像一条河流有干流和支流一样，这就是被称为"流"的原因。

当然实际的浏览器程序的计算过程要复杂得多，但是大致的过程是这样的，因为我们并不打算自己开发一个浏览器，所以不必掌握所有的细节，但是一定要深入理解这些概念。

13.5.3 <div>标记与<span>标记

为了能够更好地理解"块级元素"和"行内元素"，这里重点介绍在 CSS 排版的页面中经常使用的<div>和<span>标记。利用这两个标记，加上 CSS 对其样式的控制，可以很方便地实现各种效果。本节从二者的基本概念出发，介绍两个标记，并且深入探讨两种元素的区别。

1．<div>和<span>的概念

<div>标记早在 HTML 4.0 时代就已经出现，但那时并不常用，直到 CSS 的普及，才逐渐发挥出它的优势。<span>标记在 HTML 4.0 时才被引入，它是专门针对样式表而设计的标记。

<div>（division）简单而言是一个区块容器标记，即<div>与</div>之间相当于一个容器，可以容纳段落、标题、表格、图片，乃至章节、摘要和备注等各种 HTML 元素。可以把<div>与</div>中的内容视为一个独立的对象，用于 CSS 的控制。声明时只需要对<div>进行相应的控制，其中的各标记元素都会随之改变。

一个 ul 是一个块级元素，同样 div 也是一个块级元素，二者的不同在于 ul 是一个具有特殊含义的块级元素，具有一定的逻辑语义，而 div 是一个通用的块级元素，用它可以容纳各种元素，从而方便排版。

下面举一个简单的例子，示例文件位于本书光盘"第 13 章\13-06.htm"。

```
<html>
<head>
<title>div 标记范例</title>
<style type="text/css">
div{
    font-size:18px;                     /* 字号大小 */
    font-weight:bold;                   /* 字体粗细 */
    font-family:Arial;                  /* 字体 */
    color:#FFFF00;                      /* 颜色 */
    background-color:#0000FF;           /* 背景颜色 */
    text-align:center;                  /* 对齐方式 */
    width:300px;                        /* 块宽度 */
    height:100px;                       /* 块高度 */
}
</style>
</head>
<body>
    <div>
    这是一个 div 标记
    </div>
</body>
</html>
```

通过 CSS 对<div>块的控制，制作了一个宽 300 像素、高 100 像素的蓝色区块，并进行了文字效果的相应设置，在 IE 中的执行结果如图 13.16 所示。

<span>标记与<div>标记一样，作为容器标记而被广泛应用在 HTML 语言中。在<span>与</span>中间同样可以容纳各种 HTML 元素，从而形成独立的对象。如果把"<div>"替换成"<span>"，样式表中把"div"替换成"span"，执行后就会发现效果完全一样。可以说<div>与<span>这两个标记起到的作用都是独立出各个区块，在这个意义上说

图 13.16　div 块示例

二者没有不同。

2．<div>与<span>的区别

<div>与<span>的区别在于，<div>是一个块级元素，它包围的元素会自动换行。而<span>仅仅是一个行内元素（inline elements），在它的前后不会换行。<span>没有结构上的意义，纯粹是应用样式，当其他行内元素都不合适时，就可以使用<span>元素。

例如有如下代码，示例文件位于本书光盘"第 13 章\13-07.htm"。

```html
<html>
<head>
<title>div 与 span 的区别</title>
</head>
<body>
    <p>div 标记不同行：</p>
    <div><img src="cup.gif" border="0"></div>
    <div><img src="cup.gif" border="0"></div>
    <div><img src="cup.gif" border="0"></div>
    <p>span 标记同一行：</p>
    <span><img src="cup.gif" border="0"></span>
    <span><img src="cup.gif" border="0"></span>
    <span><img src="cup.gif" border="0"></span>
</body>
</html>
```

其执行的结果如图 13.17 所示。<div>标记的 3 幅图片被分在了 3 行中，而<span>标记的图片没有换行。

图 13.17　<div>与<span>标记的区别

此外，<span>标记可以包含于<div>标记中，成为它的子元素，而反过来则不成立，即<span>标记不能包含<div>标记。从 div 和 span 之间的区别和联系，就可以更深刻地理解块级元素和行内元素的区别了。

13.6 盒子在标准流中的定位原则

在了解了标准流的基本原理后，来具体制作一些案例，掌握盒子在标准流中的定位原则。

如果要精确地控制盒子的位置，就必须对 margin 有更深入的了解。padding 只存在于一个盒子内部，所以通常它不会涉及与其他盒子之间的关系和相互影响的问题。margin 则用于调整不同的盒子之间的位置关系，因此必须要对 margin 在不同情况下的性质有非常深入的了解。

13.6.1 行内元素之间的水平 margin

这里来看两个块并排的情况，如图 13.18 所示。

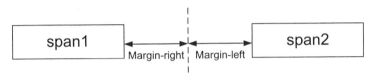

图 13.18 行内元素之间的 margin

当两个行内元素紧邻时，它们之间的距离为第 1 个元素的 margin-right 加上第 2 个元素的 margin-left。代码如下所示，示例文件位于本书光盘"第 13 章\13-08.htm"。

```
<html>
<head>
<title>两个行内元素的 margin</title>
<style type="text/css">
span{
    background-color:#a2d2ff;
    text-align:center;
    font-family:Arial, Helvetica, sans-serif;
    font-size:12px;
    padding:10px;
}
span.left{
    margin-right:30px;
    background-color:#a9d6ff;
}
span.right{
    margin-left:40px;
    background-color:#eeb0b0;
}
</style>
</head>
<body>
    <span class="left">行内元素 1</span><span class="right">行内元素 2</span>
</body>
</html>
```

执行结果如图 13.19 所示，可以看到两个块之间的距离为 30 + 40 = 70px。

图 13.19　行内元素之间的 margin

13.6.2　块级元素之间的竖直 margin

通过 13.6.1 节的实验了解了行内元素的情况，但如果不是行内元素，而是竖直排列的块级元素，情况就会有所不同。两个块级元素之间的距离不是 margin-bottom 与 margin-top 的总和，而是两者中的较大者，如图 13.20 所示。这个现象称为 margin 的"塌陷"（或称为"合并"）现象，意思是说较小的 margin 塌陷（合并）到了较大的 margin 中。

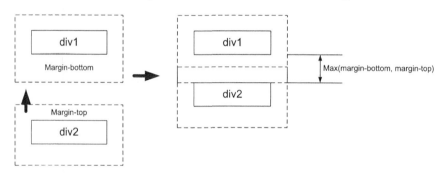

图 13.20　块元素之间的 margin

这里看一个实验案例，代码如下，示例文件位于本书光盘"第 13 章\13-09.htm"。

```
<html>
<head>
<title>两个块级元素的margin</title>
<style type="text/css">
div{
    background-color:#a2d2ff;
    text-align:center;
    font-family:Arial, Helvetica, sans-serif;
    font-size:12px;
    padding:10px;
}
</style>
</head>
<body>
    <div style="margin-bottom:50px;">块元素1</div>
    <div style="margin-top:30px;">块元素2</div>
</body>
</html>
```

执行结果如图 13.21 所示。倘若将块元素 2 的 margin-top 修改为 40px，就会发现执行结果没有任何的变化。若再修改其值为 60px，就会发现块元素 2 向下移动了 10 个像素。

图 13.21　块级元素的 margin

> **经验**　margin-top 和 margin-bottom 的这些特点在实际制作网页时要特别注意，否则常常会被增加了 margin-top 或者 margin-bottom 值时发现块"没有移动"的假象所迷惑。

13.6.3　嵌套盒子之间的 margin

除了上面提到的行内元素间隔和块级元素间隔这两种关系外，还有一种位置关系，它的 margin 值对 CSS 排版也有重要的作用，这就是父子关系。当一个<div>块包含在另一个<div>块中时，便形成了典型的父子关系。其中子块的 margin 将以父块的内容为参考，如图 13.22 所示。

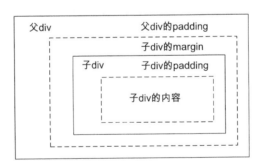

图 13.22　父子块的 margin

读者需要务必记住，在标准流中，一个块级元素的盒子水平方向的宽度会自动延伸，直至上一级盒子的限制位置，例如下面的案例。

这里有一个实验案例，代码如下，示例文件位于本书光盘"第 13 章\13-10.htm"。

```
<head>
<title>父子块的 margin</title>
<style type="text/css">
div.father{                         /* 父 div */
   background-color:#fffebb;
   text-align:center;
   font-family:Arial, Helvetica, sans-serif;
   font-size:12px;
   padding:10px;
   border:1px solid #000000;
```

```
}
div.son{                              /* 子div */
    background-color:#a2d2ff;
    margin-top:30px;
    margin-bottom:0px;
    padding:15px;
    border:1px dashed #004993;
}
</style>
</head>
<body>
    <div class="father">
        <div class="son">子div</div>
    </div>
</body>
```

执行的结果如图 13.23 所示。外层的盒子的宽度会自动延伸，直到浏览器窗口的边界为止，而里面的子 div 宽度也会自动延伸，它以父 div 的内容部分为限。

图 13.23　父子块的 margin

具体可以看到，子 div 距离父 div 上边框为 40px（30px margin + 10px padding），其余 3 条边都是父 div 的 padding（10px）。

> **注意**
> （1）上面说的自动延伸是指宽度。对于高度，div 都是以里面的内容的高度来确定的，也就是会自动收缩到能够包容下内容的最小高度。
> （2）宽度方向自动延伸，高度方向自动收缩，都是在没有设定 width 和 height 属性的情况下的表现。
> （3）如果明确设置了 width 和 height 属性的值，盒子的实际宽度和高度就会按照 width 和 height 值来确定了。也就是前面说的盒子的实际大小是 width(height)+padding+border+margin。

这里需要注意 IE 与 Firefox 在细节处理上有所区别。如果设定了父元素的高度 height 值，且此时子元素的高度超过了该 height 值，二者的显示结果就完全不同。下面进行实验，编写如下代码，示例文件位于本书光盘"第 13 章\13-11.htm"。

```
<head>
<title>设置父块的高度</title>
<style type="text/css">
div.father{                           /* 父div */
```

```
    background-color:#fffebb;
    text-align:center;
    font-family:Arial, Helvetica, sans-serif;
    font-size:12px;
    padding:10px;
    border:1px solid #000000;
    height:40px;                    /* 设置父 div 的高度 */
}
div.son{                            /* 子 div */
    background-color:#a2d2ff;
    margin-top:30px; margin-bottom:0px;
    padding:15px;
    border:1px dashed #004993;
}
</style>
</head>
<body>
    <div class="father">
        <div class="son">子 div</div>
    </div>
</body>
```

上面代码中设定的父 div 的高度值小于子块的高度加上 margin 的值，此时 IE 浏览器会自动扩大，保持子元素的 margin-bottom 的空间以及父元素自身的 padding-bottom。而 Firefox 就不会，它会保证父元素的 height 高度的完全吻合，而这时子元素将超过父元素的范围，如图 13.24 所示。

图 13.24　IE 与 Firefox 对待父 height 的不同处理

从 CSS 的标准规范来说，IE 的这种处理方法是不合规范的。它这种方式本应该由 min-height（最小高度）属性承担。

CSS 规范中有 4 个相关属性 min-height、max-heght、min-width、max-width，分别用于设置最大、最小宽度和高度，IE 没有实现对这 4 个属性的支持，而 Firefox 可以非常好地支持它们。

13.6.4　margin 属性可以设置为负值

上面提及 margin 的时候，它的值都是正数。其实 margin 的值也可以设置为负数，而且有关的巧妙运用方法也非常多，在后面的章节中都会陆续体现出来。这里先分析 margin 设为负数时产生的排版效果。

当 margin 设为负数时，会使被设为负数的块向相反的方向移动，甚至覆盖在另外的块上。在前面例子的基础上，编写代码如下，示例文件位于本书光盘"第 13 章\13-12.htm"。

```html
<head>
<title>margin 设置为负数</title>
<style type="text/css">
span{
    text-align:center;
    font-family:Arial, Helvetica, sans-serif;
    font-size:12px;
    padding:10px;
    border:1px dashed #000000;
}
span.left{
    margin-right:30px;
    background-color:#a9d6ff;
}
span.right{
    margin-left:-53px;                /* 设置为负数 */
    background-color:#eeb0b0;
}
</style>
</head>
<body>
    <span class="left">行内元素 1</span><span class="right">行内元素 2</span>
</body>
```

执行效果如图 13.25 所示，右边的块移动到了左边的块上方，形成了重叠的位置关系。

当块之间是父子关系时，通过设置子块的 margin 参数为负数，可以将子块从父块中"分离"出来，其示意图如图 13.26 所示。关于它的应用在后面的章节中还会有更详细的介绍。

图 13.25 margin 设置为负数

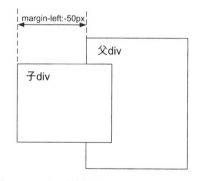

图 13.26 父子块设置 margin 为负数

13.7 思考题

经过前面的学习，对标准流中的盒子排列方式应该已经很清楚了。下面来做一个思考题，

第 13 章 CSS 盒子模型

假设有一个网页，其显示结果如图 13.27 所示，现在要读者精确地回答出从字母 a 到 p 对应的宽度是多少个像素。习题文件位于本书光盘"第 13 章\13-13.htm"。

图 13.27 计算图中各个字母代表的宽度（高度）是多少像素

网页的完整代码如下：

```
<!DOCTYPE html PUBliC "-//W3C//DTD XHTML 1.0 Transitional//EN"
"http://www.w3.org/TR/xhtml1/DTD/xhtml1-transitional.dtd">
<html xmlns="http://www.w3.org/1999/xhtml">

<head>
<meta http-equiv="Content-Type" content="text/html; charset=gb2312" />
<title>盒子模型的演示</title>
<style type="text/css">
body{
    margin:0;
    font-family:宋体;
}
ul {
    background: #ddd;
    margin:15px;
    padding:10px;
    font-size:12px;
    line-height:14px;
}
h1 {
    background: #ddd;
    margin: 15px;
```

```
        padding: 10px;
        height:30px;
        font-size:25px;
    }
    p,li {
        color: black;                      /* 黑色文本 */
        background: #aaa;                  /* 浅灰色背景 */
        margin: 20px 20px 20px 20px;       /* 左侧外边距为0,其余为20像素*/
        padding: 10px 0px 10px 10px;       /* 右侧内边距为0,其余10像素 */
        list-style: none                   /* 取消项目符号 */
    }
    .withborder {
        border-style: dashed;
        border-width: 5px;                 /* 设置边框为2像素 */
        border-color: black;
        margin-top:20px;
    }
    </style>
    </head>
      <body>
        <h1>标准流中的盒子模型演示</h1>
        <ul>
          <li>第1个项目内容</li>
          <li class="withborder">第2个项目内容,第2个项目内容,第2个项目内容,第2个项目内容,第2个项目内容,第2个项目内容。</li>
        </ul>
      </body>
    </html>
```

下面是具体的计算过程和答案。

先来计算水平方向的宽度,计算过程如下。

❶ a:由于 body 的 margin 设置为0,因此 a 的值为 ul 的左 margin(h1 的左 margin 相同),即 15 像素。

❷ b:ul 的左 padding 加 li 的左 margin,即 30 像素。

❸ c:第2个 li 的 border,即 5 像素。

❹ d:li 的左 padding,即 10 像素。

❺ e:计算完其他项目后再计算这个宽度,注意这里的文字和右边框之间没有间隔,因为右 padding 为 0。

❻ f:第2个 li 的 border,即 5 像素。

❼ g:ul 的右 padding 加上 li 的右 margin,即 30 像素。

❽ h:ul 的右 margin,即 15 像素。

现在来计算 e 的宽度。把水平方向除 e 之外的各项加起来,等于 110 像素,因此 e 的宽度为浏览器窗口的宽度减去 110 像素。

然后计算竖直方向的宽度。

❶ i:由于 body 的 margin 设置为0,因此 i 的值为 ul 的上 margin,即 15 像素。

❷ *j*：h1 的上下 padding 加上高度（h1 的 height 属性值），即 50 像素。

❸ *k*：h1 和 ul 相邻，因此上面的 h1 的下 margin 和下面的 ul 的上 margin 相遇，发生"塌陷"现象，因此 *l* 的值为二者中较大者，二者现在相同，因此 *l* 的值为 15 像素。

❹ *l*：ul 的上 margin，即 15 像素。

❺ *m*：li 的上下 padding 加上 1 行文字的行高，即 34 像素。

❻ *n*：li 的上下 border 加上上下 padding，再加上 3 行文本的高度，即 72 像素。

❼ *o*：上下两个 li 相邻，因此这里的高度是 20 像素。

❽ *p*：ul 的上 margin，即 15 像素。

> **注意**
>
> 对于盒子的宽度再强调说明一下，上面的这个例子中所有的盒子都没有设置 width 属性，在没有设置 width 属性时，盒子会自动向右伸展，直到不能伸展为止。如果某个盒子设置了 width 属性，那么盒子的宽度就以该值为准。而盒子实际占据的宽度是 width+padding+boarder+margin 的总宽度，如图 13.28 所示。
>
> 在 IE 6/7 和 Firefox 中都遵循上述原则，但是低版本的 IE 对于宽度的计算与此不同，不过现在使用低于 IE 6 的浏览器的人已经很非常少了，一般不用考虑，这里就不做细致讲解了。如果读者希望了解，可以到互联网上搜索一下，相关内容有很多。

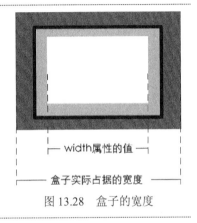

图 13.28　盒子的宽度

> **延伸思考**
>
> 在浏览器窗口比较宽的情况下，上面的这个页面在 Firefox 和 IE 中，效果是相同的。但是，当浏览器窗口比较窄的时候，二者会有区别，分别如图 13.29 所示。

图 13.29　在 IE 和 Firefox 中的不同表现

> 可以看到，当 h1 标题在一行中显示不下的时候，IE 中会扩展 h1 盒子的高度，以容纳两行文字；而 Firefox 中，则依然会按照 CSS 代码中的高度设定 h1 盒子的高度。这也印证了前面 13.6.3 节中介绍的内容。

13.8 本章小结

盒子模型是 CSS 控制页面的基础。学习本章之后，读者应该能够清楚在这里"盒子"的含义是什么，以及盒子的组成。

此外，应该理解 DOM 的基本概念，以及 DOM 树是如何与一个 HTML 文档对应的，在此基础上充分理解"标准流"的概念。只有先明白在"标准流"中盒子的布局行为，才能更容易地学习将在下一章中讲解的浮动和定位等相关知识。

第 14 章 盒子的浮动与定位

理解了第 13 章介绍的独立的盒子模型，以及在标准流情况下的盒子的相互关系之后，读者也会发现一个重要的问题，如果仅仅按照标准流的方式进行排版，就只能按照仅有的几种可能性进行排版，限制太大了。CSS 的制定者也想到了排版限制的问题，因此又给出了若干不同的手段以实现各种排版需要。

要涉及的最重要的就是 CSS 中的 float 和 position 两个属性。下面就详细介绍它们的应用。

14.1 盒子的浮动

在标准流中，一个块级元素在水平方向会自动伸展，直到包含它的元素的边界；而在竖直方向和兄弟元素依次排列，不能并排。使用"浮动"方式后，块级元素的表现就会有所不同。

CSS 中有一个 float 属性，默认为 none，也就是标准流通常的情况。如果将 float 属性的值设置为 left 或 right，元素就会向其父元素的左侧或右侧靠紧，同时默认情况下，盒子的宽度不再伸展，而是收缩，根据盒子里面的内容的宽度来确定。

14.1.1 准备代码

浮动的性质比较复杂，这里先制作一个基础的页面，代码如下，文件位于本书光盘中"第 14 章\14-01.htm"。后面一系列的实验将基于这个文件进行。

```
<!DOCTYPE html PUBliC "-//W3C//DTD XHTML 1.0 Transitional//EN"
          "http://www.w3.org/TR/xhtml1/DTD/xhtml1-transitional.dtd">
<html xmlns="http://www.w3.org/1999/xhtml">
<head>
    <title>float 属性</title>
<style type="text/css">
body{
    margin:15px;
    font-family:Arial; font-size:12px;
    }
.father{
    background-color:#ffff99;
    border:1px solid #111111;
    padding:5px;
    }
.father div{
    padding:10px;
```

```
        margin:15px;
        border:1px dashed #111111;
        background-color:#90baff;
        }
    .father p{
        border:1px dashed #111111;
        background-color:#ff90ba;
        }
    .son1{
        /* 这里设置son1的浮动方式*/
        }
    .son2{
        /* 这里设置son1的浮动方式*/
        }
    .son3{
        /* 这里设置son3的浮动方式*/
        }
    </style>
    </head>
    <body>
        <div class="father">
            <div class="son1">Box-1</div>
            <div class="son2">Box-2</div>
            <div class="son3">Box-3</div>
            <p>这里是浮动框外围的文字,这里是浮动框外围的文字,这里是浮动框外围的文字,这里是浮动框外围的文字,这里是浮动框外围的文字,这里是浮动框外围的文字,这里是浮动框外围的文字,这里是浮动框外围的文字.</p>
        </div>
    </body>
    </html>
```

上面的代码定义了 4 个<div>块,其中一个父块,另外 3 个是它的子块。为了便于观察,将各个块都加上了边框以及背景颜色,并且让<body>标记以及各个 div 有一定的 margin 值。

如果 3 个子 div 都没有设置任何浮动属性,就为标准流中的盒子状态。在父盒子中,4 个盒子各自向右伸展,竖直方向依次排列,效果如图 14.1 所示。

图 14.1 没有设置浮动时的效果

下面开始在这个基础上做实验，通过一系列的实验，就可以充分体会到浮动盒子具有哪些性质了。

14.1.2 案例1——设置第1个浮动的div

在上面的代码中找到：

```
.son1{
    /* 这里设置son1的浮动方式*/
}
```

将.son1盒子设置为向左浮动，代码为：

```
.son1{
    /* 这里设置son1的浮动方式*/
    float:left;
}
```

这时效果如图14.2所示，相应的文件位于本书光盘中"第14章\14-02.htm"。可以看到，标准流中的Box-2的文字在围绕着Box-1排列，而此时Box-1的宽度不再伸展，而是能容纳下内容的最小宽度。

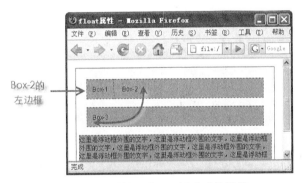

图14.2 设置第1个div浮动时的效果

请读者思考，此时Box-2这个盒子的范围是如何确定的，也就是它的左边框在哪里。答案是与Box-1的左边框重合，因为此时Box-1已经脱离标准流，标准流中的Box-2会顶到原来Box-1的位置，而文字会围绕着Box-1排列。

14.1.3 案例2——设置第2个浮动的div

将Box-2的float属性设置为left，此时效果如图14.3所示。可以看到Box-2也变为根据内容确定宽度，并使Box-3的文字围绕Box-2排列。

相应的文件位于本书光盘中"第14章\14-03.htm"。

从图中可以更清晰地看出，Box-3的左边框仍在Box-1的左边框下面。否则Box-1和Box-2之间的空白不会是深色的，这个深色实际上是Box-3的背景色，Box-1和Box-2之间的空白是由二者的margin构成的。

14.1.4 案例3——设置第3个浮动的div

接下来，把Box-3也设置为向左浮动。这时效果如图14.4所示，相应的文件位于本书光盘中"第 14 章\14-04.htm"。可以清楚地看到，文字所在的盒子的范围，以及文字会围绕浮动的盒子排列。

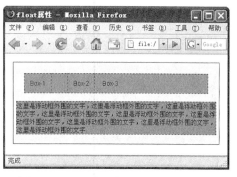 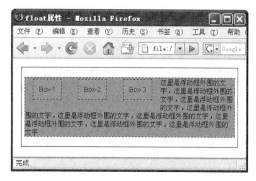

图 14.3　设置前两个 div 浮动时的效果　　　　图 14.4　设置第 3 个 div 浮动时的效果

14.1.5　案例 4——改变浮动的方向

将 Box-3 改为向右浮动，即 float:right。这时效果如图 14.5 所示，相应的文件位于本书光盘中"第 14 章\14-05.htm"。可以看到 Box-3 移动到了最右端，文字段落盒子的范围没有改变，但文字变成了夹在 Box-2 和 Box-3 之间。

这时，如果把浏览器窗口慢慢调整变窄，Box-2 和 Box-3 之间的距离就会越来越小，直到二者相接触。如果继续把浏览器窗口调整变窄，浏览器窗口就无法在一行中容纳 Box-1 到 Box-3，Box-3 会被挤到下一行中，但仍保持向右浮动，这时文字会自动布满空间，如图 14.6 所示。

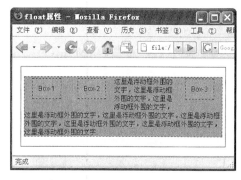 

图 14.5　改变浮动方向后的效果　　　　图 14.6　div 被挤到下一行时的效果

14.1.6　案例 5——再次改变浮动的方向

将 Box-2 改为向右浮动，Box-3 改为向左浮动。这时效果如图 14.7 所示，相应的文件位于本书光盘中"第 14 章\14-06.htm"。可以看到，布局没有变化，但是 Box-2 和 Box-3 交换了位置。

第 14 章 盒子的浮动与定位

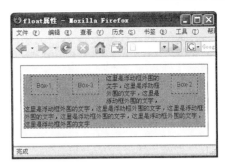

图 14.7 交换 div 位置时的效果

> **分析**
>
> 这里给我们提供了一个很有用的启示，通过使用 CSS 布局，可以实现在 HTML 不做任何改动的情况下，调换盒子的显示位置。这个应用非常重要，这样我们就可以在写 HTML 的时候，通过 CSS 来确定内容的显示位置；而在 HTML 中确定内容的逻辑位置，可以把内容最重要的放在前面，相对次要的放在后面。
>
> 这样做的好处是，在访问网页的时候，重要的内容先显示出来，虽然这可能只是几秒钟的事情，但是对于一个网站来说，却是很宝贵的几秒钟。研究表明，一个访问者对一个页面的印象往往是由最开始的几秒钟决定的。
>
> 此外，搜索引擎是不管 CSS 的，它只根据网页内容的价值来确定页面的排名，而对于一个 HTML 文档，越靠前的内容，搜索引擎会赋予越高的权重，因此把页面中最重要的内容放在前面，对于提高网站在搜索引擎的排名是很有意义的。

现在，回到实验中，把浏览器窗口慢慢变窄，当浏览器窗口无法在一行中容纳 Box-1 到 Box-3 时，和上一个实验一样会有一个 Box 被挤到下一行。那么被挤到下一行的是哪一个呢？答案是在 HTML 中，写在后面的，也就是 Box-3 会被挤到下一行中，但仍保持向左浮动，会到下一行的左端，这时文字仍然会自动排列，如图 14.8 所示。

14.1.7 案例 6——全部向左浮动

下面把页面修改为如图 14.9 所示的样子，方法是把 3 个 Box 都设置为向左浮动，然后在 Box-1 中增加一行，使它的高度比原来高一些。

图 14.8 div 被挤到下一行的效果

图 14.9 设置 3 个 div 浮动时的效果

请读者思考，如果此时把浏览器窗口调整变窄，结果将会如何？Box-3 会被挤到下一行，那么它会在 Box-1 的下面，还是在 Box-2 的下面呢？答案如图 14.10 所示。

在图 14.10 中绘制了 3 条示意的虚线，这是 Box-2 和 Box-3 的实际分割线。Box-3 被挤到下一行，并向左移动，到了这个拐角的地方就会被卡住，而停留在 Box-2 的下面。

到这里，关于浮动的性质读者应该已经理解了。接下来，很自然地会想到，如何在排版中实现某个盒子浮动，但使它后面的标准流中的盒子不受它的影响。这就需要一个与 float 属性配合的属性 clear，它的作用正是为了消除浮动的盒子对其他盒子的影响。

14.1.8 案例 7——使用 clear 属性清除浮动的影响

参考图 14.11 所示，修改代码，以使文字的左右两侧同时围绕着浮动的盒子。

图 14.10 div 挤倒下一行被卡住时的效果　　图 14.11 设置浮动后文字环绕的效果

如果不希望文字围绕浮动的盒子，又该怎么办呢？首先找到代码中的如下 4 行。

```
.father p{
    border:1px dashed #111111;
    background-color:#ff90ba;
}
```

然后增加一行对 clear 属性的设置，这里先将它设为左清除，也就是这个段落的左侧不再围绕着浮动框排列，代码如下，相应的文件位于本书光盘中"第 14 章\14-07.htm"。

```
.father p{
    border:1px dashed #111111;
    background-color:#ff90ba;
    clear:left;
}
```

这时效果如图 14.12 所示，段落的上边界向下移动，直到文字不受左边的两个盒子影响为止，但仍然受 Box-3 的影响。

接着，将 clear 属性设置为 right，效果如图 14.13 所示。由于 Box-3 比较高，因此清除了右边的影响，自然左边就更不会受影响了。

关于 clear 属性有两点要说明。

● clear 属性除了可以设置为了 left 或 right 之外，还可以设置为 both，表示同时消除左右两边的影响。

● 要特别注意，对 clear 属性的设置要放到文字所在的盒子里，例如一个 p 段落的 CSS 设置中，而不要放到对浮动盒子的设置里面。经常有初学者没有搞懂原理，误以为在对某个盒子设置了 float 属性以后，要消除它对外面的文字的影响，就要在它的 CSS 样式中增加一条 clear，其实这是没有用的。

图 14.12　清除浮动对左侧影响后的效果　　　　图 14.13　清除浮动对右侧影响后的效果

14.1.9　案例 8——扩展盒子的高度

关于 clear 的作用，这里再给出一个例子。在 14.1.8 节的例子中，将文字所在的段落删除，这时在父 div 里面只有 3 个浮动的盒子，它们都不在标准流中，这时观察浏览器中的效果，如图 14.14 所示。

可以看到，文字段落被删除以后，父 div 的范围缩成一条，是由 padding 和 border 构成的，也就是说，一个 div 的范围是由它里面的标准流内容决定的，与里面的浮动内容无关。如果要使父 div 的范围包含这 3 个浮动盒子，如图 14.15 所示，那么该怎么办呢？

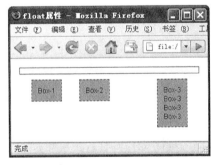 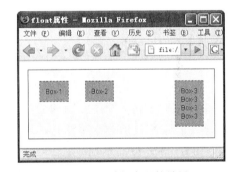

图 14.14　包含浮动 div 的容器将不会适应高度　　　　图 14.15　希望实现的效果

实现这个效果的方法有几种，但都不完美，都会带来一些不"优雅"的副作用。其中一种方法是在 3 个 div 的后面再增加一个 div，HTML 代码如下：

```
<body>
    <div class="father">
        <div class="son1">Box-1</div>
        <div class="son2">Box-2</div>
        <div class="son3">Box-3<br />
            Box-3<br />
            Box-3<br />
            Box-3</div>
        <div class="clear"></div>
```

```
        </div>
    </body>
```

然后为这个 div 设置样式,注意这里必须要指定其父 div,并覆盖原来对 margin、padding 和 border 的设置。

```
.father .clear{
    margin:0;
    padding:0;
    border:0;
    clear:both;
}
```

这时效果如图 14.15 所示,相应的文件位于本书光盘中"第 14 章\14-08.htm"。

14.2 盒子的定位

本小节来详细讲解盒子的定位。实际上对于使用 CSS 进行网页布局这个大主题来说,"定位"这个词本身有两种含义。

- 广义的"定位":要将某个元素放到某个位置的时候,这个动作可以称为定位操作,可以使用任何 CSS 规则来实现,这就是泛指的一个网页排版中的定位操作,使用传统的表格排版时,同样存在定位的问题。
- 狭义的"定位":在 CSS 中有一个非常重要的属性 position,这个单词翻译为中文也是定位的意思。然而要使用 CSS 进行定位操作并不仅仅通过这个属性来实现,因此不要把二者混淆。

首先,对 position 属性的使用方法做一个概述,后面再具体举例子说明。position 属性可以设置为 4 个属性值之一。

- static:这是默认的属性值,也就是该盒子按照标准流(包括浮动方式)进行布局。
- relative:称为相对定位,使用相对定位的盒子的位置常以标准流的排版方式为基础,然后使盒子相对于它在原本的标准位置偏移指定的距离。相对定位的盒子仍在标准流中,它后面的盒子仍以标准流方式对待它。
- absolute:绝对定位,盒子的位置以它的包含框为基准进行偏移。绝对定位的盒子从标准流中脱离。这意味着它们对其后的兄弟盒子的定位没有影响,其他的盒子就好像这个盒子不存在一样。
- fixed:称为固定定位,它和绝对定位类似,只是以浏览器窗口为基准进行定位,也就是当拖动浏览器窗口的滚动条时,依然保持对象位置不变。

读者可能会觉得这 4 条属性值不太易于理解,这一节的任务就是彻底搞懂它们的含义。

position 定位与 float 一样,也是 CSS 排版中非常重要的概念。position 从字面意思上看就是指定块的位置,即块相对于其父块的位置和相对于它自身应该在的位置。

14.2.1 静态定位(static)

static 为默认值,它表示块保持在原本应该在的位置上,即该值没有任何移动的效果。因此,前面的所有例子实际上都是 static 方式的结构,这里就不再介绍了。

为了讲解清楚后面的其他比较复杂的定位方式，也像上一节一样，使用一系列实验的方法，目的是通过实验的方法找出规律。

这里首先给出最基础的代码，也就是没有设置任何 position 属性，相当于使用 static 方式的页面。相应的文件位于本书光盘中"第 14 章\14-09.htm"。

```
<!DOCTYPE html PUBlIC "-//W3C//DTD XHTML 1.0 Transitional//EN"
        "http://www.w3.org/TR/xhtml1/DTD/xhtml1-transitional.dtd">
<html xmlns="http://www.w3.org/1999/xhtml">
<head>
<title>position 属性</title>
<style type="text/css">
body{
    margin:20px;
    font :Arial 12px;
}
#father{
    background-color:#a0c8ff;
    border:1px dashed #000000;
    padding:15px;
}

#block1{
    background-color:#fff0ac;
    border:1px dashed #000000;
    padding:10px;
}
</style>
</head>
<body>
    <div id="father">
        <div id="block1">Box-1</div>
    </div>
</body>
</html>
```

这个页面的效果如图 14.16 所示，这是一个很简单的标准流方式的两层的盒子。

图 14.16　没有设置 position 属性时的状态

14.2.2　相对定位（relative）

使用 relative，即相对定位，除了将 position 属性设置为 relative 之外，还需要指定一定的偏移量，水平方向通过 left 或者 right 属性来指定，竖直方向通过 top 和 bottom 来指定。下面还是通过实验的方式找到其中的规律。

1．案例1——一个子块的情况

下面在 CSS 样式代码中的 Box-1 处，将 position 属性设置为 relative，并设置偏移距离，代码如下。

```
#block1{
    background-color:#fff0ac;
    border:1px dashed #000000;
    padding:10px;
    position:relative;              /* relative 相对定位 */
    left:30px;
    top:30px;
}
```

效果如图 14.17 所示，相应的文件位于本书光盘中"第 14 章\14-10.htm"。图中显示了 Box-1 原来的位置和新位置的比较。可以看出，它向右和向下分别移动了 30 像素，也就是说，"left:30px"的作用就是使 Box-1 的新位置在它原来位置的左边框右侧 30 像素的地方，"top:30px"的作用就是使 Box-1 的新位置在原来位置的上边框下侧 30 像素的地方。

这里用到了 top 和 left 这两个 CSS 属性，实际上在 CSS 中一共有 4 个配合 position 属性使用的定位属性，除 top 和 left 之外，还有 right 和 bottom。

图 14.17　一个 div 设置为相对定位后的效果

这 4 个属性只有当 position 属性设置为 absolute、relative 或 fixed 时才有效。而且，在 position 属性取值不同时，它们的含义也不同。当 position 设置为 relative 时，它们表示各个边界与原来位置的距离。

top、right、bottom 和 left 这 4 个属性除了可以设置为绝对的像素数，还可以设置为百分数。此时，可以看到子块的宽度依然是未移动前的宽度，撑满未移动前父块的内容。只是向右移动了，右边框超出了父块。因此，还可以得出另一个结论，当子块使用相对定位以后，它发生了偏移，即使移动到了父盒子的外面，父盒子也不会变大，就好像子盒子没有变化一样。

类似地，如果将偏移的数值设置为：

```
    right:30px;
    bottom:30px;
```

效果将如图 14.18 所示。

对于父块来说，同样没有任何影响，就好像子块没有发生过任何改变一样。因此可以总结出以下两条结论。

● 使用相对定位的盒子，会相对于它原本的位置，通过偏移指定的距离，到达新的位置。

● 使用相对定位的盒子仍在标准流中，它

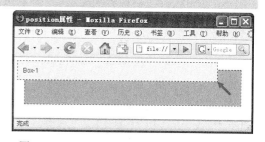

图 14.18　以右侧和下侧为基准设置相对定位

对父块没有任何影响。

2．案例 2——两个子块的情况

下面讨论两个子块的情况。把上面的网页稍加改造，在父 div 中放两个 div。首先对它们都不设置任何偏移，代码如下。

```
<!DOCTYPE html PUBliC "-//W3C//DTD XHTML 1.0 Transitional//EN"
         "http://www.w3.org/TR/xhtml1/DTD/xhtml1-transitional.dtd">
<html xmlns="http://www.w3.org/1999/xhtml">
<head>
<meta http-equiv="Content-Language" content="zh-cn" />
<title>position 属性</title>
<style type="text/css">
body{
    margin:20px;
    font-family:Arial;
    font-size:12px;
    }
#father{
    background-color:#a0c8ff;
    border:1px dashed #000000;
    padding:15px;
    }
#father div{
    background-color:#fff0ac;
    border:1px dashed #000000;
    padding:10px;
    }
#block1{
    }
#block2{
    }
</style>
</head>
<body>
    <div id="father">
        <div id="block1">Box-1</div>
        <div id="block2">Box-2</div>
    </div>
</body>
</html>
```

这时效果如图 14.19 所示，相应的文件位于本书光盘中"第 14 章\14-11.htm"。

在代码中可以看到，现在对两个子块的设置都还空着。下面首先将 Box-1 盒子的 CSS 设置为：

```
#block1{
    position:relative;
    bottom:30px;
    right:30px;
}
```

将子块 1 的 position 属性设置成了 relative，子块 2 还没有设置任何与定位相关的属性。

此时的效果如图 14.20 所示，与前面的图 14.19 对比，可以看到子块 1 的位置以自身为基准向上和向左各偏移了 30 像素。而子块 2 和前面的图 14.19 所示的相比没有任何变化，就好像子块 1 还在原来的位置上。

图 14.19　设置为相对定位前的效果

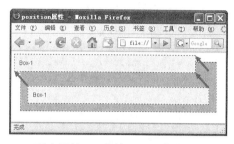
图 14.20　两个兄弟 div 的情况下，其中一个设置为相对定位后的效果

这又一次验证了前面实验 1 中总结出的两条结论，并且需要把第 2 条结论再稍稍改进。因为，使用相对定位的盒子不仅对父块没有任何影响，对兄弟盒子也没有任何影响。至此，可以总结出，对于相对定位的规律是：

- 使用相对定位的盒子，会相对于它原本的位置，通过偏移指定的距离，到达新的位置；
- 使用相对定位的盒子仍在标准流中，它对父亲和兄弟盒子都没有任何影响。

如果同时设置两个子块的 position 属性都为 relative，情况又会如何呢？现在把子块 2 也进行相应的设置，代码如下。

```
#block2{
    position:relative;
    top:30px;
    left:30px;
}
```

这时的效果如图 14.21 所示，相应的文件位于本书光盘中"第 14 章\14-12.htm"。

3．结论

这继续验证了上面总结的两条结论，请读者记清楚下面两条关于"相对定位"的定位原则。

- 使用相对定位的盒子，会相对于它在原本的位置，通过偏移指定的距离，到达新的位置。
- 使用相对定位的盒子仍在标准流中，它对父块和兄弟盒子没有任何影响。

需要指出的是，上面的实验是针对标准流方式进行的，实际上，对浮动的盒子使用相对定位也是一样的。例如图 14.22 中显示的是 3 个浮动的盒子，它们都向左浮动排在一行中，如果对其中的一个盒子使用相对定位，它也同样相对于它

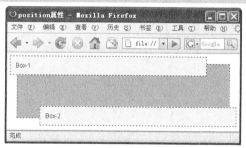
图 14.21　两个兄弟 div 都设置为相对定位的效果

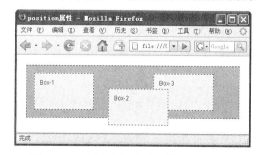
图 14.22　在浮动方式下，使用相对定位

在原本的位置，通过偏移指定的距离，到达新的位置，它旁边的 Box-3 仍然"以为"它还在原来的位置。

14.2.3 绝对定位（absolute）

了解了相对定位以后，下面开始分析 absolute 定位方式，它表示绝对定位。通过上面的学习，可以了解到各种 position 属性都需要通过配合偏移一定的距离来实现定位，而其中核心的问题就是以什么作为偏移的基准。

对于相对定位，就是以盒子本身在标准流中或者浮动时原本的位置作为偏移基准的，那么绝对定位以什么作为定位基准呢？

1．准备网页代码

下面仍然以一个标准流方式的页面为基础，进行一系列的实验，总结出它的规律。先准备如下代码。

```
<!DOCTYPE html PUBliC "-//W3C//DTD XHTML 1.0 Transitional//EN"
         "http://www.w3.org/TR/xhtml1/DTD/xhtml1-transitional.dtd">
<html xmlns="http://www.w3.org/1999/xhtml">
<head>
<title>absolute 属性</title>
<style type="text/css">
body{
    margin:20px;
    font-family:Arial;
    font-size:12px;
}
#father{
    background-color:#a0c8ff;
    border:1px dashed #000000;
    padding:15px;
}
#father div{
    background-color:#fff0ac;
    border:1px dashed #000000;
    padding:10px;
    }
#block2{
    }
</style>
</head>
<body>
    <div id="father">
        <div >Box-1</div>
        <div id="block2">Box-2</div>
        <div >Box-3</div>
    </div>
</body>
</html>
```

效果如图 14.23 所示。可以看到,一个父 div 里面有 3 个 div,都是标准流方式排列。相应的文件位于本书光盘中"第 14 章\14-13.htm"。

2.案例——使用绝对定位

下面尝试使用绝对定位,代码中找到对#block2 的 CSS 设置位置,目前它是空白的,下面把它改为:

```
#block2{
    position:absolute;
    top:0;
    right:0;
}
```

这里将 Box-2 的定位方式从默认的 static 改为 absolute,此时的效果如图 14.24 所示。这时是以浏览器窗口作为定位基准的。此外,该 div 会彻底脱离标准流,Box-3 会紧贴 Box-1,就好像没有 Box-2 这个 div 存在一样。本例相应的文件位于本书光盘中"第 14 章\14-14.htm"

图 14.23 设置绝对定位前的效果

图 14.24 将中间的 div 设置为绝对定位后的效果

下面将设置改为:

```
#block2{
    position:absolute;
    top:30px;
    right:30px;
}
```

这时的效果如图 14.25 所示,以浏览器窗口为基准,从左上角开始向下和向左各移动 30 像素,得到图中的效果。

是不是所有的绝对定位都以浏览器窗口为基准来定位呢?答案是否定的。接下来对上面的代码做一处修改,为父 div 增加一个定位样式,代码如下。

```
#father{
    background-color:#a0c8ff;
    border:1px dashed #000000;
    padding:15px;
    position:relative;
}
```

这时效果就变化了,如图 14.26 所示。偏移的距离没有变化,但是偏移的基准不再是浏览器窗口,而是它的父 div 了。

图 14.25　设置偏移量后的效果

图 14.26　将父块设置为 "包含块" 后的效果

对于绝对定位的正确描述如下。

● 使用绝对定位的盒子以它的 "最近" 的一个 "已经定位" 的 "祖先元素" 为基准进行偏移。如果没有已经定位的祖先元素，那么会以浏览器窗口为基准进行定位。

● 绝对定位的框从标准流中脱离，这意味着它们对其后的兄弟盒子的定位没有影响，其他的盒子就好像这个盒子不存在一样。

在上述第一条原则中，有 3 个带引号的定语，需要进行一些解释。

说明

（1）所谓 "已经定位" 元素的含义是，position 属性被设置，并且被设置为不是 static 的任意一种方式，那么该元素就被定义为 "已经定位" 的元素。

（2）关于 "祖先" 元素，如果结合本章最前面介绍的 "DOM 树" 的知识，就可以理解了。从任意节点开始，走到根节点，经过的所有节点都是它的祖先，其中直接上级节点是它的父亲，以此类推。

（3）关于 "最近"，在一个节点的所有祖先节点中，找出所有 "已经定位" 的元素，其中距离该节点最近的一个节点，父亲比祖父近，祖父比曾祖父近，以此类推，"最近" 的就是要找的定位基准。

回到这个实际的例子中，在父 div 没有设置 position 属性时，Box-2 这个 div 的所有祖先都不符合 "已经定位" 的要求，因此它会以浏览器窗口为基准来定位。而当父 div 将 position 属性设置为 relative 以后，它就符合 "已经定位" 的要求了，它又是所有祖先中惟一一个已经定位的，也就满足 "最近" 这个要求，因此就会以它为基准进行定位了。本书以后将绝对定位的基准称为 "包含块"。

到这里绝对定位已经基本介绍清楚了，最后需要补充说明的是关于 IE 6 中的一个错误，上面这个例子在 IE 6 中显示的效果如图 14.27 所示。

浏览器兼容性

图 14.27　在右侧时，IE 6 中显示正确

这个效果是正确的，注意现在是用右边框来定位的，如果换成用左边框来定位，效果就会如图 14.28 所示。

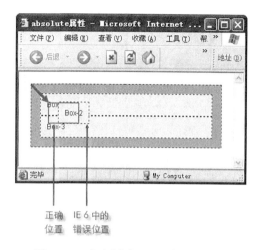

图 14.28　在左侧时，IE 6 中显示错误

错误的位置和正确的位置相差了父 div 的 padding 的宽度，这是 IE 6 中的固有错误，解决方法是给父 div（定位的基准盒子）增加一条 CSS 样式，代码如下：

```
height:1%;
```

这时效果如图 14.29 所示，可以看到位置已经正确了。

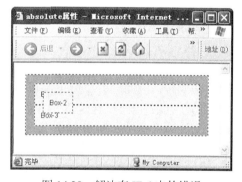

图 14.29　解决在 IE 6 中的错误

注意，这种办法通常被称为"CSS hack"，这里的 hack 不是"黑客"的意思，而是指一些说得清或者说不清道理，但总之很有效的解决办法，就像我们生活中的"偏方"。

3．浏览器的 Bug 与 Hack

对于这种存在于程序中的小错误，英文中称为"Bug"。任何程序和软件都很难做到清除掉所有 Bug，特别是浏览器，加之对于规范的解释不统一，因此类似的错误一直存在。

因此应运而生了许多 Hack 方法，来解决一些特定的 Bug。有的 CSS 书籍或资料中很喜欢介绍各种"CSS hack"，很多读者也为此花费了大量的精力，其实不需要在这些技巧上投入过多。在实际工作中，这些问题并不常见，而且绝大部分 hack 技巧都是为了解决 IE 5.5 及以下版本的错误的，目前除非要制作非常特殊的网站，否则不必考虑 IE 5.5 的访问者。图 14.30

所示的是以本书作者的一个网站为例，使用 Google 提供的网站分析工具对其进行统计，得出的数据，从最近约 1 万名访问者使用的浏览器状况来看。IE 6/IE 7 和 Firefox 已经占有了绝对统治性的份额。

图 14.30 左图所示的是访问者中使用各种浏览器的比例，右图所示的则是在使用 IE 浏览器的访问者中使用不同版本的分布比例。

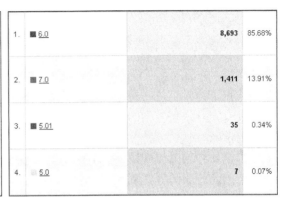

图 14.30　使用各种浏览器的人数比例，以及使用不同版本 IE 的人数比例

根据这两张图中的数据计算，如果网站能够确保在 IE 6/7 和 Firefox 中显示正常，则可以保证 99.13%的访问者正常浏览网页。相对来说，满足这 3 个浏览器要比兼容 IE 5.5/5.0 等容易得多，基本上不需要太多额外的方法就可以做出兼容性很好的网站。

4．绝对定位的特殊性质

对于绝对定位，还有一个特殊的性质需要介绍。在有的网页中必须利用这个性质才能实现需要的效果。本书后面章节的案例中，也几次使用到这个性质。

假设有如下代码：

```
<!DOCTYPE html PUBLIC "-//W3C//DTD XHTML 1.0 Transitional//EN"
"http://www.w3.org/TR/xhtml1/DTD/xhtml11-transitional.dtd">
<html xmlns="http://www.w3.org/1999/xhtml">

<head>
<style>
body{
    margin:0;
}
#outerBox{
    width:200px;
    height:100px;
    margin:10px auto;
    background:silver
    }
#innerBox{
    position:absolute;
    top:70px;
    width:100px;
```

```
            height:50px;
            background:orange
            }
    </style>
</head>
<body>
    <div id="outerBox">
        <div id="innerBox"></div>
    </div>
</body>
</html>
```

代码中，外面的盒子没有设置 postion 属性，内部的盒子设置了绝对定位，但是只在竖直方向指定了偏移量，没有指定水平方向的偏移量，此时内部的盒子将如何定位呢？

在浏览器中的效果如图 14.31 所示。可以看到，因为内部的盒子设置了绝对定位属性，而外层的 div 没有设置 position 属性，所以它的定位基准是浏览器窗口。但是由于在水平方向上没有设置偏移属性，因此在水平方向它仍然会保持原来应该在位置，它的左侧与外层盒子的左侧对齐。因为在竖直方向上设置了"top:70px"，所以距离浏览器窗口顶部为 70 像素。

图 14.31　使用绝对定位但是不设置偏移属性时的效果

因此，通过这个实验可知，如果设置了绝对定位，而没有设置偏移属性，那么它仍将保持在原来的位置。这个性质可以用于需要使某个元素脱离标准流，而仍然希望它保持在原来的位置的情况。本书后面的案例会用到这个性质，请读者到时候再注意这个性质的使用方法。

14.2.4　固定定位（fixed）

position 属性的第 4 个取值是 fixed，即固定定位。它与绝对定位有些类似，区别在于定位的基准不是祖先元素，而是浏览器窗口或者其他显示设备的窗口。目前还没有被 IE 6 浏览器支持，因此这里就不再介绍了。

如果读者有趣，可以研究一下本书第 2 章最后列举的几个很有特色的禅意花园作品，它们就是充分利用固定定位的方式实现的。

14.3　z-index 空间位置

z-index 属性用于调整定位时重叠块的上下位置，与它的名称一样，想象页面为 x-y 轴，垂直于页面的方向为 z 轴，z-index 值大的页面位于其值小的上方，如图 14.32 所示。

z-index 属性的值为整数，可以是正数也可以是负数。当块被设置了 position 属性时，该值便可设置各块之间的重叠高低关系。默认的 z-index 值为 0，当两个块的 z-index 值一样时，将保持原有的高低覆盖关系。

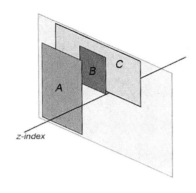

图 14.32　z-index 轴

14.4　盒子的 display 属性

通过前面的讲解，读者已经知道盒子有两种类型，一种是 div 这样的块级元素，还有一种是 span 这样的行内元素。

事实上，对于盒子有一个专门的属性，用以确定盒子的类型，这就是 display 属性。

假设有如下 HTML 结构：

```
<body>
    <div>Box-1</div>
    <div>Box-2</div>
    <div>Box-3</div>
    <span>Box-4</span>
    <span>Box-5</span>
    <span>Box-6</span>
    <div>Box-7</div>
    <span>Box-7</span>
</body>
```

这时的效果如图 14.33 所示，Box-4、Box-5、Box-6 是 span，因此它们在一行中，其余的都各占一行。

下面把前 3 个 div 的 display 属性设置为 inline，即"行内"；接着把中间 3 个 span 的 display 属性设置为 block，即"块级"；再把最后一个 div 和一个 span 的 display 属性设置为"none"，即"无"。具体的代码如下：

```
<body>
    <div style="display:inline">Box-1</div>
    <div style="display:inline">Box-2</div>
    <div style="display:inline">Box-3</div>
    <span style="display:block">Box-4</span>
    <span style="display:block">Box-5</span>
    <span style="display:block">Box-6</span>
    <div style="display:none">Box-7</div>
    <span style="display:none">Box-8</span>
</body>
```

这时效果如图 14.34 所示。可以看到，原本应该是块级元素的 div 变成了行内元素，原本应该是行内元素的 span 变成了块级元素，并且设置为 none 的两个盒子消失了。

图 14.33　浏览器默认的显示效果　　　　图 14.34　强制改变盒子类型后的显示效果

从这个例子可以看出，通过设置 display 属性，可以改变某个标记本来的元素类型，或者把某个元素隐藏起来。这个性质在后面的案例中将发挥巨大的作用。

14.5　本章小结

本章的重点和难点是深刻地理解"浮动"和"定位"这两个重要的性质，它们对于复杂页面的排版至关重要。因此，尽管本章的案例都很小，也很朴素，但是如果读者不能真正深刻地理解蕴含在其中的道理，后面的复杂案例效果是无法完成的。

第 15 章
用 CSS 设置表格样式

表格是网页上最常见的元素。在传统的网页设计中表格除了显示数据外，还常常被用来作为整个页面布局的手段。在 Web 标准逐渐深入设计领域以后，表格逐渐不再承担布局的任务，但是表格仍然都在网页设计中发挥着重要的作用。本章继续挖掘 CSS 的强大功能，让普普通通的表格也表现出精彩的一面。

15.1 控制表格

表格作为传统的 HTML 元素，一直受到网页设计者们的青睐。使用表格来表示数据、制作调查表等应用在网络中屡见不鲜。同时因为表格框架的简单、明了，使用没有边框的表格来排版，也受到很多设计者的喜爱。本节主要介绍 CSS 控制表格的方法，包括表格的颜色、标题、边框和背景等。

15.1.1 表格中的标记

在最初 HTML 设计时，表格（<table>标记）仅仅是用于存放各种数据的，例如收支表、成绩单等都适于用表格来组织数据形式。因此表格有很多与数据相关的标记，十分方便。

最常用的 3 个与表格相关的标记是<table>、<tr>和<td>。其中，<table>用于定义整个表格，<tr>定义一行，<td>定义一个单元格。此外，还有两个标记也是比较常用的，尤其使用 CSS 可以灵活设置表格样式以后，这两个标记就更常用到。

（1）<caption>标记，它的作用跟它的名称一样，就是用于定义表格的大标题。该标记可以出现在<table>与</table>之间的任意位置，不过通常习惯放在表格的第 1 行，即紧接着<table>标记。

（2）<th>标记，即表头。在表格中主要用于行或者列的名称，行和列都可以使用各自的名称。实际上<th>和<td>是很相似的，主要是可以分别对它们进行设置样式。

下面先准备一个简单的表格，例如制作一个"期中考试成绩表"，用到了上面 5 个标记，代码如下。实例文件位于本书光盘的"第 15 章\01\begin.htm"。

```
<!DOCTYPE html PUBLIC "-//W3C//DTD XHTML 1.0 Transitional//EN"
"http://www.w3.org/TR/xhtml1/DTD/xhtml1-transitional.dtd">
<html xmlns="http://www.w3.org/1999/xhtml">
<head>
<title>奖牌榜</title>
</head>
```

```
<body>
<table border="2" cellpadding="2" cellspacing="2" bgcolor="#eeeeee">
    <caption>期中考试成绩单</caption>
    <tr>
        <th>姓名</th> <th>物理</th> <th>化学</th> <th>数学</th> <th>总分</th>
    </tr>
    <tr><th>牛小顿</th> <td>32</td> <td>17</td> <td>14</td> <td>63</td></tr>
    <tr><th>伽小略</th> <td>28</td> <td>16</td> <td>15</td><td >59</td></tr>
    <tr><th>薛小谔</th> <td>26</td> <td>22</td> <td>12</td> <td>60</td></tr>
    <tr><th>海小堡</th> <td>16</td> <td>22</td> <td>16</td> <td>54</td></tr>
    <tr><th>波小尔</th> <td>25</td> <td>11</td> <td>12</td><td >48</td></tr>
    <tr><th>狄小克</th> <td>15</td> <td>8</td> <td>9</td> <td>32</td></tr>
</table>
</body>
```

这个页面的显示效果如图 15.1 所示。

图 15.1　基本的表格样式

这个实例中，没有使用任何 CSS 样式，而是使用了 HTML 中规定的设置表格的一些属性，例如在上面的代码中有如下一行：

```
<table border="2" cellpadding="10" cellspacing="10" bgcolor="#eeeeee">
```

这里 border 属性用于表格边框，bgcolor 用于设定背景色，cellpadding 和 cellspacing 的作用如图 15.2 所示。

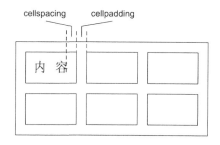

图 15.2　cellspacing 和 cellpadding 的含义

在 CSS 被广泛使用之前，大都使用上述这些属性来设置表格的样式，但是控制能力非常弱，而使用 CSS 以后，就可以更精确灵活地控制表格的外观了。

15.1.2 设置表格的边框

本案例中，仍然使用上面奖牌榜的数据，通过 CSS 来对表格样式进行设置。首先在原来的代码中删除使用的 HTML 属性，然后为 table 设置一个类别"record"，并进行如下设置。实例文件位于本书光盘的"第 15 章\01\record.htm"。

```
<style type="text/css">
.record{
    font: 14px 宋体;
    border:2px #777 solid;
    text-align:center;
}

.record td{
    border:1px #777 dashed;
}
.record th{
    border:1px #777 solid;
}
</style>
```

此时效果如图 15.3 所示。最外面的粗线框是整个表格边框，里面每个单元格都有自己的边框，th 和 td 可以分别设置各自的边框样式，例如这里 th 为 1 像素的实线，td 为 1 像素的虚线。

可以看到此时每个单元格之间都有一个的空隙，那么有没有办法消除这个缝隙，并设置 1 像素宽的分割线呢？先来试验一下，使表格边框线最细的方法就是使边线粗细为 1 像素，并使 cellspacing 为 0，这样的效果如图 15.4 所示。源文件请参见本书光盘"第 15 章\01\record-2px.htm"。

图 15.3　设置表格的框线

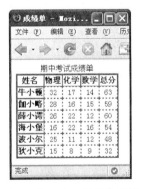

图 15.4　cellspacing 设置为 0 的效果

那么图中单元格之间的框线的粗细是多少呢？答案应该是 2 像素，因为每个单元格都有自己的边框，相邻边框紧贴在一起，因此一共是 2 像素。

如果使用 HTML 的属性最细就是 2 像素了，那么如果使用 CSS 呢？则可以制作边框线宽度为 1 像素的表格，需要使用一个新的属性 border-collapse。

1．设置单元格的边框

通过 border-collapse 属性，CSS 提供了两种完全不同的方法来设置单元格的边框。一种用于在独立的单元格中设置分离的边框，另一种适合设置从表格一端到另一端的连续边框。在默认情况下，使用上面讲到的"分离边框"，也就是在上面的表格中看到的效果，相邻的单元格有各自的边框。

而如果在上面的例子中，在".record"的设置中增加一个属性设置：

```
border-collapse: collapse;
```

其他不做任何改变，效果将变成如图15.5所示的样子，可以看到相邻单元格之间原来的两条边框重合为一条边框了，而且这条边框的粗细正是1像素。源文件请参见本书光盘"第15章\01\record-collapse.htm"。

图15.5　表格框线的重合模式

> **说明**
> （1）border-collapse属性可以设置的属性值除了collapse（合并）之外，还可以设置为separate（分离），默认值为separate。
> （2）如果表格的border-collapse属性设置为collapse，那么HTML中设置的cellspacing属性设置的值就无效了。

2．相邻边框的合并规则

在图15.4中，我们又会发现一个问题，每个单元格都可以设置各自的边框颜色、样式和宽度等属性，那么相邻边框在合并时将以谁为准呢？例如在上面的例子中可以看到th的实线和td的虚线合并的时候，浏览器选择了th的实线。那么这里的规则是什么样的呢？

在CSS 2的规范中的定义如下。

（1）如果边框的"border-style"设置为"hidden"，那么它的优先级高于任何其他相冲突的边框。任何边框只要有该设置，其他的边框的设置就都将无效。

（2）如果边框的属性中有"none"，那么它的优先级是最低的。只有在该边重合的所有元素的边框属性都是"none"时，该边框才会被省略。

（3）如果重合的边框中没有被设置为"hidden"的，并且至少有一个不是"none"，那么重合的边框中粗的优先于细的。如果几个边框的"border-width"相同，那么样式的优先次序由高到低依次为"double"、"solid"、"dashed"、"dotted"、"ridge"、"outset"、"groove"、"inset"。

（4）如果边框样式的其他设置均相同，只是颜色上有区别，那么单元格的样式最优先，然后依次是行、行组、列、列组的样式，最后是表格的样式。

不过 IE 浏览器还没有完全执行上面这个规范的规定。在 CSS 2 的规范中，给出了一个明确的演示。下面的代码来自于 CSS 2 规范。

```
<HTML>
<HEAD>
<STYLE>
  TABLE{border-collapse: collapse;
        border: 5px solid yellow; }
  *#col1 { border: 3px solid black; }
  TD    { border: 1px solid red;
          padding: 1em;
        }
  TD.solid-blue  { border: 5px dashed blue; }
  TD.solid-green { border: 5px solid green; }
</STYLE>
</HEAD>
<BODY>
<TABLE>
<COL id="col1"><COL id="col2"><COL id="col3">
<TR id="row1">
    <TD> 1
    <TD> 2
    <TD> 3
</TR>
<TR id="row2">
    <TD> 4
    <TD class="solid-blue"> 5
    <TD class="solid-green"> 6
</TR>
<TR id="row3">
    <TD> 7
    <TD> 8
    <TD> 9
</TR>
<TR id="row4">
    <TD> 10
    <TD> 11
    <TD> 12
</TR>
<TR id="row5">
    <TD> 13
    <TD> 14
    <TD> 15
</TR>
</TABLE>
</BODY>
</HTML>
```

在图 15.6 中，左图为 CSS 2 规范中给出的正确显示效果，中间图为在 Firefox 中的实际显示效果，右图为在 IE 6（IE 7 与 IE 6 相同）中的显示效果。可以看到，Firefox 的显示效果严格符合 CSS 2 规范，而 IE 浏览器则没有完全遵守 CSS 2 规范。

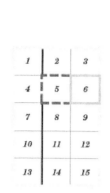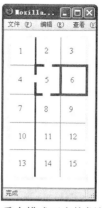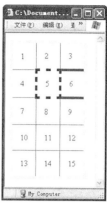

图 15.6　重合模式下表格框线的优先级

3．边框的分离

讲完边框的合并之后，再来补充说明一个边框分离的问题。前面讲到过，在使用 HTML 属性格式化表格时可以通过使用 cellpadding 来设置单元格内容和边框之间的距离，以及使用 cellspacing 设置相邻单元格边框之间的距离。

要用 CSS 实现 cellpadding 的作用，只要对 td 使用 padding 就可以了；而要用 CSS 实现 cellspacing 的作用时，对单元格使用 margin 是无效的，需要对 table 使用另一个专门的属性 border-spacing 来代替它，并确保没有将 border-collapse 属性设置为 collapse。例如，在上面的代码中，在".record"中增加一条样式设置：

图 15.7　框线分离模式下设置边框之间的距离

```
border-spacing:10px;
```

在 Firefox 中的效果如图 15.7 所示。源文件请参见本书光盘"第 15 章\01\record-separate.htm"。

> **注意**　遗憾的是，IE 6 和 IE 7 都不支持这个属性，因此如果希望精确地控制相邻边框之间的距离，又能够适用于各种浏览器，目前还只能使用 HTML 的 cellspacing 属性来实现，它是目前关于表格的所有 HTML 属性中惟一还不得不用到的属性，其他属性都可以使用 CSS 的属性实现。

15.1.3　确定表格的宽度

CSS 提供了两种确定表格以及内部单元格宽度的方式。一种与表格内部的内容相关，称为"自动方式"；一种与内容无关，称为"固定方式"。

使用了自动方式时，实际宽度可能并不是 width 属性的设置值，因为它会根据单元格中的内容多少进行调整。而在固定方式下，表格的水平布局不依赖于单元格的内容，而明确地由 width 属性指定。如果取值为"auto"就意味着使用"自动方式"进行表格的布局。

在两种模式下，各自如何计算布局宽度是一个比较复杂的逻辑过程。对于一般用户来说，不需要精确地掌握它，但是知道有这两种方式是很有用的。

在无论各列中的内容有多少，都要严格保证按照指定的宽度显示时，可以使用"固定方式"。例如在后面的"日历"排版中,就用到了固定方式。反之,对各列宽度没有严格要求时,用"自动方式"可以更有效地利用页面空间。

如果要使用固定方式,就需要对表格设置它的 table-layout 属性。将它设置为"fixed"即为固定方式;设置为"auto"时则为自动方式。浏览器默认使用自动方式。

15.1.4 其他与表格相关的标记

除了前面介绍的标记之外,前面的章节增加介绍过,HTML 中还有 3 个标记<thead>、<tbody>和<tfoot>,它们用来定义表格的不同部分,称为"行组",如图 15.8 所示。

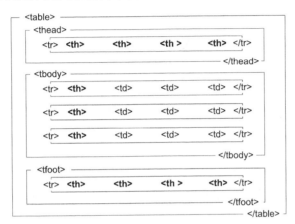

图 15.8 表格的 HTML 结构示意

要使用 CSS 来格式化表格时,通过这 3 个标记可以更方便地选择要设置样式的单元格。例如,对在<thead>、<tbody>和<tfoot>中的<th>设置不同的样式,如果使用下面这个标记:

```
tbody th{……}
```

将只对<tbody>中的内容产生作用,这样就不用再额外声明类别了。

在 HTML 中,单元格是存在于"行"中的,因此如果要对整列设置样式,就不像设置行那么方便,这时可以使用<col>标记。

例如,一个 3 行 3 列的表格,要将第 3 列的背景色设置为灰色,可以使用如下代码:

```
<table>
<col></col><col></col><col class="special"></col>
    <tr>
        <td>11</td>
        <td>12</td>
        <td>13</td>
    </tr>
……以下省略……
```

每一对"<col></col>"标记对应于表格中的一列,对需要单独设置的列设置一个类别,然后设置该类别的 CSS 即可。

> **注意** 由于一个单元格既属于某一行,又属于某一列,因此很可能行列各自的 CSS 设置都会涉及该单元格,这时以谁的设置为准,就要根据 CSS 的优先级来确定。如果有些规则非常复杂,制作的时候就要实际试验一下,但是需要特别谨慎。

15.2 美化表格

本案例中，我们对一个简单的表格进行设置，使它看起来更为精致。另外，当表格的行和列都很多，并且数据量很大的时候，为避免单元格采用相同的背景色会使浏览者感到凌乱，发生看错行的情况。本例为表格设置隔行变色的效果，使得奇数行和偶数行的背景颜色不一样。实例的最终效果如图 15.9 所示。

实例源文件请参考本书光盘的"第 15 章\02\table-0.htm"。

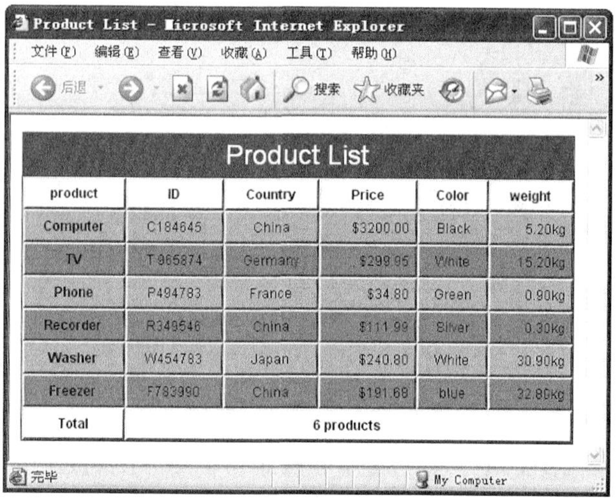

图 15.9　交替变色的表格样式

本章中我们还会以此为基础，再进行一些有趣的变化，希望给读者更多的启发。

15.2.1 搭建 HTML 结构

首先确定表格的 HTML 结构，代码如下：

```
<body>
    <table cellspacing="0">
        <caption>Product List</caption>
        <thead>
            <tr>
                <th>product</th>
                <th>ID</th>
                <th>Country</th>
                <th>Price</th>
                <th>Color</th>
                <th>weight</th>
            </tr>
        </thead>
        <tbody>
            <tr>
```

```
            <th>Computer</th>
            <td>C184645</td>
            <td>China</td>
            <td>$3200.00</td>
            <td>Black</td>
            <td>5.20kg</td>
        </tr>
        ……这里省略 5 行……
    <tfoot>
        <tr>
            <th>Total</th>
            <th colspan="5">6 products</th>
        </tr>
    </tfoot>
</table>
</body>
```

这个表格中，使用的标记从上至下依次为<caption>、<thead>、<tbody>和<tfoot>。此时在浏览器中的效果如图 15.10 所示。

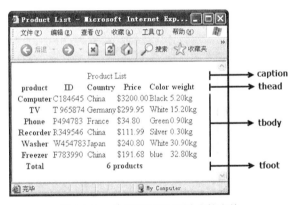

图 15.10 没有设置任何样式的表格

15.2.2 整体设置

接下来对表格的整体和标题进行设置，代码如下：

```
table {
    background-color: #FFF;
    border: none;
    color: #565;
    font: 12px arial;
    text-align:left;
}

table caption {
    font-size: 24px;
    border-bottom: 2px solid #B3DE94;
    border-top: 2px solid #B3DE94;
}
```

此时的效果如图 15.11 所示，可以看到整体的文字样式和标题的样式已经设置好了。

图 15.11 设置部分属性的表格样式

15.2.3 设置单元格样式

现在来设置各单元格的样式,代码如下。首先设置分别 tbody 和 thead、tfoot 部分的行背景色。

```
tbody tr{
    background-color: #CCC;
    }

thead tr,tfoot tr{
    background:white;
}
```

然后设置单元格的内边距和边框属性,形成立体的效果。

```
td,th{
    padding: 5px;
    border: 2px solid #EEE;
    border-bottom-color: #666;
    border-right-color:  #666;
}
```

此时的效果如图 15.12 所示。

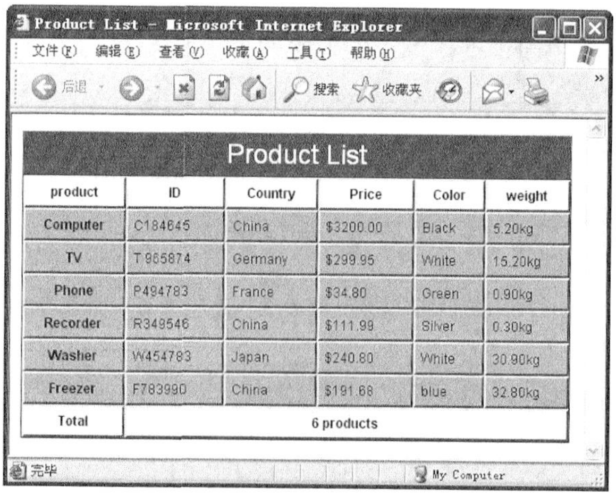

图 15.12 设置了单元格的样式

15.2.4 斑马纹效果

然后就要使数据内容的背景色深浅交替，实现隔行变色，这种效果又称为"斑马纹效果"。在 CSS 中实现隔行变色的方法十分简单，只要给偶数行的<tr>标记都添加上相应的类型，然后对其进行 CSS 设置即可。

❶ 首先，在 HTML 中，给所有 tbody 中的偶数行的<tr>标记增加一个 "even" 类别，如下所示：

```
<tr class="even">
    <th>TV</th>
    <td>T 965874</td>
    <td>Germany</td>
    <td>$299.95</td>
    <td>White</td>
    <td>15.20kg</td>
</tr>
```

❷ 设置 ".even" 与其他单元格的不同的样式，代码如下所示：

```
tbody tr.even{
    background-color: #AAA;
}
```

此时效果如图 15.13 所示。这里交替的两种颜色不但可以使表格更美观，而且更重要的是当表格的行列很多的时候，可以使查看者不易看错行。实例源文件请参考本书光盘的"第 15 章\02\table-0.htm"。

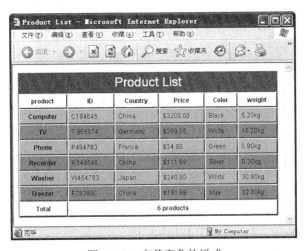

图 15.13 交替变色的样式

> **说明** 在实际网页中，这种隔行变色的效果通常是配合服务器动态生成的，在服务器上读取数据的时候做判断，读第 1 个数据的时候输出 "<tr>"，读第 2 个数据的时候输出 "<tr class="even">"，然后依次循环。

15.2.5 设置列样式

对列做一些细节设置。例如，在 price 列和 weight 列中的数据是数值，如果能够右对齐，则更方便访问者理解。现在的任务就是使这两列中的数据右对齐，其他列都使用居中对齐的方式。

首先在 HTML 中 thead 的前面增加如下代码：

```
<col/><col class="center"/><col class="center"/>
<col class="right"/><col class="center"/><col class="right">
```

这里一共增加了 6 个<col/>标记，其中每一个<col/>对应于一列。第 1 列是表头，自动居中；后面 5 列，每一列中都设置了一个类别。其中 price 和 weight 这两列对应的<col/>标记设置了类别"right"；其余 3 列，设置了类别"center"。

然后在样式中增加如下代码，也就是设置"center"和"right"这两个类别的样式。

```
col.center{
    text-align:center;
}

col.right{
    text-align:right;
}
```

效果如图 15.14 所示。

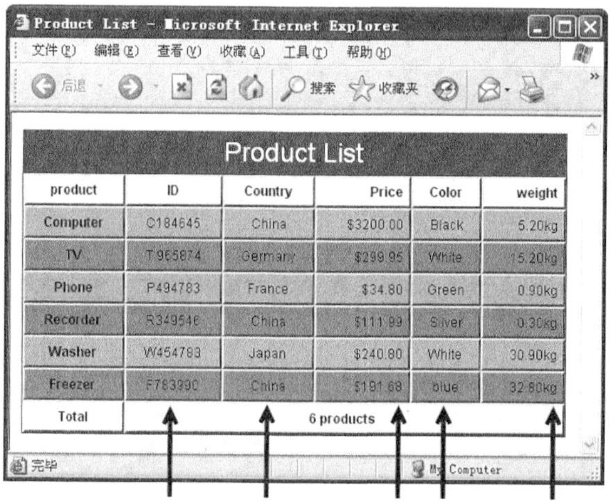

图 15.14 设置列对齐方式

可以看到，这些列确实按照希望的方式对齐了。存在一个欠缺是 price 和 weight 这两列的表头，即<th>单元格也右对齐了，如果希望这两个单元格居中对齐，可以增加如下代码。

```
thead th{
    text-align:center;
}
```

这时效果如图 15.15 所示，可以看到表头又居中对齐了。实例源文件请参考本书光盘的"第 15 章\02\table-1-ie.htm"。

请注意，上面这个图中可以看出，是使用 IE 浏览器显示的这个页面，而在 Firefox 中的效果如图 15.16 所示。可以看到，在 Firefox 浏览器中，并不支持<col/>这个标记中设置文字对齐。

> **说明** 这看起来像是 Firefox 浏览器的一个错误，因为<col/>是一个标准的 HTML 元素，规范中明确规定的。但问题并不这么简单，事实上其中的原理涉及 CSS 规范和 HTML 规范之间的不一致，所以 Firefox 一直没有对<col/>提供像 IE 那样的支持，这并不是一个简单的 Bug 问题。具体的原理这里不再深入分析了，读者有兴趣可以在互联网上查找相关的资料。

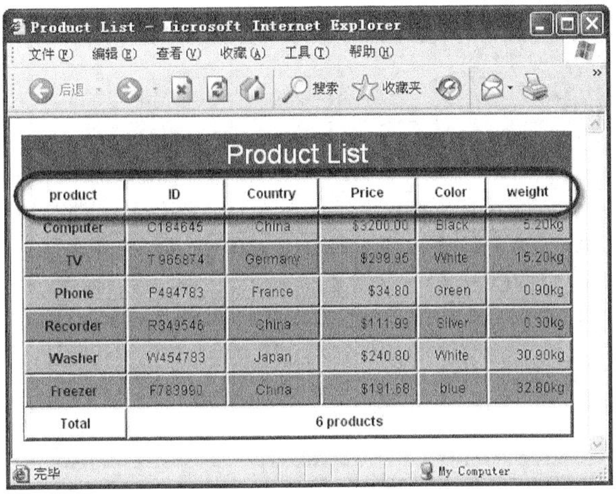

图 15.15 表头文字居中对齐

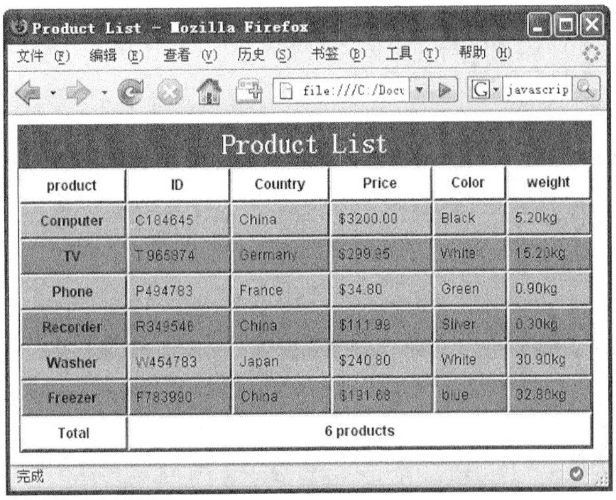

图 15.16 Firefox 不支持"列"属性

那么如何在 Firefox 中实现对整列样式的设置呢？有两种办法。简单的办法是为这一列的每一个单元格设置单独的属性，当然这样做很不简洁。简洁的办法是使用"邻接"选择器，这种选择器前面没有介绍过，它是 CSS 2 中提出的，在 IE 6 中不支持，Firefox 和 IE7 都支持。

先来做一个试验：

```
col.right{
    text-align:right;
}
```

修改为：

```
td+td+td{
    text-align:right;
}
```

用加号连接的选择器就称为邻接选择器。这个例子用两个加号连接了 3 个 td，就表示每一行中，如果有 3 个 td 相邻，那么第 3 个 td 为选中的元素。这时在 Firefox 中的效果如图 15.17 所示。

需要注意的是，第 1 列是 th，因此 ID、Country 和 Price 这几列的 td 的满足了一个邻接选择器的要求，因此 Price 列的 td 被选中，从而实现了右对齐。

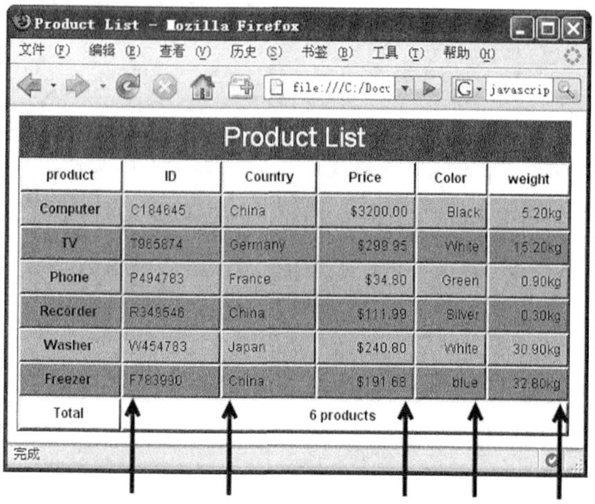

图 15.17 在 Firefox 中使用邻接选择器

但是与此同时，2、3、4 列和 3、4、5 列也同样满足要求，这样导致 Color 和 weight 两列也同时右对齐了。这该怎么办呢？很简单，把最左端的 th 也放在选择器中，代码如下：

```
th+td+td+td{
    text-align:right;
}
```

这个选择器表示，如果一个 th 与 3 个 td 相邻，那么选中第 3 个 td，这时效果如图 15.18 所示。可以看到，只有 Price 列右对齐了。

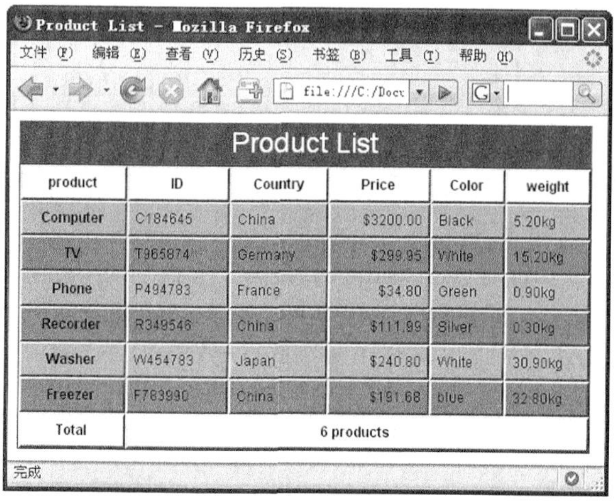

图 15.18 price 和 weight 两列右对齐

因此，完整地设置 5 列的对齐方式的代码如下。完整的实例源文件请参考本书光盘的"第 15 章\02\table-1-ff.htm"。

```
th+td,
th+td+td,
th+td+td+td+td{
text-align:center;
}
th+td+td+td,
```

```
th+td+td+td+td{
text-align:right;
}
```

也就是两列右对齐，其余 3 列居中对齐，这时的效果如图 15.19 所示。

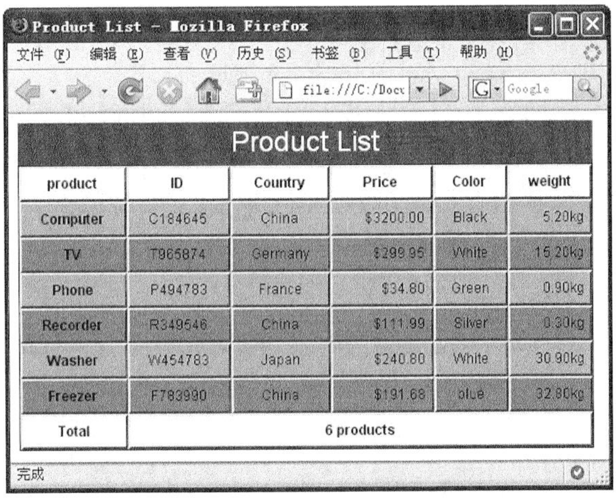

图 15.19　在 Firefox 中设置完毕

由于 IE 6 不支持邻接选择器，因此为了使网页同时兼容 Firefox 和 IE 浏览器，可以把相关的代码合并，如下所示。完整的实例源文件请参考本书光盘的"第 15 章\02\table-1-ie-ff.htm"。

```
th+td,
th+td+td,
th+td+td+td+td{
text-align:center;
}
th+td+td+td,
th+td+td+td+td+td{
text-align:right;
}
thead th{
    text-align:center;
}
col.center{
    text-align:center;
}
col.right{
    text-align:right;
}
```

这里要注意的，是不能把邻接选择器和 col 选择器合在一起，像这样：

```
th+td+td+td,
th+td+td+td+td+td,
col.right {
text-align:right;
}
```

这样的结果是 IE 6 会把这条规则全部忽略，因此要像上面那样分开独立书写才行。另外，在 IE 6 中不支持的邻接选择器，在 IE 7 中已经支持了。

15.3 设置鼠标指针经过时整行变色提示的表格

近年来,Web 2.0 的概念逐渐被广泛接受,其中很重要的一点是强调改善用户体验,例如 15.2 节的例子中,把表格设置为交替背景色,可以使访问者在浏览表格时有更好的体验。

然而对于长时间审核大量数据和浏览表格的用户来说,即使是隔行变色的表格,长时间阅读这样的表格仍然会感到疲劳。而且对于数据量很大的表格,特别容易看错行或者列。

在本节的案例中实现一个根据鼠标指针位置动态提示的效果。当鼠标指针经过表中的某一个单元格时,该单元格所在的行能够动态地变色,如图 15.20 所示,这样就会大大减少访问者看错行的可能性。

实例文件最终效果请参见本书光盘的"第 15 章\02\table-2-ie-ff.htm"。由于本书黑白印刷,建议读者实际在制作之前,先看一下实际效果,该文件用 IE 或 Firefox 浏览器都可以正确显示该效果。

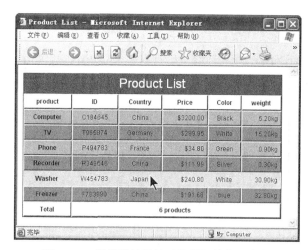

图 15.20　鼠标指针经过时数据行的背景变色

15.3.1　在 Firefox 和 IE 7 中实现鼠标指针经过时整行变色

本案例直接以上一节的最终效果为起点,来制作鼠标提示的效果。首先介绍在 Firefox 中实现的方法。对于 Firefox 浏览器而言,它完善地支持":hover"伪类,因此仅仅通过 CSS 的":hover"伪类便可以实现该效果,在样式部分的最后,添加如下代码。源文件请参见本书光盘的"第 15 章\02\table-2-ff.htm"。

```
tbody tr:hover td,
tbody tr:hover th{
   background:aqua;
   border: 2px solid aqua;
}
```

这段代码的意图是,某一行在鼠标指针经过时,会使用"tr:hover"将背景色设置成和原来的背景色反差很大的颜色,然后把边框的颜色设置为和背景色相同的颜色。在 Firefox 中的效果如图 15.21 所示。

图 15.21 在 Firefox 中利用":hover"实现的效果

可以看到,这样很容易地就在 Firefox 中实现了鼠标指针经过变色的效果。但是由于在 IE 6 中,只有 a 元素(即链接元素)才能使用":hover"伪类,因此上面的方法在 IE 6 中是无效的(IE 7 中有效)。

15.3.2 在 IE 6 中实现鼠标指针经过时整行变色

下面就来解决在 IE 6 中无效的问题。适用于 IE 6 的案例源文件请参见本书光盘的"第 15 章\02\table-2-ie.htm"。

❶ 首先,把上面 CSS 设置的代码:

```
tbody tr:hover td,
tbody tr:hover th{
    background:aqua;
    border: 2px solid aqua;
}
```

修改为:

```
tbody tr.hover td,
tbody tr.hover th{
    background:aqua;
    border: 2px solid aqua;
}
```

实际上只是把两个冒号改为了点号,这样它就变成普通的类别选择器了。但是这两个类别并没有用在 HTML 中,因此它现在不会发生作用。我们的目标就是当鼠标指针经过某一行的时候,动态地给该行增加这个".hover"类别。

❷ 在代码末端的</table>后添加 JavaScript 代码,以提取表格中的<tr>标记,并使每一个<tr>标记都动态增加相应的鼠标事件以及相应的函数,以实现当鼠标指针移动到某行上时,调用新的 CSS 类别使该行背景变色。

在</table>和</body>之间,增加 JavaScript 语句,代码如下。

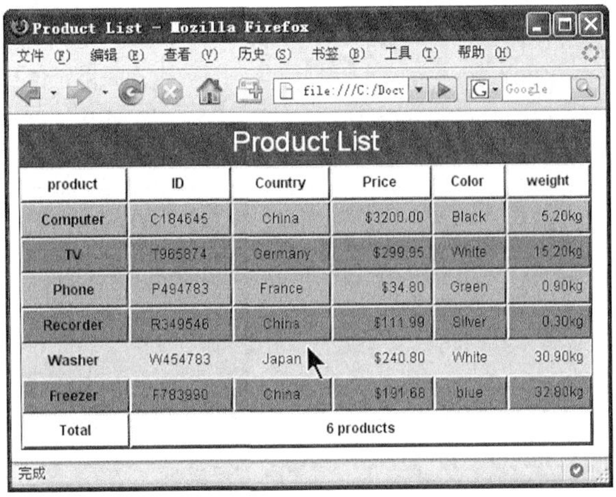

……以上部分省略……

```
</table>
<script language="javascript">
var rows = document.getElementsByTagName('tr');
for (var i=0;i<rows.length;i++){
    rows[i].onmouseover = function(){        //鼠标指针在行上面的时候
        this.className += ' hover';
    }
    rows[i].onmouseout = function(){         //鼠标指针离开时
        this.className = this.className.replace(/hover/, '');
    }
}
</script></body>
</html>
```

完整的源文件请参见本书光盘的"第 15 章\02\table-2-ie.htm"。

分析

"document.getElementsByTagName('tr')"的作用是取得一个数组，数组中的每个元素就是 DOM 树中的各个 tr 节点，这个数组存储在"rows"变量中。

然后用一个循环结构，对每一个 tr 节点的 onmouseover 事件增加处理函数，这个函数将会在该 tr 被鼠标指针经过的时候执行。这个函数的内容是：

```
        this.className +=' hover';
```

这里的 this 就代表该节点本身，因此该语句的含义是，使得该节点的 CSS 类名（一个字符串）加上" hover"。这个类别在前面 CSS 部分已经设置了，因此就实现了鼠标指针经过时，背景色发生改变。

接下来就要使鼠标指针离开的时候，恢复原来的背景色，这需要为 onmouseout 事件（也就是鼠标指针离开）增加处理函数，内容是使类别名为空字符串，即清除了前面设置的"hover"，这样就恢复原来的背景色了。

注意

（1）"this.className +=' hover';"这个语句，在原来的名称后面加上一个" hover"，而不是直接这个变量替换为"hover"，因为还有 even 类别存在，不能把这个类别冲掉。也就是要使用"+="，而不能使用"="。

● "this" 表示当前元素自身。

● " hover" 前面有一个空格，否则如果接在 even 的后面，成为 evenhover，就变成一个新的类别了，正确的应该是"even hover"，即两个类别名称之间有一个空格。

（2）"this.className.replace(/hover/, '');"这个语句中的/hover/是正则表达式，不是普通的字符串。如果是初学者，对 JavaScript 了解不多，这里的代码会比较难理解，读者不必研究过细，知道大致原理即可。

实际上 Web 设计和开发是非常综合的技术，JavaScript、正则表达式、面向对象等内容都可以分别写好几本书。如果读者有兴趣，建议学完本书后，再深入学习一下 JavaScript 的相关技术，对实际工作会有很大帮助。

这样，在 IE 6 中的效果也和在 Firefox 中完全相同了，如图 15.22 所示。

15.3.3 最终合并代码

实际上，上面制作的这个页面，在 Firefox 中同样可以正确地显示，因为 Firefox 同样支持 JavaScript。如果再深入地讨论这个问题，使用 JavaScript 会比使用 CSS 消耗资源。当然仅是这几行 JavaScript 代码对性能不会有什么影响，但是从是否"优雅"的角度来说，应该尽可能少用 JavaScript，即使使用 JavaScript，也应该尽量优化代码，实现更高的算法效率。

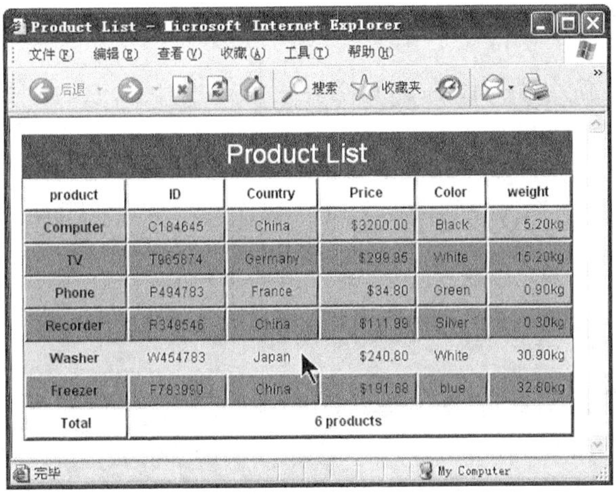

图 15.22　在 IE 实现鼠标指针经过时变色效果

下面就来用一个更优雅的方式把两种方法兼容到一个页面中。目标是，如果用 Firefox 或 IE 7 浏览器打开这个页面，则使用":hover"的 CSS 方法显示；如果用 IE 6 浏览器打开这个页面，则使用 JavaScript 方法显示。

首先改造选择器，二者合并在一起，代码如下：

```
tbody tr.hover td,
tbody tr:hover td,
tbody tr.hover th,
tbody tr:hover th{
    background:aqua;
    border: 2px solid aqua;
}
```

然后使用条件注释，针对 IE 7 和 Firefox 隐藏 JavaScript 代码。方法是在 JavaScript 代码段的前后各增加一行代码，如下所示：

```
<!--[if lte IE 6]>
<script language="javascript">
var rows = document.getElementsByTagName('tr');
……具体代码省略……
</script>
<![endif]-->
```

这是一种特殊的注释，而且只有 IE 浏览器认识。也就是 Firefox 仅把它当作普通的注释，直接忽略掉，从而不会执行相应的代码。而 IE 浏览器会根据注释的条件进行判断，这里的"lte IE 6"表示"less than or equal"，即如果是 IE 浏览器，且版本是 6.0 或更低，那么这段代码就有效，而不被作为注释而忽略，这样，IE 7 不满足这个要求，因此也会忽略掉这段代码。

所以效果就是 IE 会执行这段 JavaScript 代码，而 IE 7 和 Firefox 都不会执行这段代码，而使用 CSS 来实现需要的效果。

最终代码源文件请参见本书光盘的"第 15 章\02\table-2-ff-ie.htm"。

15.4 辅助：使用 jQuery 实现更多效果

在上面的例子中，使用了 JavaScript 实现了鼠标指针经过时变色的效果。实际上通过 JavaScript 可以实现更多灵活的效果。为了简化 JavaScript 的编程难度，这里推荐一个 JavaScript 的库 jQuery，使用它可以方便地实现很多效果。

如图 15.23 所示的 jQuery 的网站首页，点击图中标示的链接可以下载一个文件扩展名为 js 的文件。

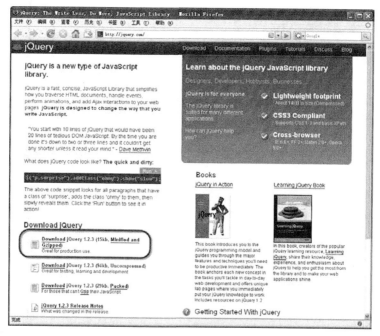

图 15.23　jQuery 的网站主页

在需要使用 jQuery 的时候，只要类似于引入 CSS 那样，引入这个 js 文件，就可以使用很多扩展的 JavaScript 功能了。jQuery 可以大大提高 JavaScript 的开发效率，它具有以下特点。

- 代码简洁、易学易用，容易上手、文档丰富。
- jQuery 是一个轻量级的脚本，其代码非常小巧，最新版的 JavaScript 包只有 20kB 左右。
- jQuery 支持 CSS1-CSS3，以及基本的 xPath。
- jQuery 是跨浏览器的，它支持的浏览器包括 IE 6.0 及以上、Firfox 1.5 及以上、Safari 2.0 及以上、Opera 9.0 及以上版本。
- 能将 JavaScript 代码和 HTML 代码完全分离，便于代码的维护和修改。
- 插件丰富，除了 jQuery 本身带有的一些特效外，可以通过插件实现更多功能，如表单验证、tab 导航、拖放效果、表格排序、DataGrid、树形菜单、图像特效和 Ajax 上传等。
- 可以很容易地为 jQuery 扩展其他功能。
- jQuery 不但适合于开发人员，也适合于设计师。

15.4.1 用 jQuery 实现斑马纹效果

在前面的案例中曾经实现了"斑马纹效果",方法是手工在表格中,隔行添加一个类别。这样如果表格很复杂,依靠手工完成就会很麻烦;如果使用服务器端输出的方法,也不够灵活。实际上,依靠 JavaScript 和 jQuery 也是可以很方便地实现的,而且不需要事先设置类别。

首先把前面制作的 table-0.htm 文件打开,删除<tr>标记中的 even 类别,然后删除样式中的如下两行:

```
tbody tr.even{
    background-color: #AAA;
}
```

这时这个表格就是一个非常普通的样式,没有任何关于斑马纹的代码了。

然后在<head>和</head>之间加入如下代码:

```
<script src="jquery.js"></script>
<script language="javascript">
$(document).ready(function() {
$("tbody tr:even").css("background-color","#AAA");
});
</script>
```

此外不再需要改动任何代码,浏览器中的显示效果如图 15.24 所示。

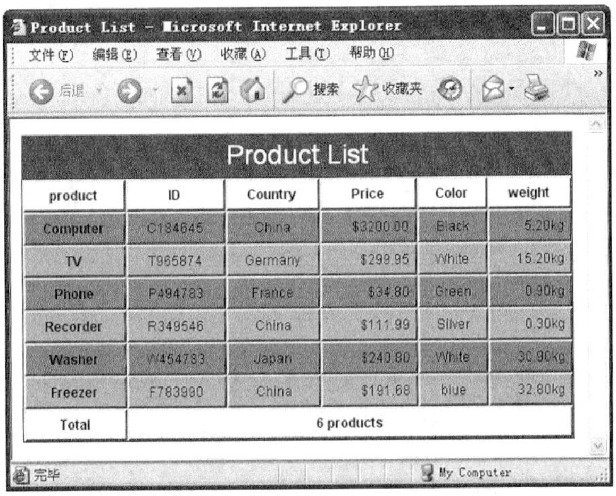

图 15.24 使用 jQuery 实现的斑马纹效果

这样就很容易地实现了"斑马纹效果"。那么这几行代码是什么意思呢?

第 1 行:

```
<script src="jquery.js"></script>
```

这行代码的作用就是引入刚才下载的 js 文件。

接下来就是一段 JavaScript 代码,内容如下:

```
$(document).ready(function() {
$("tbody tr:even").css("background-color","#AAA");
});
```

第 1 行和第 3 行是固定的写法,表示当页面在浏览器中装载完毕后,就会执行它们之间的代码，也就是这里的第 2 行代码。

第 2 行代码中 "$("tbody tr:even")" 表示选中页面中的某些元素，这些元素就是由括号中的这串字符确定的，显然这是一个选择器，也就是说，选中了 "tbody tr:even" 所确定的元素。首先 "tbody tr" 选中了表格中 tbody 部分的所有行，后面的 ":even" 是一个 jQuery 扩展的伪类别，表示所有的行中只选择偶数行。

接下来的 ".css("background-color","#AAA")" 的作用就是为选中的元素设置 CSS 样式，这里就是将 background-color 属性设置为 "#AAA"。

这样，IE 浏览器中打开这页面时，会出现一行安全提示，如图 15.25 所示。

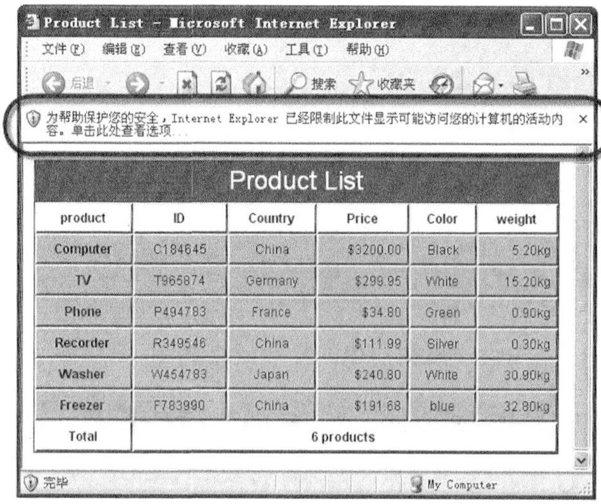

图 15.25　在 IE 中访问含有 JavaScript 代码的本地页面时的安全提示

这是因为页面中包含了 JavaScript 代码，只有访问者在点击这行文字，并选择 "允许阻止的内容"，如图 15.26 所示，才会真正执行这些 JavaScript 代码。注意，如果这个页面上传到服务器以后再访问它，就不会出现这个安全提示了。

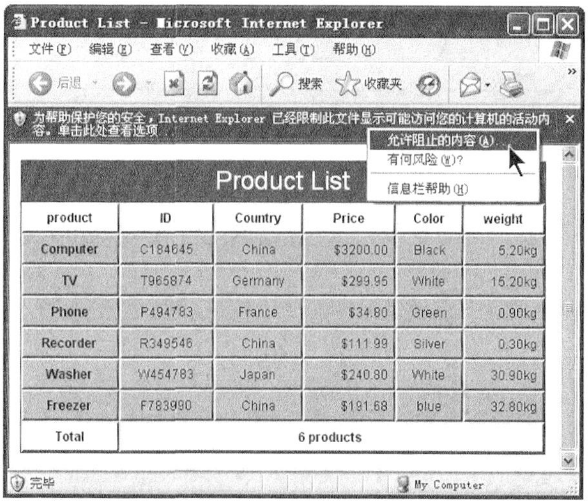

图 15.26　确认允许执行页面中的 JavaScript 代码

可以看到，当没有确认执行代码前，并没有出现斑马纹效果。这可以证明一点，斑马纹效果确实是 JavaScript 代码产生的。

此外，如果比较一下这里的效果，和前面使用手工设置的效果，会发现一个问题，斑马纹的颜色是相反的，原来深色的行这里显示为浅色了，这是为什么呢？

在前面 15.2.4 节中，手工设置的时候，我们把 tbody 中的第 2、4、6 行设置为深色，而这里 jQuery 的":even"伪类别为什么第 1、3、5 行变为深色呢？这是因为 jQuery 将第 1 行计为第"0"行，第 2 行计为第"1"行，以此类推，这样就和我们通常理解的相差了 1 行。这类似于在称呼楼层时，英国人把我们认为的 2 层叫做第 1 层，而把我们认为的 1 层叫做"底层"，这两种计数方法分别叫做"基于 0 的计数"和"基于 1 的计数"("zero based"和"one based")。

本实例最终代码请参见本书光盘的"第 15 章\02\table-3-zib.htm"。

15.4.2 用 jQuery 实现"前 3 行"特殊样式

有了上面的基础，现在再举几个简单的例子，目的是使读者了解 jQuery 的基本作用和原理。

首先这个案例效果如图 15.27 所示。有时我们可能要把一个表格或一个列表的若干名用特殊的样式显示。比如图中第 1 名背景色最深，第 2 名其次，第 3 名再浅一些，其余的行则都是统一的颜色了。

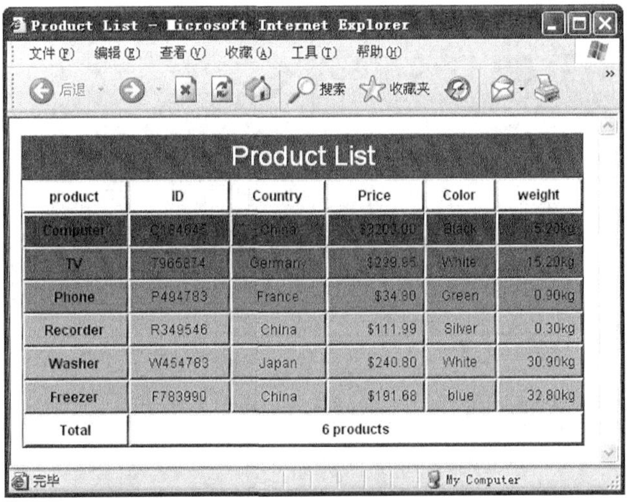

图 15.27　表格前 3 行使用特殊的样式

实现的方法很简单，把刚才斑马纹效果案例中，<head>部分的 JavaScript 修改如下：

```
<script src="jquery.js"></script>
<script language="javascript">
    $(document).ready(function() {
    $("tbody tr:nth-child(1)").css("background-color","#777");
    $("tbody tr:nth-child(2)").css("background-color","#999");
    $("tbody tr:nth-child(3)").css("background-color","#AAA");
});
</script>
```

实际上就是更换了一下选择器的写法，把""tbody tr:even""改为""tbody tr:nth-child(n)""

形式。这里":nth-child(n)"是 CSS 3 中新增加的选择器,目前浏览器一般都不支持,使用 jQuery 以后,就可以使用它了。其含义是,在 tbody tr 选中的所有元素中,再选择其中排第 n 个的元素。例如""tbody tr:nth-child(1)""就表示 tbody 中所有行的第 1 个元素,也就是第 1 行,然后设置背景颜色为"#777"。同理,第 2、3 行的背景色分别设置为"#999"和"#AAA",颜色逐渐变浅。这样最终效果就产生了。

> **注意** 这里使用的是 CSS 3 的选择器,可以看到,它使用的计数方法是"基于 1 的计数"。

本实例最终代码请参见本书光盘的"第 15 章\02\table-3-top.htm"。

15.4.3 用 jQuery 实现渐变背景色表格效果

下面再举一个带有计算的例子,效果如图 15.28 所示,表格的背景色从上到下逐渐加深。而每一行的背景色不是直接设定的,而是通过一个算式计算出来的。

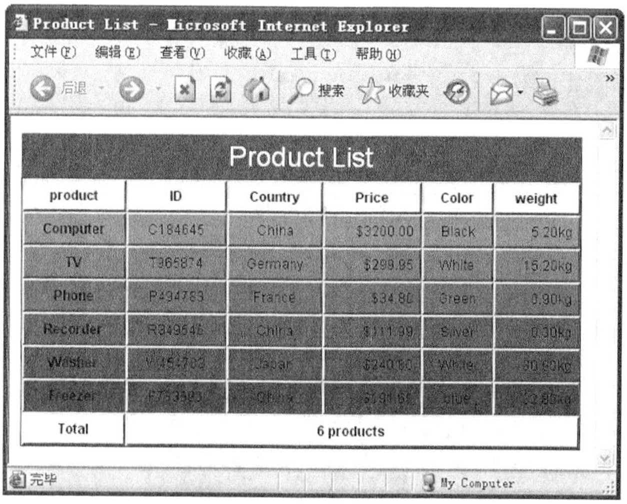

图 15.28 表格的背景色逐行加深

实现的方法同样很简单,把刚才斑马纹效果案例中,<head>部分的 JavaScript 修改如下:

```
<script src="jquery.js"></script>
<script language="javascript">
    $(document).ready(function() {
    $("tbody tr").each(function(i) {
    $(this).css("background-color",
"rgb("+(180-i*16)+","+ (180-i*16)+"," +(180-i*16)+")");
    });
    });
</script>
```

首先"$("tbody tr")"选中了表格中 tbody 部分的所有行,然后"each(function(i) {"的含义是,针对每一行执行相应的操作。执行的操作就是根据行数把背景色设置为某种颜色。例如第 1 行设置为 rgb(180, 180, 180),第 2 行设置为 rgb(164, 164, 164),依次类推,直到第 6 行设置为 rgb(100, 100, 100)。从而实现了逐行背景变色的效果。

本实例最终代码请参见本书光盘的"第 15 章\02\table-3-cal.htm"。

15.4.4 用 jQuery 实现鼠标指针经过变色效果

在 15.3 节中，我们直接用 JavaScript 编码实现了鼠标指针经过时整行变色的效果。

下面用 jQuery 来实现一次。.hover 还需要先设置好样式，然后删除文件最后编写的 JavaScript 代码。在<head>部分增加如下代码。

```
<script src="jquery.js"></script>
<script language="javascript">
   $(document).ready(function() {
   $("tr").hover(
       function(){$(this).addClass("hover");},
       function(){$(this).removeClass("hover");}
   );
});
</script>
```

这样得到的效果和前面编写的效果完全一样，代码则简单了很多。基本原理仍然是一样的，"$("tr")"的作用是选中所有行元素；".hover"的作用是定义鼠标经过时要执行的操作，这需要定义两个参数，每个参数是一个函数，其作用分别是为该行元素增加和删除名为"hover"的类别，这类别在 CSS 部分已经设置好了。这两个函数分别会在鼠标指针进入和离开某一行的时候执行。

本实例最终代码请参见本书光盘的"第 15 章\02\table-3-jquery.htm"。

15.5 案例——日历

日历是日常生活中随处可见的工具。计算机出现后，产生了很多供人们记录日程安排的备忘录软件。随着互联网的普及，将日历存储在互联网上就更方便了，无论走到哪里，只要能够登录互联网，就可以随时查询和登记各种日程信息。

Google 前不久推出了功能非常强大的日历软件，它不但具有普通日历的功能，还和移动通信相结合，用户可以和手机绑定，到达设定的时间时，用户就会收到一条提示短信。"Google 日历"是完全基于 Web 的应用程序，所有操作都在浏览器中完成，网站界面如图 15.29 所示。

可以看到，Google 日历提供了几种不同的视图模式，有的非常详细，可以查看每个小时的日程信息；而在比较粗略的月视图中，则可以查看整个月的安排情况。读者如果有兴趣，可以亲自试验一下 Google 日历的功能。

在本节中，我们也来实现一个日历的页面，效果如图 15.30 所示。本实例最终代码请参见本书光盘的"第 15 章\03\calendar.htm"。

15.5.1 搭建 HTML 结构

按照传统的方法建立最简单的表格，包括建立表格的标题<caption>，以及利用<th>表示星期一到星期日，并给表格定义 CSS 类别，如下所示。

图 15.29　Google 日历

图 15.30　中视图模式显示的日历

```
<body>
<table class="month">
    <caption>2007年10月</caption>
    <tr>
        <th>星期一</th>
        <th>星期二</th>
        <th>星期三</th>
        <th>星期四</th>
        <th>星期五</th>
```

```
        <th>星期六</th>
        <th>星期日</th>
    </tr>
```

然后开始将各天的日程放在具体的单元格中,并且定义各种 CSS 类型。previous 和 next 分别表示上个月和下个月的日期,设置灰色背景和灰色日期文字以和当月的日期区分开; active 用来表示有具体安排的日子,对于重要的日程安排,在 li 中设置 importan 类别,以便后期用 CSS 做特殊样式。示例代码如下:

```
<tr>
    <td class="previous">31</td>
    <td>1</td>
    <td class="active">2
    <ul>
        <li class="important">完成书稿第 3 部分</li>
        <li>查 jQuery 相关资料</li>
    </ul>
    </td>
    <td>3</td>
    <td>4</td>
    <td>5</td>
    <td>6</td>
</tr>
```

上面的代码中,表格每行包含 7 个单元格。对于没有安排的单元格,仅输入一个日期数字即可;对于有安排的单元格,用 ul 列表排列各项日程安排。

依次建立好整个日历表格后,就可以开始加入 CSS 属性控制其样式风格了。此时还没有 CSS 控制的日历如图 15.31 所示。

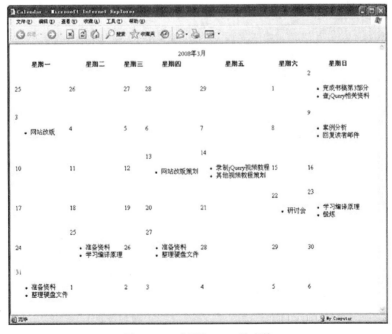

图 15.31　未添加 CSS 的表格

15.5.2 设置整体样式和表头样式

在建立好表格的框架结构后，开始编写 CSS 样式。

❶ 首先添加对整个表格的控制，如下所示。

```css
.month {
    border-collapse: collapse;
    table-layout:fixed;
    width:780px;
}
```

> **注意**
>
> 需要特别注意上面的两条 CSS 样式。
> - "border-collapse: collapse;"的作用是使边框使用重合模式，从最终的效果图中可以看到相邻单元格之间的边框是重合在一起的。
> - "table-layout:fixed;"的作用是用固定宽度的布局方式，使每一列的宽度都相等。从图中可以看到，由于星期二这一列中没有任何日程安排，因此被挤得很窄。如果希望各列都一样宽，就需要使用固定布局方式，严格按照 width 属性来确定各列的宽度。

❷ 设置<caption>和<th>的基本属性。

```css
.month {
    border-collapse: collapse;
    table-layout:fixed;
    width:780px;
}
.month caption {
    text-align: left;
    font-family: 宋体, arial;
    font-size:20px;
    font-weight:normal;
    padding-bottom: 6px;
    font-weight:bold;
}

.month th {
    border: 1px solid #999;
    border-bottom: none;
    padding: 3px 2px 2px;
    margin:0;
    background-color: #ADD;
    color: #333;
    font: 80% 宋体;
}
```

此时的表头部分已经初见效果，如图 15.32 所示，列名称中各个星期的样式都不再显得那么单调了。

图 15.32 控制标题、表头单元

15.5.3 设置日历单元格样式

现在来设置各个单元格的样式。整个表格中的单元格一共分为 4 种，即"普通的"、"有日程安排的"、"上个月的"和"下个月的"。后三者分别设置了 active、previous 和 next 类别，因此先对普通单元格进行设置，它也是后三者所具有的"共性"样式基础。具体的步骤如下。

❶ 对普通单元格进行设置，代码如下。

```
.month td {
    border: 1px solid #AAA;
    font: 12px 宋体;
    padding: 2px 2px;
    margin:0;
    vertical-align: top;
}
```

❷ 设置 previous 和 next 类别的"个性"属性。没有提到的属性都与前面的"共性"设置一致。这里仅将背景色设置为灰色，文字也设置为灰色，因为这几个单元格不是当月的内容，所以希望使它不容易引起访问者注意。

```
.month td.previous, .month td.next {
    background-color: #eee;
    color: #A6A6A6;
}
```

❸ 设置有日程安排的单元格。这个设置的目的是使它比较醒目，因此设置了深色的边框，并设为 2 像素的粗边框。

```
.month td.active {
    background-color: #B1CBE1;
    border: 2px solid #4682B4;
}
```

此时的表格已经初见效果，如图 15.33 所示，表格和单元格的边框、上个月和下个月的日期单元格有灰色背景，当月单元格为白色。

❹ 对日程安排中的事情列表进行 CSS 控制，清除每个事件前面的小圆点，事件与事件之间添加一定的空隙，并设置背景图像，如下所示。

```
.month ul {
    list-style-type: none;
    margin: 3px;
    padding:0;
}

.month li {
    color:#FFF;
    padding:2px;
    margin-bottom: 6px;
    height:34px;
    overflow:hidden;
    width:100px;
    border:1px #C00 solid;
    background-color:#C66;
}
```

图 15.33 对单元格进行设置后的效果

此时表格的样式结构已经基本定型,如图 15.34 所示。

> **注意** 在 li 中把溢出(overflow)设置为隐藏,可以使显示不下的文字都隐藏起来。

图 15.34 设定事件列表

❺ 设置重要日程安排的背景色边框颜色,代码如下。

```
.month td li.important{
    border:1px #FFF solid;
```

```
background-color:#F00;
}
```

这样，这个日历页面就制作完成了，效果如图 15.35 所示。

图 15.35　对重要活动进行特殊设置

已完成的这个视图模式页面中，每一列的宽都是固定的，每个单元的高度都是根据内容自动伸展的。例如在某一天中增加多个活动安排，该单元格就会变高，并且它所在的一整行都会一起变高，这是表格的本身性质决定的。

例如，要在 27 日增加一项活动，只需要增加一行代码就可以实现。

```
<td class="active">27
<ul>
    <li>西单图书大厦调研</li>
    <li>北京图书大厦调研</li>
    <li>完成 CSS 选题调研报告初稿</li>
</ul>
</td>
```

效果如图 15.36 所示。

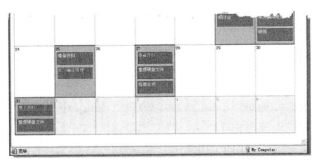

图 15.36　在某一天中增加活动安排

> **按例扩展** 日历是非常有用的网页元素，很多网站都需要显示日历。本书光盘中，除了上面介绍的这种样式之外，还给出一个具有 3 种模式的表格，使用完全相同的 HTML 代码，通过 CSS 的不同设置，得到完全不同的效果。这里不再进行讲解，建议读者能够自己进行一些探索。

15.6 本章小结

本章中针对表格的 CSS 样式的设置进行了深入的探讨。主要包括 3 个方面。

- 关于表格的 HTML 结构及其相应的 CSS 属性设置。
- 使用 JavaScript 实现对 CSS 的样式扩充。
- 通过"日历"这个案例，演示了如何在一个实际的页面中使用表格，以及设置相关的样式。

第 16 章
用 CSS 设置链接与导航菜单

在一个网站中,所有页面都会通过超级链接相互链接在一起,这样才会形成一个有机的网站。因此在各种网站中,导航都是网页中最重要的组成部分之一。因此,也出现了很多各式各样非常美观、实用性很强的导航样式,如图 16.1 所示的是微软公司关于 Office 的网站,上部的导航条和 Office 2007 软件风格非常一致。

图 16.1　Office 网站导航风格与软件风格一致

再例如图 16.2 所示的是微软的 Windows Mobiles,它的导航使用的是菜单方式。对于一些内容非常多的大型网站,导航就显得更重要了。

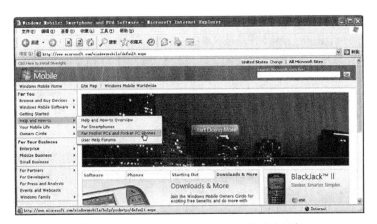

图 16.2　Windows Mobiles 网站的菜单式导航

16.1 丰富的超链接特效

超链接是网页上最普通的元素，通过超链接能够实现页面的跳转、功能的激活等，因此超链接也是与用户打交道最多的元素之一。本节主要介绍超链接的各种效果，包括超链接的各种状态、伪属性和按钮特效等。

在 HTML 语言中，超链接是通过标记<a>来实现的，链接的具体地址则是利用<a>标记的 href 属性，如下所示：

```
<a href="http://www.artech.cn">前沿视频教室</a>
```

在默认的浏览器浏览方式下，超链接统一为蓝色并且有下划线，被点击过的超链接则为紫色并且也有下划线，如图 16.3 所示。

显然这种传统的超链接样式完全无法满足广大用户的需求。通过 CSS 可以设置超链接的各种属性，包括前面章节提到的字体、颜色和背景等，而且通过伪类别还可以制作很多动态效果。首先用最简单的方法去掉超链接的下划线，如下所示：

图 16.3　普通的超链接

```
a{                           /* 超链接的样式 */
    text-decoration:none;    /* 去掉下划线 */
}
```

此时的页面效果如图 16.4 所示，无论是超链接本身，还是点击过的超链接，下划线都被去掉了，除了颜色以外，与普通的文字没有多大区别。

仅仅如上面所述的，通过设置标记<a>的样式来改变超链接，并没有太多动态的效果，下面来介绍利用 CSS 的伪类别（Anchor Pseudo Classes）来制作动态效果的方法，具体属性设置如表 16.1 所示。

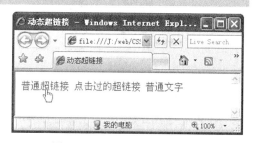

图 16.4　没有下划线的超链接

表 16.1　　　　　　　可制作动态效果的 CSS 伪类别属性

属　　性	说　　明
a:link	超链接的普通样式，即正常浏览状态的样式
a:visited	被点击过的超链接的样式
a:hover	鼠标指针经过超链接时的样式
a:active	在超链接上点击时，即"当前激活"时超链接的样式

请看如下案例代码，源文件请参考本书光盘中的"第 16 章/16-01.htm"。

```
<style>
body{
background-color:#99CCFF;
```

```
}
a{
font-size:14px;
font-family:Arial, Helvetica, sans-serif;
}

a:link{                          /* 超链接正常状态下的样式 */
    color:red;                   /* 红色 */
    text-decoration:none;        /* 无下划线 */
}
a:visited{                       /* 访问过的超链接 */
    color:black;                 /* 黑色 */
    text-decoration:none;        /* 无下划线 */
}
a:hover{                         /* 鼠标指针经过时的超链接 */
    color:yellow;                /* 黄色 */
    text-decoration:underline;   /* 下划线 */
    background-color:blue;
}
</style>

<body>
<a href="home.htm">Home</a>
<a href="east.htm">East</a>
<a href="west.htm">West</a>
<a href="north.htm">North</a>
<a href="south.htm">South</a>
</body>
</html>
```

从图 16.5 的显示效果也可以看出，超链接本身都变成了红色，且没有下划线。而点击过的超链接变成了黑色，同样没有下划线。当鼠标指针经过时，超链接则变成了黄色，而且出现了下划线。

从代码中可以看到，每一个链接元素都可以通过 4 种伪类别设置相应的 4 种状态时的 CSS 样式。

请注意以下几点：

（1）不仅是上面代码中涉及的文字相关的 CSS 样式，其他各种背景、边框和排版的 CSS 样式都可以随意加入到超链接的几个伪类别的样式规则中，从而得到各式各样的效果。

图 16.5 超链接的各个状态

（2）当前激活状态 "a:active" 一般被显示的情况非常少，因此很少使用。因为当用户点击一个超链接之后，焦点很容易就会从这个链接上转移到其他地方，例如新打开的窗口等，此时该超链接就不再是 "当前激活" 状态了。

（3）在设定一个 a 元素的这 4 种伪类别时，需要注意顺序，要依次按照 a:link、a:visited、a:hover、a:active 这样的顺序。有人总结了易帮助记忆的口诀是 "LoVe HaTe"（爱恨）。

（4）每一个伪类别的冒号前面的选择器之间不要有空格，要连续书写，例如 a.classname:hover

表示类别为".classname"的 a 元素在鼠标经过时的样式。

有了上面这些基础，就可以开始实践了，下面举几个实际的案例，来演示一下如何使用 CSS 将原本普通的链接样式变为丰富多彩的效果。

16.2 创建按钮式超链接

很多网页上的超链接都制作成各种按钮的效果，这些效果大都采用了各种图片。本节仅仅通过 CSS 的普通属性来模拟按钮的效果，如图 16.6 所示。源文件请参考本书光盘中的"第 16 章/16-02.htm"。

首先跟所有 HTML 页面一样，建立最简单的菜单结构，本例使用和上面案例相同的 HTML 结构，代码如下所示：

```
<body>
    <a href="home.htm">Home</a>
    <a href="east.htm">East</a>
    <a href="west.htm">West</a>
    <a href="north.htm">North</a>
    <a href="south.htm">South</a>
</body>
```

此时页面的效果如图 16.7 所示，仅有几个普通的超链接。

图 16.6　按钮式超链接

图 16.7　普通超链接

然后对<a>标记进行整体控制，同时加入 CSS 的 3 个伪属性。对于普通超链接和点击过的超链接采用同样的样式，并且利用边框的样式模拟按钮效果。而对于鼠标指针经过时的超链接，相应地改变文字颜色、背景色、位置和边框，从而模拟出按钮"按下去"的特效，如例 7.2 所示。

```
<style>
a{                                          /* 统一设置所有样式 */
    font-family: Arial;
    font-size: .8em;
    text-align:center;
    margin:3px;
}
a:link, a:visited{                          /* 超链接正常状态、被访问过的样式 */
    color: #A62020;
    padding:4px 10px 4px 10px;
    background-color: #DDD;
    text-decoration: none;
    border-top: 1px solid #EEEEEE;          /* 边框实现阴影效果 */
```

```
        border-left: 1px solid #EEEEEE;
        border-bottom: 1px solid #717171;
        border-right: 1px solid #717171;
    }
    a:hover{                                   /* 鼠标经过时的超链接 */
        color:#821818;                         /* 改变文字颜色 */
        padding:5px 8px 3px 12px;              /* 改变文字位置 */
        background-color:#CCC;                 /* 改变背景色 */
        border-top: 1px solid #717171;         /* 边框变换,实现"按下去"的效果 */
        border-left: 1px solid #717171;
        border-bottom: 1px solid #EEEEEE;
        border-right: 1px solid #EEEEEE;
    }
</style>
```

在例 7.2 中首先设置了<a>属性的整体样式,即超链接所有状态下通用的样式,然后通过对 3 个伪属性的颜色、背景色和边框的修改,从而模拟了按钮的特效,最终显示效果如图 16.8 所示。

图 16.8　最终效果

16.3　制作荧光灯效果的菜单

本例制作一个简单的竖直排列的菜单效果,在每个菜单项的上边有一条深绿色的横线,当鼠标指针滑过时,横线由深绿色变成浅绿色,就好像一个荧光灯点亮后的效果,同时菜单文字变为黄色,以更明显的方式提示读者选中了哪个菜单项目,效果如图 16.9 所示。该实例文件位于本书光盘的"第 16 章\16-03.htm"。

图 16.9　荧光灯效果菜单

16.3.1 HTML 框架

首先，从编写基本的 HTML 文件开始，搭建出这个菜单的基本框架，HTML 代码如下。

```
<body>
    <div id="menu">
        <a href="#"> Home </a>
        <a href="#"> Contact Us</a>
        <a href="#"> Web Dev</a>
        <a href="#"> Web Design</a>
        <a href="#"> Map </a>
    </div>
</body>
</html>
```

可以看到，body 部分非常简单，5 个文字链接被放置到一个 id 设置为 menu 的 div 容器中。此时在浏览器中观察效果，只是最普通的文字超链接样式，如图 16.10 所示。

> **说明** 由于这个 div 包括了所有的链接，也就是各个菜单项，因此这里将这个 div 称为"容器"。

图 16.10 没有任何 CSS 设置时的效果

16.3.2 设置容器的 CSS 样式

❶ 现在设置菜单 div 容器的整体区域样式，设置菜单的宽度、背景色，以及文字的字体和大小。在 HTML 文件的 head 部分增加 CSS 样式表代码如下。

```
<style type="text/css">
    #menu {
        font-family:Arial;
        font-size:14px;
        font-weight:bold;
        width:120px;
        padding:8px;
        background:#000;
        margin:0 auto;
        border:1px solid #ccc;
    }
</style>
```

这时效果如图 16.11 所示。可以看到，文字链接都被限制在了#menu 容器中。

❷ 然后对菜单进行定位，在#menu 部分增加如下两行代码。

```
padding:8px;              /*设置内边距*/
margin:0 auto;            /*设置水平居中*/
```

这时这个菜单在浏览器窗口中就水平居中显示了，并且文字和边界之间空 8 个像素的距离，如图 16.12 所示。

第 16 章 用 CSS 设置链接与导航菜单

图 16.11　设置了#menu 容器后的效果　　　图 16.12　设置内外边距后的效果

16.3.3　设置菜单项的 CSS 样式

❶ 现在就需要设置文字链接了。为了使 5 个文字链接依次竖直排列，需要将它们从"行内元素"变为"块级元素"。此外还应该为它们设置背景色和内边距，以使菜单文字之间不要过于局促。具体代码如下：

```
#menu a, #menu a:visited {
  display:block;
  padding:4px 8px;
}
```

效果示意图如图 16.13 所示，斜线部分就是 padding 属性设置的内边距。

❷ 接下来设置文字的样式，取消下划线，并将文字设置为灰色，代码如下：

```
color:#ccc;
text-decoration:none;
```

❸ 还需要给每个菜单项的上面增加一个"荧光灯"，这可以通过设置上边框来实现，代码为：

```
border-top:8px solid #060;
```

此时的效果如图 16.14 所示。

图 16.13　内边距示意图　　　图 16.14　在 Firefox 浏览器中的效果

❹ 最后，设置鼠标指针经过效果，代码如下：

```
#menu a:hover {
  color:#FF0;
  border-top:8px solid #0E0;
}
```

此时在 Firefox 浏览器和 IE 浏览器中的效果如图 16.15 所示。

图 16.15　在 Firefox 和 IE 中的不同效果

可以看到，在 Firefox 中的显示效果完全正确，只要鼠标指针进入菜单项的矩形就会触发鼠标经过效果。而在 IE 浏览器中，只有当鼠标指针移动到文字上的时候才会触发鼠标经过效果，而右图中鼠标指针进入矩形范围时，并没有触发效果，这是 IE 本身的问题导致的。

解决这个问题的办法，是在"#menu a, #menu a:visited"的样式中增加下面这条 CSS 规则：

```
height:1em;
```

这样不会改变菜单的外观，但可以解决上面所说的问题。

至此，这个案例就全部完成了。为了方便读者分析，代码整理后抄录如下：

```
<style>
    /*对menu层设置*/
    #menu {
      font-family:Arial;
      font-size:14px;
      font-weight:bold;
      width:120px;
      padding:8px;
      background:#000;
      margin:0 auto;
      border:1px solid #ccc;
      }

    /*设置菜单选项*/
    #menu a, #menu a:visited {
      display:block;
      padding:4px 8px;
      color:#ccc;
      text-decoration:none;
      border-top:8px solid #060;
      }
    #menu a:hover {
      color:#FF0;
      border-top:8px solid #0E0;
      }


</style>
```

16.4 控制鼠标指针

在浏览网页时,通常看到的鼠标指针的形状有箭头、手形和 I 字形,而在 Windows 环境下实际看到的鼠标指针种类要比这个多得多。CSS 弥补了 HTML 语言在这方面的不足,通过 cursor 属性可以设置各式各样的鼠标指针样式。

cursor 属性可以在任何标记里使用,从而可以改变各种页面元素的鼠标指针效果,代码如下所示:

```
body{
    cursor:pointer;
}
```

pointer 是一个很特殊的鼠标指针值,它表示将鼠标设置为被激活的状态,即鼠标指针经过超链接时,该浏览器默认的鼠标指针样式在 Windows 中通常显示为手的形状。如果在一个网页中添加了以上语句,页面中任何位置的鼠标指针都将呈现手的形状。除了 pointer 之外,cursor 还有很多定制好了的鼠标指针效果,如表 16.2 所示。

表 16.2　　　　　　　　　　cursor 定制的鼠标指针效果

属性值	指针说明	属性值	指针说明
auto	浏览器的默认值	nw-resize	↖
crosshair	＋	se-resize	↘
default	▶	s-resize	↕
e-resize	↔	sw-resize	↙
help	▶?	text	I
move	✥	wait	⧗
ne-resize	↗	w-resize	↔
n-resize	↕	hand	☝
all-scroll	✥	col-resize	⇔
no-drop	🚫	not-allowed	⊘
progress	▶⧗	row-resize	⇕
vertical-text	↔		

> **经验** 表 16.2 中的鼠标指针样式,在不同的机器或者操作系统显示时可能存在差异,读者可以根据需要适当选用。很多时候,浏览器调用的是操作系统的鼠标指针效果,因此同一用户浏览器之间的差别很小,但不同操作系统的用户之间还是存在差异的。

16.5 设置项目列表样式

传统的 HTML 语言提供了项目列表的基本功能,包括顺序式列表的<ol>标记和无顺序列表的

<ul>标记等。当引入 CSS 后，项目列表被赋予了很多新的属性，甚至超越了它最初设计时的功能。本节主要围绕项目列表的基本 CSS 属性进行相关介绍，包括项目列表的编号、缩进和位置等。

16.5.1 列表的符号

通常的项目列表主要采用<ul>或者<ol>标记，然后配合<li>标记罗列各个项目，简单的列表代码如下，其显示效果如图 16.16 所示。

本案例文件位于本书光盘"第 16 章\04\list.htm"。

```
<html>
<head>
<title>项目列表</title>
<style>
ul{
    font-size:0.9em;
    color:#00458c;
    list-style-type:decimal;        /* 项目编号 */
}
</style>
</head>
<body>
<ul>
    <li>Home</li>
    <li>Contact us</li>
    <li>Web Dev</li>
    <li>Web Design</li>
    <li>Map</li>
</ul>
</body>
</html>
```

在 CSS 中项目列表的编号是通过属性 list-style-type 来修改的。无论是<ul>标记还是<ol>标记，都可以使用相同的属性值，而且效果是完全相同的。例如修改<ul>标记的样式为：

```
ul{
    font-size:0.9em;
    color:#00458c;
    list-style-type:decimal;        /* 项目编号 */
}
```

此时项目列表将按照十进制编号显示，这本身是<ol>标记的功能。换句话说，在 CSS 中<ul>标记与<ol>标记的分界线并不明显，只要利用 list-style-type 属性，二者就可以通用，显示效果如图 16.17 所示。

图 16.16　普通项目列表

图 16.17　项目编号

当给<ul>或者<ol>标记设置 list-style-type 属性时,在它们中间的所有<li>标记都将采用该设置;如果对<li>标记单独设置 list-style-type 属性,则仅仅作用在该条项目上,如下所示。

```
<style>
ul{
    font-size:0.9em;
    color:#00458c;
    list-style-type:decimal;        /* 项目编号 */
}
li.special{
    list-style-type:circle;         /* 单独设置 */
}
</style>
</head>
<body>
<ul>
    <li>Home</li>
    <li>Contact us</li>
    <li class="special">Web Dev</li>
    <li>Web Design</li>
    <li>Map</li>
</ul>
</body>
```

此时的显示效果如图 16.18 所示,可以看到第 3 项的项目编号变成了空心圆,但是并没有影响其他编号。

图 16.18 单独设置<li>标记

通常使用的 list-style-type 属性的值除了上面看到的十进制编号和空心圆以外还有很多,常用的如表 16.3 所示。

表 16.3   list-style-type 属性值及其显示效果

关 键 字	显 示 效 果
disc	实心圆
circle	空心圆
square	正方形
decimal	1,2,3,4,5,6,…
upper-alpha	A,B,C,D,E,F,…
lower-alpha	a,b,c,d,e,f,…
upper-roman	Ⅰ,Ⅱ,Ⅲ,Ⅳ,Ⅴ,Ⅵ,Ⅶ,…
lower-roman	ⅰ,ⅱ,ⅲ,ⅳ,ⅴ,ⅵ,ⅶ,…
none	不显示任何符号

16.5.2 图片符号

除了传统的各种项目符号外，CSS 还提供了属性 list-style-image，可以将项目符号显示为任意的图片。例如有下面一段代码。

```
<html>
<head>
<title>项目列表</title>
<style>
ul{
    font-size:0.9em;
    color:#00458c;
    list-style-image: url(icon1.jpg);          /* 项目符号 */
}
</style>
</head>
<body>
<ul>
    <li>Home</li>
    <li>Contact us</li>
    <li>Web Dev</li>
    <li>Web Design</li>
    <li>Map</li>
</ul>
</body>
</html>
```

在 IE 7 和 Firefox 中的显示效果如图 16.19 所示，每个项目的符号都显示成了一个小图标，即 icon1.jpg。

图 16.19　图片符号

如果仔细观察图片符号在两个浏览器中的显示效果，就会发现图标与文字之间的距离有着明显的区别，因此不推荐这种设置图片符号的方法。如果希望项目符号采用图片的方式，则建议将 list-style-type 属性的值设置为 none，然后修改<li>标记的背景属性 background 来实现。例如下面这个例子。

本案例文件位于本书光盘"第 16 章\04\icon-style.htm"。

```
<html>
<head>
<title>项目列表</title>
<style>
ul{
```

```
    font-size:0.9em;
    color:#00458c;
    list-style-type:none;                    /* 不显示项目符号 */
}
li{
    background:url(icon1.jpg) no-repeat;     /* 添加为背景图片 */
    padding-left:25px;                       /* 设置图标与文字的间隔 */
}
</style>
</head>
<body>
<ul>
    <li>Home</li>
    <li>Contact us</li>
    <li>Web Dev</li>
    <li>Web Design</li>
    <li>Map</li>
</ul>
</body>
</html>
```

这样通过隐藏<ul>标记中的项目列表，然后再设置<li>标记的样式，统一定制文字与图标之间的距离，就可以实现各个浏览器之间的效果一致，如图16.20所示。

图16.20　图片符号

16.6　创建简单的导航菜单

作为一个成功的网站，导航菜单是永远不可缺少的。导航菜单的风格往往也决定了整个网站的风格，因此很多设计者都会投入很多时间和精力来制作各式各样的导航条，从而体现网站的整体构架。

在传统方式下，制作导航菜单是很麻烦的工作。需要使用表格，设置复杂的属性，还需要使用JavaScript实现相应鼠标指针经过或点击的动作。如果用CSS来制作导航菜单，实现起来就非常简单了。

16.6.1　简单的竖直排列菜单

当项目列表的list-style-type属性值为"none"时，制作各式各样的菜单和导航条便成了项目列表的最大用处之一，通过各种CSS属性变幻可以达到很多意想不到的导航效果。首先看一个案例，其效果如图 16.21 所示。

图 16.21　无需表格的菜单

本案例文件位于本书光盘"第 16 章\05\vertical.htm"。

❶ 首先建立 HTML 相关结构，将菜单的各个项用项目列表<ul>表示，同时设置页面的背景颜色，代码如下。

```
<body>
<div id="navigation">
    <ul>
    <li><a href="#">Home</a></li>
    <li><a href="#">Contact us</a></li>
    <li><a href="#">Web Dev</a></li>
    <li><a href="#">Web Design</a></li>
    <li><a href="#">Map</a></li>
</ul>
</div>
</body>
```

❷ 然后开始设置 CSS 样式，首先把页面的背景色设置为浅色，代码如下。

```
body{
    background-color:# dee0ff;
}
```

此时页面的效果如图 16.22 所示，这只是最普通的项目列表。

❸ 设置整个<div>块的宽度为固定 150 像素，并设置文字的字体。设置项目列表<ul>的属性，将项目符号设置为不显示。

```
#navigation {
    width:150px;
    font-family:Arial;
    font-size:14px;
    text-align:right
}
#navigation ul {
    list-style-type:none;         /* 不显示项目符号 */
    margin:0px;
    padding:0px;
}
```

进行以上设置后，项目列表便显示为普通的超链接列表，如图 16.23 所示。

❹ 为<li>标记添加下边线，以分割各个超链接，并且对超链接<a>标记进行整体设置，如下所示。

第 16 章 用 CSS 设置链接与导航菜单

图 16.22 项目列表

图 16.23 超链接列表

```
#navigation li {
    border-bottom:1px solid #9F9FED;   /* 添加下边线 */
}
#navigation li a{
    display:block;
    height:1em;
    padding:5px 5px 5px 0.5em;
    text-decoration:none;
    border-left:12px solid #151571;    /* 左边的粗边 */
    border-right:1px solid #151571;    /* 右侧阴影 */
}
```

以上代码中需要特别说明的是"display:block;"语句，通过该语句，超链接被设置成了块元素。当鼠标指针进入该块的任何部分时都会被激活，而不是仅在文字上方时才被激活。此时的显示效果如图 16.24 所示。

❺ 最后设置超链接的样式，以实现动态菜单的效果，代码如下。

```
#navigation li a:link, #navigation li a:visited{
    background-color:#1136c1;
    color:#FFFFFF;
}
#navigation li a:hover{                /* 鼠标指针经过时 */
    background-color:#002099;          /* 改变背景色 */
    color:#ffff00;                     /* 改变文字颜色 */
    border-left:12px solid yellow;
}
```

代码的具体含义都在注释中一一说明了，这里不再重复。此时导航菜单就制作完成了，最终的效果如图 16.25 所示，在 IE 与 Firefox 两种浏览器中的显示效果是一致的。

图 16.24 区块设置

图 16.25 导航菜单

263

此时在 IE 6 和 Firefox 中的显示效果是相同的。但是在 IE 6 中，虽然把链接设置成了块级元素，但是仍然只有在鼠标指针经过文字时，才能触发鼠标经过效果，而不是进入矩形区域就可以触发，在 IE 7 中已经修正了这个错误。在 IE 6 中，解决这个问题的方法是在"#navigation li a"中增加一条设置高度的 CSS 规则：

```
height:1em;
```

这样可强制浏览器重新计算响应鼠标指针的范围，就可以得到正确的结果了。

16.6.2 横竖自由转换菜单

导航条不只有竖直排列的形式，很多时候还需要页面的菜单能够在水平方向显示。通过 CSS 属性的控制，可以轻松实现项目列表导航条的横竖转换。

这里在上面一个例子的基础上仅做两处改动，就能实现一个自由转换的菜单。图 16.26 显示的是浏览器窗口比较宽的时候，菜单的水平排列效果；图 16.27 左图显示的是浏览器窗口很窄的时候，菜单的竖直排列效果；图 16.27 右图显示的是浏览器窗口宽度不宽不窄的时候，菜单的折叠排列效果。

本案例文件位于本书光盘"第 16 章\05\horizontal.htm"。

图 16.26　水平菜单

图 16.27　水平菜单可以自由地转换为竖直菜单和折行菜单

这两处改动如下。

（1）把 width:120 这条 CSS 规则从"#navigation"移动到"#navigation li a"中。这样，这个列表就没有宽度限制了，同时可保证每个列表项的宽度都是 120 像素。

（2）在"#navigation li"的样式中增加一条"float:left;"，也就是使各个列表项变为向左浮动，这样它们就会依次排列，直到浏览器窗口容纳不下，再折行排列。

通过这两处小小的改动，就可以实现从竖直排列的菜单到自由适应浏览器宽度的菜单的转换了。对于 Firefox 和 IE 浏览器都是适用的。

读者通过这个案例可以深刻地感受到 CSS 的强大和灵活。可以套用一句俗语"只有想不到，没有做不到"。

16.7 设置图片翻转效果

所谓图片翻转（Rollover）效果，就是指网页中的一个图片，在鼠标指针经过时换成另一个图片，如图 16.28 所示。鼠标指针没有进入图片时，是一个灰色图片；鼠标指针进入图片时，就变成了紫色的图片。

这种效果过去大多使用 JavaScript 实现，实际上用 CSS 可以非常方便地制作出来。这里仅给出一个最简单的效果，更复杂效果变化非常多，有兴趣的读者可以慢慢深入研究。

首先准备两个图片，大小完全相同即可，这里是 128×34 像素，如图 16.29 所示。

图 16.28　图片翻转效果　　　　　　　　图 16.29　背景图像

左边是通常状态时的图片，文件名为 background.gif；右边是鼠标指针经过时的图片，文件名为 background-hover.gif。

接下来，编写 HTML 部分的代码：

```
<a href="#">Button Text</a>
```

就是一个非常普通的超链接文本，也可以完全使用图片而不使用任何文字。

然后编写 CSS 部分的代码如下：

```
a:link, a:visited{
    display:block;
    width:128px;
    height:34px;
    font-size:14px;
     font-family:Arial;
    line-height:34px;
    text-align:center;
    color:black;
    text-decoration:none;
    background:url('background.gif') no-repeat;
    }
a:hover, a:active{
    background:url('background-hover.gif') no-repeat;
    color:white;
    }
```

至此，这个效果就完成了，下面简单解释一下 CSS 代码的含义。

（1）第 1~12 行代码是定义鼠标指针没有经过超链接时的 CSS 样式。
- 首先要把 a 元素变为块级元素，然后设定它的高度和宽度与图片相同。
- 然后是文字放到图片的中心位置。
- 最后设定背景图像的地址。

（2）第 16~19 行代码是定义鼠标指针经过时所需要变化的 CSS 样式。把文字的颜色由黑色变为白色，并把图片换成另一个图片即可了。

说明与讨论

（1）读者务必搞清楚"块级元素"和"行内元素"这两个基本概念，并了解二者之间如何转化。

（2）读者在实现这个效果并将文件上传到服务器上以后，可能会发现这个效果目前有一个缺陷，就是当鼠标指针移到图片上以后，很可能紫色的图片不会立即出现，而是几秒钟以后才出现，这是因为这个图片当时还没有下载到本地计算机上。出现这样的情况，会影响访问者的感受。解决方法是把上面两个图像合在一个图片中，通过使用背景图像的定位属性，来实现普通状态和 hover 状态显示图片上的不同区域，就不会有这样的停顿了。

（3）这个例子还可以进一步改进。目前的做法中，按钮的宽度是固定的，如果希望按钮的宽度能够随着按钮上的文字的长度自动适应，就要使用"滑动门"技术了，读者可以先结合第 13 章中的案例，自己研究一下，然后再学习本章下一节的内容。

16.8 应用滑动门技术的玻璃效果菜单

下面来制作本章的最后一个案例，难度较前面稍大，希望读者仔细研究，通过这个案例对 CSS 的原理有更深刻的了解。本例中要实现一个玻璃材质效果的水平菜单。为了表现出立体的视觉效果，以及玻璃的质感，必须借助背景图像才可以实现，完成后的效果如图 16.30 所示。

该实例文件位于本书光盘的"第 16 章\06\glass-navi.htm"。

图 16.30　玻璃效果的菜单

本例中用到了两个图像，分别如图 16.31 左图和图 16.31 右图所示。

图 16.31　本案例中用到的两个图像文件

可以看出，左边的图像是作为整个菜单的背景色平铺使用的，右边的玻璃材质图则是当鼠标指针经过某个菜单项的时候显示出来的。

从效果图中可以看出，玻璃材质图是一个固定的图像文件，而菜单中的各个菜单项宽窄不一，却都可以完整地显示出来，这是如何实现的呢？这里使用的就是"滑动门"技术，它被广泛应用于各种 CSS 效果中，因此希望读者能够真正理解这个案例的本质原理。

16.8.1　基本思路

首先讲解滑动门技术的核心原理。图 16.32 中的箭头表示了两个圆角矩形图像的滑动方向。较深颜色区域表示二者重叠的部分，当需要容纳较多文字时，重叠就少一些，而需要较少文字时，重叠就多一些。两个图像可以滑动，重叠部分的宽度会根据内容自动调整，就像两扇推拉门一样，因此这种技术就被称为"滑动门"。

本例与前面的例子相比，要更复杂一些。除了菜单项需要设置图像背景外，整个菜单也需要设置图像背景，因此这里的 HTML 结构将使用无序列表来组织，而不是仅仅使用 a 标记。这样做的好处是可以更方便地进行控制。

图 16.32　滑动门技术的原理示意图

相应的 HTML 代码如下。

```
<body>
    <ul id="menu">
        <li><a href="#"><strong> Home </strong></a> </li>
        <li><a href="#"><strong> Flash </strong></a></li>
        <li><a href="#"><strong> Dreamweaver </strong></a></li>
        <li><a href="#"><strong> CSS </strong></a></li>
        <li><a href="#"><strong> Photoshop </strong></a></li>
    </ul>
</body>
```

可以看到，每个文字链接都是作为一个列表项目<li>出现的。此外，还对文字设置了加粗显示的效果，这不但可以使字体变粗，而且还可以作为设置玻璃材质背景的 CSS "钩子"使用。为了实现滑动门，需要两个背景图片，因此就需要两个"钩子"来分别设置背景图片，这里的<a>标记和<strong>标记就分别承担了左右门的钩子的任务。

16.8.2　设置菜单整体效果

下面设置菜单的整体效果。

❶ 首先确定菜单的针体位置，代码如下。

```
body{
    margin:0;
    margin-top:20px;
}
```

❷ 设置 ul 的样式，具体包括设置文字的字体和字号，以及内外边距等，代码如下。

```
ul#menu {
font-family:Arial;
font-size:14px;
background:url(under.gif);
padding:0 0 0 8px;
list-style:none;
height:35px;
}
```

这里首先设置了 padding 和 margin，然后将 list-style 属性设置为 none，这样可以取消每个列表项目前面的圆点。然后设置高度为 35 像素，这正是背景图像的高度，最后将背景设置为图像所在的地址。

❸ 设置#menu 容器中的 li 的属性。li 原本就是块级元素，这里将其设置为向左浮动，这样将使得各列表横向排列，而不是默认的竖直排列，代码如下。

```
#menu li {
  float:left;
}
```

❹ 将 a 元素设置为块级元素，这样整个矩形范围内都会响应鼠标事件，代码如下。

```
#menu ul li a{
  display:block;
line-height:35px;
  color:#ddd;
  text-decoration:none;
  padding:0 0 0 14px;
}
```

上面这段代码中，将<a>标记设置为块级元素后，设置了行高 line-height 属性。设置行高可以使文字竖直方向居中排列。然后将文字设置为浅灰色，并取消链接的下划线。最后，设置 padding 属性，在每个菜单项的左侧设置了 14 像素的内边距。这时在浏览器中的效果如图 16.33 所示。

图 16.33 完成基本设置

接下来就是最关键的任务了——设置菜单项的背景。

16.8.3 使用"滑动门"技术设置玻璃材质背景

❶ 首先设置 a 元素的鼠标指针经过效果，代码如下。

```
#menu li a:hover{
  color:#fff;
    background: url(hover.gif);
  }
```

这里将文字设置为白色，然后将玻璃质感的图像文件地址作为背景属性的值，此时在浏览器中查看的效果如图 16.34 所示。

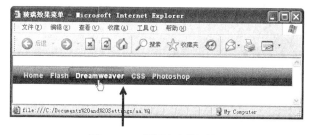

图 16.34 设置左侧滑动门

> **注意**
> 可以看到，鼠标指针经过时，玻璃材质的背景已经出现了，但是它的右边被齐刷刷地切断了，而没有出现背景图像的右端。这个问题如何解决呢？
> 在 CSS 中是不能使图像的宽度缩放的。解决方案之一是为每一个菜单项创建各自宽度的背景图像，但是显然适应性比较差，而且会需要多个图像文件，增加下载的流量，因此不是一个好办法。
> 另外一个可行的解决方案是使用前面在 HTML 中设置的文字加粗标记<strong>。基本思想就是把<strong>标记作为"钩子"来设置 CSS 样式，因此可以再为它的背景设置一个背景图像。这个背景图像仍然使用惟一的玻璃材质图像文件，不同的是这次从右向左展开，这样就可以出现右边的端点了。具体的方法如下。

❷ 对<strong>标记的属性进行设置，这里仅需将其设置为块级元素就可以了，代码如下。

```
#menu li a strong{
    display:block;
    }
```

❸ 设置在鼠标指针经过时的<strong>标记样式。这是很关键的一个步骤，代码如下。

```
#menu li a:hover strong{
    color:#fff;
    background: url(hover.gif) no-repeat right top;
    }
```

上面的代码中首先设置文字颜色为白色，这样鼠标指针经过时效果会更加醒目。然后设置背景图片，这个图片将会覆盖在前面定义的"#menu ul li a:hover"中设置的图片的上面。这两个图片实际上是同一个图片，后面的"no-repeat right top"设定了这个背景图的铺设方式，只显示一次，并从右上角开始铺设，此时在浏览器中的效果如图16.35所示。

图 16.35　设置右侧滑动门

❹ 这样基本上已经成功了，只是背景图像还不对称，右边还应该增加一些空白。只需要在"#menu ul li a strong"的样式中增加一条内边距的样式，在最右侧对称地增加14像素内边距即可，代码如下。

```
#menu ul li a strong{
    display:block;
    padding:0 14px 0 0;
    }
```

此时在浏览器中的效果如图16.36所示，这正是我们需要的效果。

图 16.36　完成调整

16.8.4　进一步解决的问题

1．修饰菜单项的文字

这里需要提示一点，为了能够增加玻璃材质的背景图像，我们使用了<strong>标记作为"钩子"来挂接 CSS 样式，这样菜单项的文字就以粗体显示了。如果不想使用粗体，那么也很简单，只需要在"#menu ul li a strong"和"#menu ul li a:hover strong"两个选择器中分别增加一条样式，使文字的粗细为正常（normal）即可，效果如图16.37所示。

269

2. IE 和 Firefox 的兼容性

最后,再来看一下这个菜单的浏览器兼容性。在 Firefox 中,显示效果没有任何问题,而在 IE 中,会发现一个小问题,如图 16.38 所示。

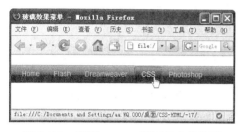

图 16.37 重置<strong>标记的字体设置

图 16.38 在 IE 中响应鼠标的范围错误

可以看到,在 IE 中只有当鼠标指针移动到文字上面的时候,才会触发鼠标经过效果。在图 16.38 中,鼠标指针的尖端虽然距离文字只有很小的距离,仍然没有触发鼠标效果。而我们希望的是进入菜单项的矩形范围内,就可以像在 Firefox 中显示的那样触发鼠标经过效果,如图 16.39 所示。

这是 IE 浏览器存在的一个问题,解决方法是在 "#menu ul li a" 的样式中增加一条 CSS 规则,如下:

```
float:left;
```

这里并没有什么原理需要解释,只是一种可行的解决方法。如图 16.40 所示,已经显示正确的效果了。

图 16.39 Firefox 中正确的响应鼠标的范围

图 16.40 扩大 IE 中响应鼠标的范围

16.9 鼠标指针经过时给图片增加边框

这是一个在实际网页中经常出现的效果。先来看一下最终的效果,如图 16.41 所示。网页中的图像原本没有边框,鼠标指针经过某个图片时,该图片就会出现一个边框,这样可以更明显地提示访问者选中了哪个图片。

下面介绍该效果的实现方法,HTML 结构如下:

```
<body>
    <img src="cup.gif" /><img src="cup.gif" /><img src="cup.gif" />
</body>
```

图 16.41　鼠标指针经过时给图片增加边框

这是最基本的代码。相应的 CSS 代码如下，也非常简单，给图像增加一个 1 像素的白色边框，即和背景色相同，然后设置 img 元素的":hover"伪类，在鼠标指针经过时，将边框由白色变为绿色。

> **注意**　设置图片有白色边框而不是无边框，目的是使得鼠标指针经过前后，图片不会发生位置跳动。

```
img{
    padding:5px;
    border:1px white solid;
}
img:hover{
    border:1px green solid;
}
```

读者现在应该已经可以知道，以上 CSS 代码只能在 Firefox 等浏览器中正常显示。该实例文件位于本书光盘的"第 16 章\07\ hover-border-firefox.htm"（只在 Firefox 中正常显示）。

而对于 IE 6 浏览器，不支持 img 元素的":hover"伪类。因此必须要选其他变通的办法。在 IE6 中，只有<a>标记支持":hover"伪类，因此必须从这里寻找突破口。首先改造 HTML 代码，也就是在图像的外面套上一个<a>标记，代码如下：

```
<a href="#"><img src="cup.gif" /></a>
```

接下来，为它编写 CSS 代码，核心要点是把原来应用于<img>标记的:hover 伪类改在<a>标记上。

```
a img{
    padding:5px;
}
a:link img, a:visited img{
    border:1px white solid;
}
a:hover img, a:active img{
    border:1px green solid;
}
```

如果读者对 CSS 的选择器已经有了比较深入的了解，应该可以看懂这段代码：

（1）前 3 行的目的是使边框与图像之间有 5 个像素的空间，如果希望边框紧贴着图像，那么这行代码可以删除；

（2）第 4 行至第 6 行的作用是定义在鼠标指针没有经过时，设置边框为 1 像素宽白色实线；

（3）第 7 行至第 9 行的作用是定义当鼠标指针经过或者点击图像的时候，边框的颜色变为绿色。

因此读者必须熟悉 CSS 的选择器的含义和伪类的含义，特别是"后代选择器"的含义。在这里第 2 行和第 3 行中，把"img"写在"a:hover"的后面，就表示在 a 元素处于鼠标指针经过状态时，里面的图像被选中。

> **浏览器兼容性**
>
> 以上写法是完全符合标准 CSS 写法的，在 Firefox 中，也是可以正常显示的。然而，"不争气"的 IE 6 浏览器在这里又出问题了，它对于这种情况存在错误，解决方法是在上面 CSS 代码的前面加一句话。
>
> ```
> a:hover {color: #FFF;}
> ```
>
> 这样，就可以同时适用于 IE 6/IE7/Firefox 了。该实例文件位于本书光盘的"第 16 章\07\ hover-border-ie.htm"。

> **补充说明**
>
> （1）如果希望的效果，是平常状态没有边框，而鼠标指针经过图像时出现某种颜色的边框，那么只需要将上面代码中平常状态的边框颜色设置为背景的颜色即可。不要去掉平常状态的边框，否则会发生跳动，视觉效果会变得不好。
>
> （2）使用了\<a\>标记以后，鼠标指针经过图像时，它会变成手的形状。如果希望仍然保持箭头形状的指针，那么可以在"a:hover"中增加一条对鼠标指针的设置，即"cursor:default;"。

16.10 本章小结

在本章中主要介绍了超链接文本的样式设计，以及对列表的样式设计。对于超级链接，最核心的是 4 种类别的含义和用法；对于列表，需要了解基本的设置方法。这二者都是非常重要和常用的元素。因此一定要把相关的基本要点掌握熟练，为后面制作复杂的例子打好基础。

第 17 章
用 CSS 建立表单

本章将主要介绍表单的制作方法。表单是交互式网站的一个很重要的应用，它可以实现网上投票、网上注册、网上登录、网上发信和网上交易等功能。表单的出现使网页从单向的信息传递发展到能够实现与用户的交互对话。通过本章的学习，读者可以掌握基本的表单知识，了解表单的属性。

17.1 表单的用途和原理

对于一般的网页设计初学者而言，表单功能其实并不常用，因为表单通常必须配合 JavaScript 或服务器端的程序来使用，否则表单单独存在的意义并不大。

但是表单与网页设计也不是完全无关的，因为表单是网页的访问者进行交互的接口，例如大家都常用的网站留言板，如图 17.1 所示。要让这样一个留言板真正地运行起来，除了在 HTML 页面中放置相应的表单元素之外，在服务器上还需相应的程序来接受访问者提交的留言信息，并存储到数据库中。然后在需要显示留言的时候，从数据库中获取信息，生成页面，发送给浏览器显示。

图 17.1 使用表单元素的留言簿页面

因此通常来说，含有表单的页面和本书前面章节介绍的页面是不同的。如果是普通的静态网页，当浏览器提出请求后，服务器不做任何处理，直接把页面发送给浏览器显示。而含有表单的网页，则会根据表单的内容在服务器上进行一番运算，然后再把结果返回给浏览器。

因此，如果要真正制作可以和访问者交互的网页，仅仅靠 HTML 是不够的，还必须要使用服务器端的程序，例如可以用 ASP、ASP.net 和 PHP 等语言来开发。

在本章中则以介绍各式表单为主，至于一些动态程序的开发在这里就不涉及了，如果读者感兴趣，不妨找一些相关书籍来学习。

17.2 表单输入类型

与表单相关的两个重要标记是<form>和<input>，前者用来确定表单的范围，后者用于定义表单中的各个具体表单元素。

先来看一个最简单的表单，代码如下。本实例源文件请参考本书光盘"第 17 章/17-01.htm"。

```
<form >
    姓名：<input type="text">
</form>
```

效果如图 17.2 所示，可以看到页面上出现了一个文本输入框。

17.2.1 文本输入框

上面代码中的"input"的含义就是"输入"，它代表了各种不同的输入控件，例如文本输入框、单选按钮等。而每个表单元素之所以会有不同的类型，原因就在于type属性的值设定的不同，当 type="text"的时候，显示的就是文本输入框。

图 17.2 文本输入框

我们就先来介绍一下"文字输入框"。除了用 type="text"的方法确定输入类型为"文本输入框"之外，还可以设定如下属性。

- name：名称，设定此一栏位的名称，程式中常会用到。
- size：数值，设定此一栏位显现的宽度。
- value：预设内容，设定此一栏位的预设内容。
- align：对齐方式，设定此一栏位的对齐方式。
- maxlength：数值，设定此一栏位可设定输入的最大长度。

17.2.2 单选按钮

如果将 type 属性设置为"radio"，就会产生单选按钮，单选按钮通常是好几个选项一起摆出来供访问者点选，一次只能从中选一个，因此称为单选按钮。

在上面的例子中增加两个单选按钮,本实例源文件请参考本书光盘"第 17 章/17-02.htm"，代码如下：

```
<form >
    <p>姓名：
```

```
    <input type="text" name="name"size="20">
</p>
<p>性别:
    <input type="radio" name="gender" value="radio" checked="true"> 男
    <input type="radio" name="gender" value="radio"> 女
</p>
</form>
```

效果如图 17.3 所示。

单选按钮通常设定如下两个属性。

● checked：当需要将某个单选按钮设置为被选中状态时，就要为该单选按钮设置 check="true"。

● name：需要将一组供选择的单选框设置为相同的名称，以保证在这一组中只能有一个单选按钮被选中，例如上面的例子中，两个单选按钮的 name 属性都是"gender"，这样当

图 17.3　单选按钮

其中某个原来未被选中的单选按钮被选中后，原来选中的单选按钮就会变为未选中的状态。

17.2.3　复选按钮

当 type 属性设置为"checkbox"时，就会产生复选按钮。复选按钮和单选按钮类似，也是一组放在一起供访问者点选的，多选按钮与单选按钮的区别是可以同时选中这一组选项中的多个，因此称为多选按钮。

在上面的例子中增加两个单选按钮，源文件请参考本书光盘"第 17 章/17-03.htm"，代码如下：

```
<p>兴趣:
    <input type="checkbox" name="interest" > 文学
    <input type="checkbox" name="interest" > 音乐
    <input type="checkbox" name="interest" > 美术
</p>
```

效果如图 17.4 所示。

多选按钮通常设定如下两个属性。

● checked：与单选按钮相同，当需要将某个多选按钮设置为被选中状态时，就要为该单选按钮设置 check="true"。与单选按钮不同的是，可以同时将多个多选按钮设置为 check="true"。

● name：与单选按钮相似，需要将一组供选择的单选框设置为相同的名称，以保证在服务器处理数据时知道这组多选按钮是一组的。

图 17.4　复选按钮

17.2.4　密码输入框

当 type 属性设置为"password"时，就会产生一个密码输入框，它和文本输入框几乎完全相同，差别仅在于密码输入框在输入时会以圆点或星号来取代输入的文字，以防他人偷看。

例如在上面的例子中，增加如下代码，本实例源文件请参考本书光盘"第 17 章/17-04.htm"。

```
姓名：<input type="text">
```

效果如图 17.5 所示，可以看到在密码输入框中显示的圆点。

密码输入框的属性与普通文本框的属性是完全相同的，这里就不再赘述了。

17.2.5 按钮

通常填完表单之后，都会有一个"提交"按钮和一个"重置"按钮。"提交"按钮的作用就是向服务器提交数据；"重置"按钮的作用是清除所有填写的数据，恢复为初始状态。

将 type 设置为"submit"即为提交按钮，将 type 设置为"reset"即为重置按钮，相当简单易用。

图 17.5　密码输入框

例如在上面的例子中，源文件请参考本书光盘"第 17 章/17-05.htm"，增加如下代码：

```
<input type="submit" value="提 交"> <input type="reset" value="重 置">
```

效果如图 17.6 所示。

value 属性用于设置按钮上的文字。此外，除了"提交"和"重置"这两种专用按钮，还可以设置为普通用途的按钮，具体的功能通常需要JavaScript配合实现。将type设置为"button"即可设为普通按钮。

在有的网站上，还可以看到用一个图像代替按钮的外观，而本质上仍然是一个按钮的功能，将 type 设置为"image"即可设为图像按钮。

例如在上面的例子中增加如下代码：

```
<input type="button" name="button" value="按 钮">
<input type="image" name="imageField" src="button.png">
```

图像按钮效果如图 17.7 所示。源文件请参考本书光盘"第 17 章/17-06.htm"。

图 17.6　按钮

图 17.7　图像按钮

可以看到，上面页面中各种外观和作用各不相同的元素，都是使用<input>这个标记实现的，关键就在于 type 属性的值是什么。

此外，还有两种常用的表单元素，使用的是不同的标记。

17.2.6 多行文本框

如果需要访问者输入比较多的文字，通常使用多行文本框，这需要使用<textarea>标记来实现，例如下面的代码：

```
<textarea name="textarea" id="textarea" cols="45" rows="5"></textarea>
```

效果如图 17.8 所示。源文件请参考本书光盘"第 17 章/17-07.htm"。

需要介绍几个有用的属性。

（1）cols：用于定义这个多行文本框的宽度（字符列数）。

（2）rows：用于定义它的高度（行数）。

（3）wrap：用于定义它的换行方式，可以有 3 种选择。

图 17.8　多行文本框

- off：输入文字不会自动换行。
- virtual：输入文字在屏幕上会自动换行，但是如果访问者没有按回车键换行，则提交到服务器时也视为没有换行。
- physical：输入文字时会自动换行，提交到服务器时，会将屏幕上的自动换行视为换行效果提交。

17.2.7 列表框

下拉列表框也是经常用到表单元素，使用的是<select>标记，示例代码如下：

```
<select name="select" id="select">
  <option value="1" selected="true">Flash</option>
  <option value="2">Dreamweaver</option>
  <option value="3">Fireworks</option>
  <option value="4">Photoshop</option>
</select>
```

效果如图 17.9 所示。可以看到，列表中每个项目都使用一个<option></option>标记来定义。源文件请参考本书光盘"第 17 章/17-08.htm"。

此外，<select>标记还有另一种表现形式，即列表形式，与上面的代码区别在于在<select>标记中，用 size 属性设定列表格行数，代码如下。

```
<select name="select" size="5" id="select">
  <option value="1" selected="true">Flash</option>
  <option value="2">Dreamweaver</option>
  <option value="3">Fireworks</option>
  <option value="4">Photoshop</option>
</select>
```

效果如图 17.10 所示。源文件请参考本书光盘"第 17 章/17-09.htm"。

上面已经介绍了常用的表单元素的设置方法，下面开始介绍如何使用 CSS 来对表单元素进行设置。

图 17.9　下拉列表框

图 17.10　列表框

17.3　CSS 与表单

表单是网页与用户交互所不可缺少的元素，在传统的 HTML 中对表单元素的样式进行控制的标记很少，仅仅局限于功能上的实现。本节围绕 CSS 控制表单进行详细介绍，包括表单中各个元素的控制，与表格配合制作各种效果，等等。

17.3.1　表单中的元素

表单中的元素很多，包括常用的输入框、文本框、单选项、复选框、下拉菜单和按钮等，图 17.11 所示的是一个没有经过任何修饰的表单，包括最简单的输入框、下拉菜单、单选项、复选框、文本框和按钮等。

图 17.11　普通表单

该表单的源码如下所示，主要包括<form>、<input>、<textarea>、<select>和<option>等几个标记，没有经过任何 CSS 修饰。源文件请参考本书光盘"第 17 章/17-10.htm"。

```
<form method="post">
```

```html
<p>请输入您的姓名:<br><input type="text" name="name" id="name"></p>
<p>请选择你最喜欢的颜色:<br>
<select name="color" id="color">
    <option value="red">红</option>
    <option value="green">绿</option>
    <option value="blue">蓝</option>
    <option value="yellow">黄</option>
    <option value="cyan">青</option>
    <option value="purple">紫</option>
</select></p>
<p>请问你的性别:<br>
    <input type="radio" name="sex" id="male" value="male">男<br>
    <input type="radio" name="sex" id="female" value="female">女</p>
<p>你喜欢做些什么:<br>
    <input type="checkbox" name="hobby" id="book" value="book">看书
    <input type="checkbox" name="hobby" id="net" value="net">上网
    <input type="checkbox" name="hobby" id="sleep" value="sleep">睡觉</p>
<p>我要留言:<br><textarea name="comments" id="comments" cols="30" rows="4"></textarea></p>
<p><input type="submit" name="btnSubmit" id="btnSubmit" value="Submit"></p>
</form>
```

下面直接利用 CSS 对标记进行控制，为整个表单添加简单的样式风格，包括边框、背景色、宽度和高度等，源文件请参考本书光盘"第 17 章/17-11.htm"。

```css
form {
    border: 1px dotted #AAAAAA;
    padding: 3px 6px 3px 6px;
    margin:0px;
    font:14px Arial;
}
input {
    color: #00008B;
    background-color: #ADD8E6;
    border: 1px solid #00008B;
}
select {
    width: 80px;
    color: #00008B;
    background-color: #ADD8E6;
    border: 1px solid #00008B;
}
textarea {
    width: 200px;
    height: 40px;
    color: #00008B;
    background-color: #ADD8E6;
    border: 1px solid #00008B;
}
```

此时表单看上去就不那么单调了。不过仔细观察会发现单选项和复选框对于边框的显示效果，在浏览器 IE 和 Firefox 中有明显的区别，如图 17.12 所示。

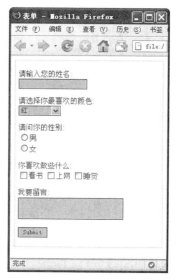

图 17.12　简单的 CSS 样式风格

图 17.13 中显示了在两种浏览器中的显示区别，在 IE 中的单选项和复选框都有边框，而在 Firefox 中则没有。因此在设计表单时通常的方法还是给各项添加类别属性，进行单独的设置，源文件请参考本书光盘"第 17 章/17-12.htm"。

```
form{
    border: 1px dotted #AAAAAA;
    padding: 1px 6px 1px 6px;
    margin:0px;
    font:14px Arial;
}
input{                          /* 所有 input 标记 */
    color: #00008B;
}
input.txt{                      /* 文本框单独设置 */
    border: 1px inset #00008B;
    background-color: #ADD8E6;
}
input.btn{                      /* 按钮单独设置 */
    color: #00008B;
    background-color: #ADD8E6;
    border: 1px outset #00008B;
    padding: 1px 2px 1px 2px;
}

<form method="post">
<p>请输入您的姓名:<br><input type="text" name="name" id="name" class="txt"></p>
……
```

```
    <p>我要留言:<br><textarea name="comments" id="comments" cols="30" rows="4"
class="txtarea"></textarea></p>
    <p><input type="submit" name="btnSubmit" id="btnSubmit" value="Submit"
class="btn"></p>
```

经过单独的 CSS 类型设置,两个浏览器的显示效果已经基本一致了,如图 17.13 所示。这种方法在实际设计中经常使用,读者可以举一反三。

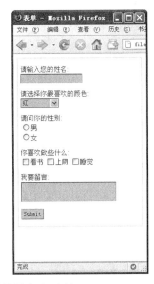

图 17.13　单独设置各个元素

> **经验之谈**　各个浏览器之间显示的差异通常都是因为各浏览器对部分 CSS 属性的默认值不同导致的,通常的解决办法就是指定该值,而不让浏览器使用默认值。

17.3.2　像文字一样的按钮

按钮之所以被称之为"按钮",并不是因为它的形状,而是因为它的功能。通过 CSS 设置,可以将按钮变成跟普通文字一样,这种效果在网页上也比较常见,如图 17.14 所示。源文件请参考本书光盘"第 17 章/17-13.htm"。

首先跟普通的表单一样,定义<form>、<input>等标记,并设置相应的类型,以便通过 CSS 控制其样式,代码如下所示:

图 17.14　像文字一样的按钮

```
    <body>
    <form method="post">
        请输入您的信息: <input type="text" name="name" id="name" class="txt">
        <input type="submit" name="btnSubmit" id="btnSubmit" value="Submit>>"
class="btn">
    </form>
    </body>
```

此时页面的效果如图 17.15 所示,与普通的表单完全一样,只有一个待输入的输入框加上一个提交的按钮。

然后给表单的元素添加 CSS 样式，关键在于将按钮的背景颜色设置为透明"transparent"，这样无论页面 body 的背景颜色如何修改，按钮的背景色都会发生相应的变化。接下来再将按钮的边框设置为 0。CSS 部分代码如例 17.9 所示，源文件请参考本书光盘"第 17 章/17-13.htm"。

图 17.15　普通表单

```
<style>
<!--
body{
    background-color:#daeeff;           /* 页面背景色 */
}
form{
    margin:0px; padding:0px;
    font:14px;
}
input{
    font:14px Arial;
}
.txt{
    border-bottom:1px solid #005aa7;    /* 下划线效果 */
    color:#005aa7;
    border-top:0px; border-left:0px;
    border-right:0px;
    background-color:transparent;       /* 背景色透明 */
}
.btn{
    background-color:transparent;       /* 背景色透明 */
    border:0px;                         /* 边框取消 */
}
-->
</style>
```

在设置按钮和文本框的背景色为透明之后，两者都会将自己的背景色调整为跟页面背景色相一致，再配合文本框的下划线效果，按钮就显得十分自然了，如图 17.16 所示。

图 17.16　最终效果

经验之谈　这种将按钮边框隐藏的思想与采用<table>标记对页面排版的思路是类似的，都是将元素的边框隐藏，从而直接利用其内容的特性。类似这样的运用还有很多，读者可以举一反三，多多实践。

17.3.3 多彩的下拉菜单

CSS 不仅可以控制下拉菜单的整体字体和边框等，对于下拉菜单中的每一个选项同样可以设置背景色和文字颜色。对于下拉选项很多必须加以进一步分类的时候，这种方法十分奏效，对于选择颜色更是得心应手。实例效果如图 17.17 所示。

首先建立相关的 HTML 部分，包括表单、下拉菜单、各个选项和按钮等，并且为每一个下拉选项指定一个相应的 CSS 类型，代码如下所示：

图 17.17　七彩的下拉菜单

```
<form method="post">
    <p><label for="color">请选择一种颜色</label>
    <select name="color" id="color">
        <option value=""> 选择 </option>
        <option value="blue" class="blue">蓝色</option>
        <option value="red" class="red">红色</option>
        <option value="green" class="green">绿色</option>
        <option value="yellow" class="yellow">黄色</option>
        <option value="cyan" class="cyan">青色</option>
        <option value="purple" class="purple">紫色</option>
    </select></p>
    <p><input type="submit" name="btnSubmit" id="btnSubmit" value="提交"></p>
</form>
```

此时下拉菜单与普通的下拉菜单一样，所有下拉选项显示相同的颜色风格。我们给每一个下拉选项都添加相应的 CSS 样式，主要是文字颜色和背景颜色的设置。CSS 部分代码如例 17.10 所示，源文件请参考本书光盘"第 17 章/17-14.htm"。

```
.blue{
    background-color:#7598FB;
    color: #000000;
}
.red{
    background-color:#E20A0A;
    color: #ffffff;
}
.green{
    background-color:#3CB371;
    color: #ffffff;
}
.yellow{
    background-color:#FFFF6F;
    color: #000000;
}
.cyan{
    background-color:00FFFF;
    color:#000000;
```

283

```
}
.purple{
    background-color:800080;
    color:#FFFFFF;
}
```

为每一个下拉选项都设置 CSS 样式之后，各个选项的背景颜色都变成了其文字所描述的颜色本身，而文字颜色则选取了与背景色有一定反差的色彩，以便浏览。实例的最终效果如图 17.18 所示。

图 17.18　最终效果

17.4　案例——"数独"游戏网页

"数独"是一种近年来风靡世界的益智数字游戏。相传起源于拉丁方阵（Latin Square），19 世纪 70 年代在美国开始发展，之后流传至日本，以数学智力游戏、智力拼图游戏发表。在 1984 年一本游戏杂志正式把它命名为"数独"，意思是在每一格只有一个数字。近几年，这个游戏在全世界流行，中国国内也有很多热衷于数独的爱好者，很多报纸每天都有数独题目的连载，受到很多读者的喜爱。

数独游戏的规则是，在 9×9 格的大九宫格中有 9 个 3×3 的小九宫格，已经有一些数字在里面了，根据这些数字，运用逻辑和推理的方法，在其他的空格上填入 1 到 9 的数字，但是要保证满足每个数字在每个小九宫格内不能重复，同时在每行、每列中也不能出现重复的数字。

例如图 17.19 左图所示的就是一个游戏的初始状态，游戏者可以以此为基础开始推理，依次填写出所有空格，并满足每个小九宫格内不重复，同时在每行、每列中也不能出现重复的数字的要求。例如图 17.19 右图所示的是它的解答。

本案例最终的源文件请参考本书光盘"第 17 章/17-15.htm"。读者可以先试一试，能否不看答案，独立完成这个数独游戏题目。

这种游戏只需要逻辑思维能力，与数字运算无关。虽然玩法简单，但数字排列方式却千变万化，所以不少教育者认为数独是锻炼脑筋的好方法。

在本例中，我们结合前面介绍的表格和表单的相关设置方法，制作一个页面，可以非常美观地显示数独的题目，并且可以方便在空格中输入数字。

第 17 章 用 CSS 建立表单

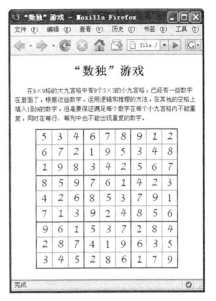

图 17.19 数独游戏页面

17.4.1 搭建基本表格

首先确定最基本的网页结构，代码如下。主要的任务是建立一个 9 行 9 列的表格。

```
<h1>"数独"游戏</h1>
<p>
在 9×9 格的大九宫格中有 9 个 3×3 的小九宫格，已经有一些数字在里面了，根据这些数字，运用逻辑和
推理的方法，在其他的空格上填入 1 到 9 的数字，但是要保证满足每个数字在每个小九宫格内不能重复，同时在
每行、每列中也不能出现重复的数字。
</p>

<table >
    <tr>
        <td></td><td></td><td></td>
        <td></td><td></td><td></td>
        <td></td><td></td><td></td>
    </tr>
    ……省略其余 8 行……
</table>
```

接下来对单元的样式进行最基本的设置，代码如下：

```
h1{
    text-align:center;
}

p{
    font:12px/18px 宋体;
    text-indent:2em;
}
```

这时效果如图 17.20 所示。

17.4.2 设置表格样式

接下来对表格整体进行设置。

❶ 使用表格线的合并模式产生 1 像素的内部框线，而外框线粗细设置为 2 像素。

```
table{
    border-collapse:collapse;
    border:2px #666 solid;
    margin:0 auto;
}
```

这时的效果如图 17.21 所示，表格框线和位置发生了变化。

图 17.20　基本表格页面

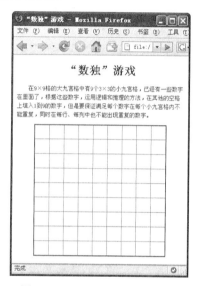
图 17.21　设置表格的整体属性

❷ 然后将 9 个小九宫的分割线的粗细设置为 2 像素，以明显地分割出 9 个小九宫格。方法是首先为 9 个从左数第 4 列和第 7 列的单元格设置类别 ".vline"，将这些单元格的左边线设置为 2 像素。

为这 18 个单元格增加类别，代码如下：

```
<td class="vline"><td>
```

相应的 CSS 样式为：

```
td.vline{
    border-left:2px #666 solid;
}
```

❸ 同理，再将从上数第 4 行和第 7 行的 18 个单元格增加类别 ".hline"，将这些单元格的上边线设置为 2 像素。

```
td.hline{
    border-top:2px #666 solid;
}
```

> **注意**　有些单元格需要同时设置为 ".vline" 和 ".hline"，应该写作：
> ```
> <td class="vline hline"><td>
> ```
> vline 和 hline 二者谁在前面都可以。

❹ 然后在一些单元格中填入数字，并设置单元格中的字体和相关的样式，代码如下。

```
td{
    padding:0px;
    width:30px;
    height:30px;
    border:1px #999 solid;
    text-align:center;
    vertical-align:middle;
    font-family:"Times New Roman", Times, serif;
    font-size:21px;
}
```

这时效果如图 17.22 所示，可以看到，基本结构已经完成了，但是现在还没有加入表单元素，因此还不能在空格中输入数字。

17.4.3 加入文本输入框

接下来，在空白的单元格中分别加入一个文本输入框。

```
<td><input class="entey" name="Text1" type="text" maxlength="1" /></td>
```

代码中的属性"maxlength"设置为 1，这样可以限制每个空格中只能输入一个数字。此时的效果如图 17.23 所示。

图 17.22　表格结构和样式设置完成

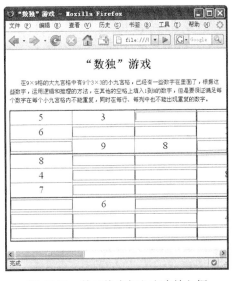

图 17.23　单元格中加入文本输入框

17.4.4 设置文本输入框的样式

目前由于没有设置文本输入框的样式，每个文本框都比较宽，因此把单元格撑大了。下面就来设置文本框的样式。

❶ 为设置文本框样式，代码如下：

```
input{
    margin:1px 0 0 0;
    padding:0;
    width:24px;
```

```
height:27px;
text-align:center;
vertical-align:middle;
font-family:"lucida handwriting","comic sans ms",cursive;
font-size:19px;
color:blue;
}
```

这时的效果如图 17.24 所示。

❷ 暂时不隐藏文本框的边框线，可以帮助确定文本框的位置，待位置、大小等参数都设置好以后，再将边框线取消。

```
border:0px black solid;
```

这时的效果如图 17.25 所示。这时就可以在空格中填入数字了，例如图中，首先在第 3 行的第 7 个空格中填入了数字 5。

> **注意**　这里为没有做过数读的读者简单解释一下原因：这是因为第 1 行和第 2 行都有 5 了，因此左上小九宫里的 5 只能在这个小九宫已经给出的数字 6 两侧的这两个格子中，而最右一列中已经有 5 了，因此左上 9 宫中的 5 只能出现在图中的位置了。这样就确定了第一数字，就这样依次推理出所有空格中的数字。

 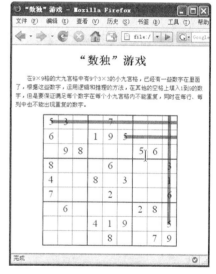

图 17.24　设置了文本输入框的样式　　　　图 17.25　最终完成后的效果

需要注意以下几点。

（1）取消文本框的边线，本来应该将 border-style 设置为 "none"，可是这样设置在 IE 6 种，无法取消边框，因此采用了上面的方法。

（2）为了使游戏者在填数的过程中，便于区分初始给定的值和自己填入的值，应该将二者的颜色和字体有所区别，例如这里将文本框中的文字字体设置为一种接近于手写风格的字体，并设置为蓝色，这样就可以很容易地区分了。

（3）不同字体之间，视觉大小有所不同，在设置为同样大小时，这种手写字体的数字看起来要大一些，因为为了整体协调一致的效果，可以将文本框的字体设置得稍微小一些，这样整体效果很协调。

17.5 对齐文本框和旁边的图像按钮

文本框旁边加一个按钮是很经常用到的网页内容，比如搜索框等。如果按钮使用图像的话，它们在竖直方向上就很不容易对齐，即使使用 vertical-align、padding 和 margin 等都不行（特别是在 IE 中，在 Firefox 中使用 vertical-align 还可以对齐）。

例如有如下代码：

```
<form>
    <input type="text" name="foo" value="Test Field"/>
    <input type="image" src="images/button.gif" />
</form>
```

其效果如图 17.26 所示。

解决方法是将上述代码修改为：

```
<form>
    <input type="text" name="foo" value="Test Field"/>
    <input type="image" src="images/button.gif" style="position:absolute" />
</form>
```

这时，在 Firefox 和 IE 中的效果分别如图 17.27 左图和右图所示。

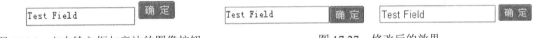

图 17.26　文本输入框与旁边的图像按钮　　　　图 17.27　修改后的效果

可以看到，在 Firefox 中，如果事先做好的图像和文本框的高度完全一致，它们就会完全对齐了；而在 IE 中，按钮图像比文本框高 1 个像素。因此可以针对 IE 浏览器稍作调整：

```
<form>
    <input type="text" name="foo" value="Test Field"/>
    <input type="image" src="images/button.gif"
           style="position:absolute;+margin-top:1px" />
</form>
```

> 这里在"margin-top"属性前面有一个加号，对于 Firefox 浏览器，这个属性设置就无效了；而对于 IE 浏览器，就会忽略掉这个加号。因此针对 IE 浏览器，上面就会存在这 1 像素的 margin 了。这时在 Firefox 和 IE 中的效果分别如图 17.28 左图和右图所示。

⚠ 注意

图 17.28　完全对齐的效果

到这里，在竖直方向已经对齐得很好了。水平方向上，在 Firefox 和 IE 中的显示效果还略有区别，在 Firefox 中二者紧靠在一起。在 IE 中，二者之间有一点点间隔。但是水平方向的控制就容易多了，这里不再赘述，读者可以自己试验一下。

17.6 本章小结

本章主要介绍了表单的制作，以及使用 CSS 设置表单元素的方法。表单是交互式网站的很重要的应用之一，它可以实现交互功能。需要注意的，是本章所介绍的内容只涉及表单的设置，不涉及具体功能的实现方法，例如要实现一个真正的留言簿功能，则必须要有服务器程序的配合，读者有兴趣的话，可以参考其他相关的图书和资料。

第 18 章
网页样式综合案例——
灵活的电子相册

当希望将旅游时拍摄的照片放在网页上与朋友分享时，当新闻工作者或摄影家想将拍摄的照片放到网站上出售时，电子相册都必不可少。本节通过 CSS 对电子相册进行排版，进一步介绍 CSS 排版的方法。

本案例的有趣之处在于使用相同的 HTML 结构，可以产生多种不同的变化。例如，在阵列模式时，效果如图 18.1 所示，而使用单列信息效果则如图 18.2 所示。

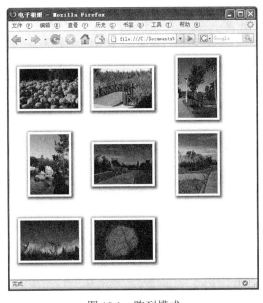

图 18.1 阵列模式

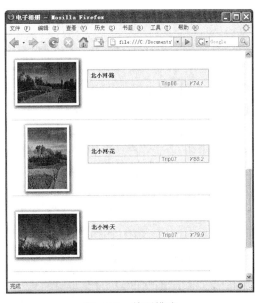

图 18.2 单列模式

此外，本章还演示其他几种非常有趣的效果。例如在 HTML 中，每一张图片和它的相关信息是组织在一起的；而在页面中，图片和文字是分离的，而且可使双向联动，鼠标指针经过某一张照片时，相应的文字会以特殊样式显示，同样当鼠标指针经过某一段文字时，相应的照片也会以特殊的样式显示，如图 18.3 所示。

18.1 搭建框架

搭建框架主要应考虑在实际页面中相册的具体结构和形式，包括照片整体排列的方法，用户可能的浏览情况，照片是否需要自动调整，等等。

图 18.3 分离双向联动模式

首先，对于阵列模式，不同的用户可能有不同的浏览器。显示器分辨率为"1024×768"的用户可能希望每行能显示 5～6 幅缩略图，而显示器分辨率为"1280×1024"的用户或许希望每行能容纳 7～8 幅，宽屏用户或许希望每行能显示更多。其次，即使在同一个浏览器下，用户也不一定能够全屏幕欣赏，这就需要照片能够自动排列和换行。如果使用<table>排版是无论如何也不可能实现这一点的。

对于详细信息的模式，照片的信息通常环绕在一侧，设计者往往不愿意再重新设计整体框架，而希望在阵列框架的基础上，通过直接修改 CSS 文件就能实现整体的变换。这也是<table>排版所不可能实现的。

考虑到以上要求，对每一幅照片以及它的相关信息都用一个<div>块进行分离，并且根据照片的横、竖来设置相应的 CSS 类别，代码如下：

```
<div class="pic ls">
    <a href="photo/m01.jpg" class="tn"><img src="photo/thumb/s01.jpg"></a>
    <ul>
        <li class="title">北小河·菊</li>
        <li class="catno">Trip01</li>
        <li class="price">￥79.9</li>
    </ul>
</div>
<div class="pic ls">
    <a href="photo/m02.jpg" class="tn"><img src="photo/thumb/s02.jpg"></a>
    <ul>
        <li class="title">北小河·桥</li>
        <li class="catno">Trip02</li>
        <li class="price">￥59.7</li>
    </ul>
</div>
```

以上是 HTML 框架中两幅照片的<div>块，其中设置了很多不同的 CSS 类别，下面一一说明。

（1）在<div>块属性中的类别"pic"主要用于声明所有含有照片的<div>块，与其他不含照片的<div>块相区别。

（2）在"pic"类别后的照片类别，有的是"pt"，有的是"ls"，其中 pt（portrait）指竖直方向的照片，即照片的高度大于宽度，而 ls（landscape）指水平方向的照片。

（3）类别"tn"指代缩略图的超链接，用于区别网页中可能出现的其他超链接。而<ul>标记下的各个<li>标记都加上了相应的 CSS 类别，用于详细信息模式下的设定。

这样基本的框架就搭建好了，使用相同的方式，就可以增加更多的 div 了，每一个 div 的格式都是完全相同的，只需按照片是横向的还是竖向的来设置类别并输入相关的文字信息就可以了。例如，在本书光盘中的案例源文件中，我们放入了 8 张照片，此时没有设置什么 CSS 样式，页面的效果如图 18.4 所示。源文件请参考本书光盘"第 18 章/basic.htm"。

图 18.4　未设置 CSS 样式的效果

可以看到，由于还没有设置任何 CSS 样式，因此所有内容都从上到下依次排列。

18.2　阵列模式

首先来讨论阵列模式的实现方法，它主要要求照片能够根据浏览器的宽度自动调整每行的照片数，在 CSS 排版中正好可以用 float 属性来实现。另外，考虑到需要排列整齐，而且照片有横向显示的也有纵向显示的，因此将块扩大为一个正方形，并且给照片加上边框。

在浏览器窗口比较宽的时候，一行可以显示比较多的照片，效果如图 18.5 所示。

当浏览器窗口宽度变化时，阵列也会自动改变，如图 18.6 所示。

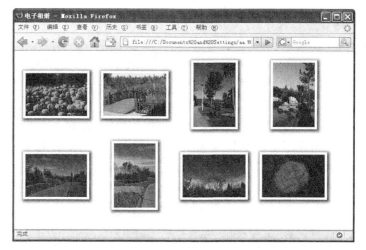

图 18.5　以阵列模式显示

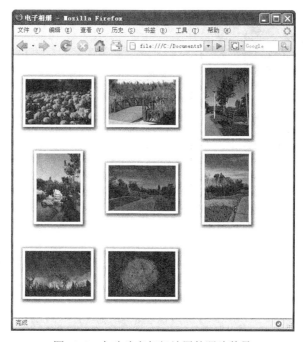

图 18.6　自动改变每行放置的照片数量

❶ 实现整体结构的代码如下：

```
div.pic{
    height:160px; width:160px;        /* 每幅图片块的大小 */
    float:left;                        /* 向左浮动 */
    margin:5px;
}
div.pic img{
    border:none;
}
```

这里进行了非常简单的设置，将每一个 div 设置固定的宽度和高度，都是 160 像素，使之向左浮动，并通过 margin 使相邻 div 之间有一点空白间隔。

❷ 将 div 中的 img 元素，即图像的边框设置为 none。这是因为图像在链接中，如果不取消边框，就会出现默认的粗边框，影响美观。这时的效果如图 18.7 所示。从图中可以看到，现在已经形成阵列方式排列了。

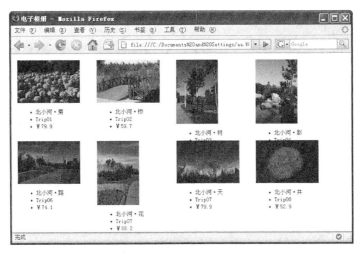

图 18.7　取消图像边框

❸ 下面要为每一张照片增加一个带有阴影的边框。由于这里照片显示的方式只有两种，一种是竖向的 135×90 像素，另一种是横向的 90×125 像素，因此可以制作两个方形的背景图片，用来衬托每一张照片，分别加到类别 pt 和 ls 的 CSS 属性中，并设置相应的照片大小，如图 18.8 所示。

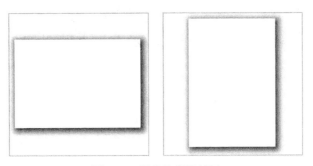

图 18.8　照片的背景衬托

> **注意**　实际上两个图片都是正方形的，图中外侧的细线仅表示范围。

❹ 下面的样式是将图像应用到 div 的背景上。

```
div.ls{
    background:url(framels.jpg) no-repeat center; /* 水平照片的背景 */
}
div.pt{
    background:url(framept.jpg) no-repeat center; /* 竖直照片的背景 */
}
```

❺ 设置照片图像的宽度。如果确认图像的大小恰好是 90 像素和 135 像素，就可以不用设置。这里设置的作用是如果照片图像的大小不是正好这么大，可以强制以正确的大小显示。

```
div.ls img{                          /* 水平照片 */
    margin:0px;
    height:90px; width:135px;
}
div.pt img{                          /* 竖直照片 */
    margin:0px;
    height:135px; width:90px;
}
```

❻ 目前在阵列模式下，不需要显示照片的具体文字信息，因此将<ul>标记的 display 设置为 none，如下所示。

```
div.pic ul{
    display:none;                    /* 阵列模式，不显式照片信息 */
}
```

此时页面的效果如图 18.9 所示，可以看到背景图像已经放置好了，只是还没有与照片对齐。

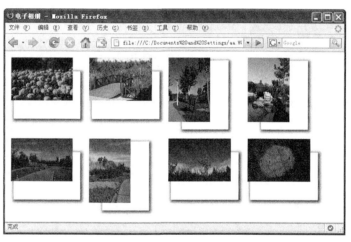

图 18.9　添加背景，取消<ul>信息

❼ 将超链接设置为块元素，并且利用 padding 值将作用范围扩大到整个 div 块的 "160px×160px" 范围，同时通过调整 4 个 padding 值，实现照片正好放到背景图的白色矩形区域中的效果。代码如下：

```
div.ls a{
    display:block;                           /* 定义为块元素 */
    padding:34px 14px 36px 11px;             /* 将超链接区域扩大到整个背景块 */
}
div.pt a{
    display:block;
    padding:11px 36px 14px 34px;             /* 将超链接区域扩大到整个背景块 */
}
```

此时页面的效果如图 18.10 所示。

第 18 章 网页样式综合案例——灵活的电子相册

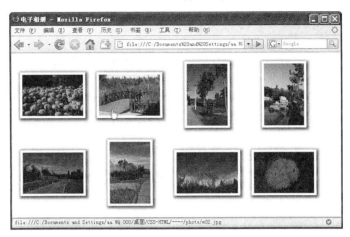

图 18.10 调整超链接块

❽ 考虑到超链接的突出效果，再分别为鼠标指针经过照片时制作两幅橘黄色的背景，一幅用于水平照片，一幅用于竖直照片，如图 18.11 所示。这两幅图片的尺寸与图 18.8 中用于衬托的图片的尺寸是完全一样的。

图 18.11 突出背景的两幅图片

❾ 分别将上述两幅图片添加到 CSS 属性中，代码如下所示。这样整个阵列模式便制作完成了，效果如图 18.12 所示。

```
div.ls a:hover{                          /* 鼠标指针经过时修改背景图片 */
    background:url(framels_hover.jpg) no-repeat center;
}
div.pt a:hover{
    background:url(framept_hover.jpg) no-repeat center;
}
```

从图中可以看到，第 1 排的第 2 幅图像处于鼠标指针经过状态，其效果与其他图像是不同的。由于本书黑白印刷，效果不太明显，读者可以实际在浏览器中对比效果。

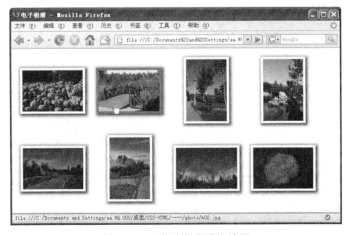

图 18.12 阵列模式最终效果

本案例最终效果的源文件请参考本书光盘"第 18 章/matrix.htm"。

18.3 单列模式

单列模式的效果如图 18.13 所示，所有照片竖直排列，每张照片的右侧显示关于该照片的详细信息，并且不更改页面的 HTML 结构。

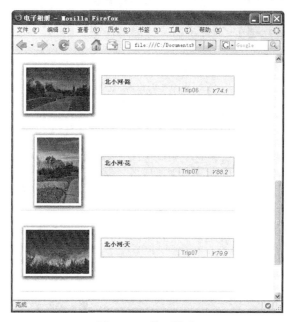

图 18.13 单列模式

在采用了 CSS 的 div 排版后，仅仅需要在阵列的基础上不再浮动即可，然后将照片的超链接设置为向左浮动，照片的信息不再隐藏，其余的内容在"第 19 章\matrix.css"文件的基础上均不进行改变。代码如下：

```
div.pic{
    width:450px; height:160px;          /* 块的大小 */
    margin:5px;
}
div.pic img{
    none;
}
div.pic a.tn{
    float:left;                         /* 超链接环绕 */
}
```

此时页面的效果如图 18.14 所示，从中可以看到，由于 div 中的 a 元素设置为向左浮动，因此它后面的列表文字就环绕它，从而显示在其右侧了。

只通过简单地修改 CSS 文件，详细信息的框架就已经搭建出来了。关于如何设置图像的背景，以及使鼠标指针经过时更换背景图像，这些都和前面的阵列模式完全相同，不需要任何改动。设置好以后,效果如图 18.15 所示。

图 18.14　在阵列模式的基础上进行修改

图 18.15　设置照片背景等属性

下面只需要单独设置<ul>模块的样式即可。首先设置 ul 列表的整体位置、边框等属性,代码如下:

```
div.pic ul{                          /* 设置照片信息的样式 */
    margin:0 0 0 170px;
    padding:0 0 0 0.5em;
    background:#dceeff;
```

```
    border:2px solid #a7d5ff;
    font-size:12px;
    list-style:none;
    font-family:Arial, Helvetica, sans-serif;
    position:relative;
    top:50px;
}
```

最终效果如图 18.16 所示。

图 18.16　单列模式的效果

下面针对 3 个列表项目进行设置,这里就不再详细介绍了,读者完全可以自由发挥,代码如下:

```
div.pic li{
    line-height:1.2em;
    margin:0;
    padding:0;
}
div.pic li.title{
    font-weight:bold;
    padding-top:0.4em;
    padding-bottom:0.2em;
    border-bottom:1px solid #a7d5ff;
    color:#004586;
}
div.pic li.catno{
    color:#0068c9;
    margin:0 2px 0 13em;
    padding-left:5px;
    border-left:1px solid #a7d5ff;
}
```

```
div.pic li.price{
    color:#0068c9;
    font-style:italic;
    margin:-1.2em 2px 0 18em;
    padding-left:5px;
    border-left:1px solid #a7d5ff;
}
```

最终效果如图 18.17 所示。

本案例最终效果的源文件请参考本书光盘"第 18 章/matrix.htm"。

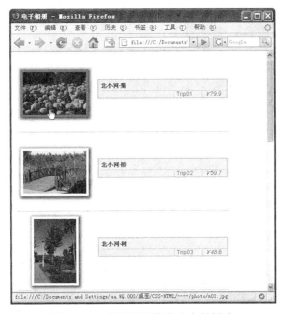

图 18.17　设置详细信息文字的样式

18.4　改进阵列模式

到这里基本的方法已经介绍完了，下面属于提高的内容了。对于阵列模式，我们自然会想到，如果也能够看到详细信息就更好了。如果能够在鼠标指针经过某张照片时出现一个信息框，并显示文字内容，鼠标离开以后该信息框自动消失，这样不但页面非常简洁，而且可以方便浏览者掌握信息，效果如图 18.18 所示。

可以看到，当鼠标指针经过第 1 行的第 3 张照片时，它的下面出现了一个详细信息框，这个信息框的样式和上面单列模式中设置的是相同的。那么这是如何实现的呢？

将前面为阵列模式制作的样式表文件 matrix.css 另存一个副本，我们在它的基础上进行改进。原来的所有内容都不需要修改，只需要在后面增加内容即可。

❶ 首先增加如下代码：

```
div.pic:hover ul{
    display:block;
}
```

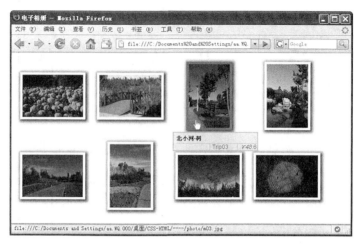

图 18.18　在阵列模式中动态显示文字信息

它的含义是，当鼠标指针经过某一个照片所在的 div 时，将 ul 列表的 display 属性由原来的 none 改为 block，也就是从隐藏改为常规模式。这时的效果如图 18.19 所示。

> **特别注意**　现在读者务必使用 Firefox 浏览器观察效果，如果使用 IE 6 是看不到效果的。这里先完成在 Firefox 中的调试，后面再使它兼容 IE 浏览器。

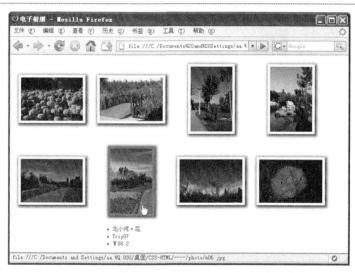

图 18.19　鼠标指针经过时动态出现了文字信息

❷ 可以看到，鼠标指针经过第 2 行的照片时，出现了文字列表。但需要注意，此时如果鼠标指针经过第 1 行的照片时无法出现文字列表，这是因为 div 的高度已经确定，文字内容在照片的下面，即使使用 block 方式，也不会显示出来了。

这时应该怎么办呢？最好的办法是能够使这个 ul 脱离标准流，这样就不会受到其他盒子的影响了，这时可以用到前面浮动和定位一章中关于绝对定位的知识了。只要将它的 position 属性设置为绝对定位，它就脱离标准流了。

但是接下来的问题是，如何设置它的位置呢？可以想到，在没有脱离标准流之前，每个 ul 都在相应的照片的下面，因此可以想到绝对定位的一个性质，即当设置为绝对定位，而没有设置 top、bottom、left 和 right 中的任意一个时,这个脱离标准流的盒子仍会保持在原来的位置。

因此,上面的代码修改为:

```
div.pic:hover ul{
    display:block;
    position:absolute;
}
```

这时效果如图 18.20 所示。可以看到,确实鼠标指针经过任何一张照片时,都会在其下方显示 ul 列表。

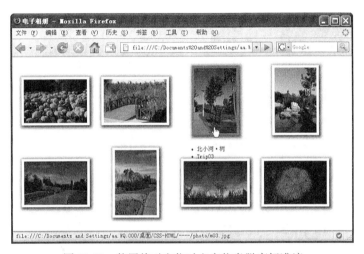

图 18.20　使用绝对定位时文字信息脱离标准流

❸ 下面的工作就是具体设置列表了。我们可以直接将为"列表模式"设计的样式中的相关代码复制过来,然后稍微调整一下即可。

首先复制并调整对 ul 进行整体设置的样式,代码如下。

```
div.pic ul{                          /* 设置照片信息的样式 */
    margin:-5px 0 0 0px;
    padding:0 0 0 0.5em;
    background:#dceeff;
    border:2px solid #a7d5ff;
    font-size:12px;
    list-style:none;
    font-family:Arial, Helvetica, sans-serif;
}
```

注意　一定要去掉原来的相对定位,因为这里已经改为绝对定位了。此外,调整 ul 的位置时,不要使用 top、bottom、left 和 right 中的任意一个,而是通过 margin 和 padding 来调整,例如这里将上侧的 margin 设置为-5 像素,就是这个 ul 列表距离照片近一些。

此时的效果如图 18.21 所示。

❹ 接下来就是具体设置列表项目的效果了,这里不再赘述,设置后的效果如图 18.22 所示。此时效果的源文件请参考本书光盘"第 18 章/matrix-info-ff.htm"。

这样,就轻松地实现了鼠标指针经过时显示详细信息的功能,对于改善访问者的体验,

CSS 确实是一个非常有力的武器。

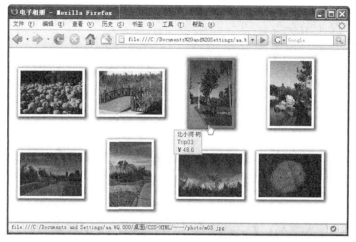

图 18.21　设置文字信息的样式

图 18.22　在 Firefox 中已经完成了最终的效果

18.5　IE 6 兼容

前面曾经说过，上面这个效果在 IE 6 中是不支持的，在 Firefox 和 IE 7 中，都是支持的，这是因为用到了 div 元素的":hover"动态伪类，在 IE 6 中仅支持 a 元素的":hover"伪类。这样，如果要使 IE 6 实现同样的效果，可以使用简单的几行 JavaScript 语句。

在前面的 CSS 中有如下代码：

```
div.pic:hover ul{
    display:block;
    position:absolute;
}
```

其中的 div 使用了:hover 伪类，现将其改为：

```
div.hover ul{
    display:block;
    position:absolute;
}
```

但是在 HTML 中并没有出现".hover"这个类别,因此这里设置的样式还不能发挥作用。那么如何使它发挥作用呢?这需要一小段 JavaScript 代码。

在 HTML 中找到最后的</body>标记,在它的前面加入如下一段代码:

```
<script language="javascript">
    var divs = document.getElementsByTagName('div');
    for (var i=0;i<divs.length;i++){
        divs[i].onmouseover = function(){        //鼠标在div上面的时候
            this.className+=' hover';
        }
        divs[i].onmouseout = function(){         //鼠标离开时
            this.className=this.className.replace(/hover/,'');
        }
    }
</script>
```

这时,在 IE 6 中也可以取得完全相同的效果了,如图 18.23 所示。

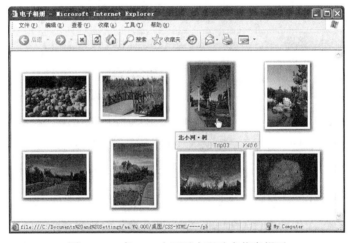

图 18.23　在 IE 6 也可以实现动态信息提示

它的作用是找到每一个 div,然后给它绑定两个处理函数,一个的作用是鼠标指针进入某个 div 的时候,为这个 div 增加.hover 类别;另一个则是当鼠标指针移出 div 时,将.hover 类别删掉。

提示与思考

(1) 如果读者对这些 JavaScript 代码不熟悉,可以参考前面的第 16 章中相关实例的讲解。
(2) 如果读者有兴趣,可以把这段 JavaScript 代码改用 jQuery 来实现,也是非常简单的。
(3) 还可以使用条件注释的方法,实现仅对 IE 6 使用 JavaScript。如果读者不清楚如何编写,也请参考前面的第 16 章中相关实例的讲解。

本案例的源文件请参考本书光盘"第 18 章/matrix-info.htm"。

18.6 双向联动模式

下面再来为电子相册设计一个新的版式。有时对于一张照片的说明文字内容可能会比较多，这时如果形成如图 18.24 所示的效果就很好。当鼠标指针经过某张照片时，下面相应的说明文字会突出显示。相应地，当鼠标指针经过下面的某一段文字时，上面相应的图像也会同时突出显示，这里就称为"双向联动模式"。

图 18.24 双向联动模式

18.6.1 在 Firefox 中实现

初看起来，这个页面中的图像和说明文字完全分离，各自排列，那么它们是如何关联起来的呢？是不是 HTML 的结构要彻底改变呢？

下面就来详细看一看它的解决方案，HTML 部分不需要修改，仍然在一个 div 中包含了图像和文字内容，这里要做的就是给每个 div 分配一个惟一的 ID。代码如下：

```
<div class="pic pt" id="p0">
    <a href="photo/m06.jpg" class="tn"><img src="photo/thumb/s06.jpg"></a>
    <ul>
        <li class="title">北小河·花</li>
        <li class="info">这里配合说明文字，这里配合说明文字，这里配合说明文字，这里配合说明文字，这里配合说明文字，这里配合说明文字，这里配合说明文字，这里配合说明文字。</li>
    </ul>
</div>
```

可以看到上面的代码和前面的代码是一样的，只是在 div 标记中增加了 id 属性的设置，页面中共有 8 个 div 的，id 依次为 p0～p7。为了使效果更清晰，后面的文字信息内容有所增加。

HTML 修改以后考虑如何实现途中的效果。要使每个 div 中的图像都分离出来，显然只有使用绝对定位才能实现，因此可以想到把所有的 div 中的图像都设置为绝对定位，然后依次放置到适当的位置，文字仍然保留在标准流中，自然会依次排列。

下面开始编码：

```
div.pic a{
    position:absolute;
}

#p0 a{top:0;left:0;}
#p1 a{top:0;left:160px;}
#p2 a{top:0;left:320px;}
#p3 a{top:0;left:480px;}
#p4 a{top:160px;left:0px;}
#p5 a{top:160px;left:160px;}
#p6 a{top:160px;left:320px;}
#p7 a{top:160px;left:480px;}

div.pic img{
    border:none;
}
```

这时的效果如图 18.25 所示。

图 18.25　所有图像设置为绝对定位

可以看到 8 张照片设置为绝对定位，并依次通过 top 和 left 属性放置到页面顶部。由于图像脱离了标准流，因此文字就顶到了顶部。

接下来设置文字，代码如下。

```
div.pic ul{
    border-top:1px #AAA solid;
    border-bottom:1px #FFF solid;
    padding:5px 20px 5px;
    margin:0px;
    font-size:12px;
```

```
    list-style:none;
    position:relative;
    top:330px;
}
div.pic li.info{
    text-indent:2em;
}
div.pic li.title{
    font-weight:bold;
}
```

除了 ul 的边框等属性之外,还将 position 属性设置为 relative,并将 top 设置为 330px,这样就使各个 ul 都向下移动了 330 像素。此外,对文字的首行缩进和字体进行了设置,效果如图 18.26 所示。

图 18.26 设置文本信息位置

至此,基本布局已经实现了,下面就需要为图像设置背景,方法和前面的案例是很类似的。代码如下:

```
div.ls a{
    background:url(framels.jpg) no-repeat center;  /* 水平图片的背景 */
}
div.pt a{
    background:url(framept.jpg) no-repeat center;  /* 竖直图片的背景 */
}

div.ls img{                                         /* 水平照片 */
    margin:0px;
    height:90px; width:135px;
}
```

```
div.pt img{                              /* 竖直照片 */
    margin:0px;
    height:135px; width:90px;
}
div.ls a{
    display:block;
    padding:34px 14px 36px 11px;  /* 将超链接区域扩大到整个背景块 */
}
div.pt a{
    display:block;
    padding:11px 36px 14px 34px;  /* 将超链接区域扩大到整个背景块 */
}
```

这时效果如图 18.27 所示。

图 18.27　为图像设置样式

下面设置鼠标指针经过时的效果，方法也是和前面相同的，代码如下：

```
div.ls:hover a{
    background:url(framels_hover.jpg) no-repeat center;
}
div.pt:hover a{
    background:url(framept_hover.jpg) no-repeat center;
}
```

请读者注意现在的效果，不但当鼠标指针位于某一个图像上面的时候，该图像会更换背景，而且当鼠标指针在某一段文字上面的时候，相应的图像也会更换背景如图 18.28 所示。

接下来的任务就是设置双向联动的鼠标指针经过效果的最后一步了。也就是当鼠标指针经过一段文字（或者其相应的照片）时，这段文字也要以特殊样式显示。对于 Firefox 浏览器这是很方便的，增加如下代码：

图 18.28　鼠标指针经过文字时，相应的照片也会突出显示

```
div.pic:hover ul{
    background:#CCC;
    border-top:1px red solid;
    border-bottom:1px red solid;
}
```

这时的效果如图 18.29 所示。

图 18.29　双向联动效果

这样就完全实现了"双向联动",图像和相应的文字完全分离,而鼠标指针经过二者中的任何一个,都会产生相同的效果。

18.6.2 IE 6 兼容

在 IE 6 中应该如何使它具有同样的表现呢?首先将 div 的:hover 伪类都设置一个相应的类别选择器,代码如下:

```css
div.ls:hover a,
div.lshover a{
    background:url(framels_hover.jpg) no-repeat center;
}
div.pt:hover a,
div.pthover a{
    background:url(framept_hover.jpg) no-repeat center;
}
div.pic:hover ul,
div.pichover ul{
    background:#CCC;
    border-top:1px red solid;
    border-bottom:1px red solid;
}
```

接下来就是在 HTML 的</body>前面增加一段 JavaScript 代码了。

```html
<script type="text/javascript">
    var divs = document.getElementsByTagName('div');
    for (var i=0;i<divs.length;i++){
        divs[i].onmouseover = function(){        //鼠标在 div 上面的时候
            if(this.className.indexOf('ls')!=-1)
              this.className+=' lshover';
            else this.className+=' pthover';
            this.className+=' pichover';
        }
        divs[i].onmouseout = function(){         //鼠标离开时
            this.className=this.className.replace(/lshover/,'');
            this.className=this.className.replace(/pthover/,'');
            this.className=this.className.replace(/pichover/,'');
        }
    }
</script>
```

基本原理和前面的案例是一样的,找到每一个 div,这里需要根据这个 div 中的照片的方向设置相应的类别。判断照片方向的方法,如果类别的名称中含有字符串"ls",就说明是横向的,否则就说明是竖向的。这样就可以知道该向 div 添加 lshover 类别名,还是添加 pthover 类别名了。无论是哪个方向的 div 都要添加 pichover 类别名。当鼠标指针移出 div 时,要把刚才添加的类别名称都去掉。

效果如图 18.30 所示,可以看到在 IE 6 中,同样具有和 Firefox 中鼠标指针经过的效果了。

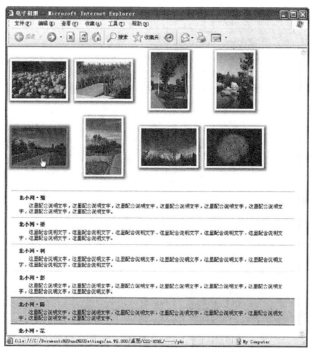

图 18.30 在 IE 6 中实现双向联动效果

> **注意**
> 如果不仔细看，可能会忽略一个问题，请读者注意图 18.30 中的浏览器右侧没有出现滚动条，这是什么原因呢？答案是，ul 使用了相对定位，都向下偏移了 330 像素，这样页面的高度就增加了 330 像素，然而 IE 6 仍然按照没有偏移前的高度来对待，这样页面下部的 330 像素内容就得不到显示了。解决的方法是为 body 元素增加底部的 margin，代码如下：
> ```
> body{
>     margin-bottom:330px;
> }
> ```

本案例的源文件请参考本书光盘"第 18 章/detail-top.htm"。

18.6.3 改变方向

CSS 确实是非常灵活的。现在请读者思考一下，如果要把上面这个布局形式改为如图 18.31 所示的左右布局，应该如何修改代码呢？

非常简单，只需要把 8 张照片的位置进行调整，代码如下：

```
div.pic a{
    position:absolute;
}
#p0 a{top:0;left:0;}
#p1 a{top:0;left:160px;}
#p2 a{top:160px;left:0px;}
#p3 a{top:160px;left:160px;}
#p4 a{top:320px;left:0px;}
#p5 a{top:320px;left:160px;}
#p6 a{top:480px;left:0px;}
#p7 a{top:480px;left:160px;}
```

第 18 章　网页样式综合案例——灵活的电子相册

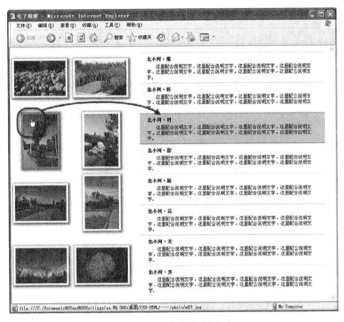

图 18.31　改变布局方向

此外，刚才是把所有 ul 列表都向下移动了 330 像素，现在则需要把所有的 ul 向右移动 330 像素。这需要特别注意，刚才为了使所有 ul 一起向下移动 330 像素，使用的方法是将 ul 设置为相对定位，然后用 top 属性将它们同步移动。如果这里使用类似的方法，使用 left 属性将 ul 向右平移 330 像素，那么每个 ul 的宽度将仍然是浏览器窗口的宽度，在 Firefox 中会出现水平滚动条，在 IE 6 中则不出现，这样就会隐藏一部分内容，如图 18.32 所示。文字实际应该占满灰色区域，但是被遮盖了。为了修正这个错误，就必须设置 body 元素的 margin-right 的属性。

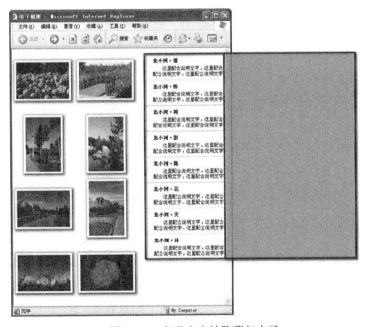

图 18.32　部分文字被隐藏起来了

313

这里有一个更简单的方法，就是不设置 position 属性，而是将 margin-left 设置为 330 像素，这样就可以得到正确的效果了。请仔细对比图 18.33 和图 18.32 的区别。读者可以参考本书光盘中的文件再仔细研究一下。

图 18.33　修正了文字被隐藏的缺陷

本案例的源文件请参考本书光盘"第 18 章/detail-left.htm"。

18.7　本章小结

本章的电子相册的案例展示了 CSS 的作用，可以将一个非常基本、简单的页面，制作成丰富多彩的样式。本章的目的并不仅仅是让读者了解电子相册的排版方法，更重要的是让读者仔细体会盒子模型、标准流、浮动和定位这 4 个最核心的原理，只有真正把这 4 个核心原理理解得非常透彻，才能真正掌握 CSS。

第 4 部分
CSS 布局篇

第 19 章
固定宽度布局剖析与制作
第 20 章
变宽度网页布局剖析与制作
第 21 章
网页布局综合案例——儿童用品网上商店
附录 A
网站发布与管理
附录 B
CSS 英文小字典

第 19 章
固定宽度布局剖析与制作

CSS 的排版是一种很新的排版理念，完全有别于传统的排版习惯。它将页面首先在整体上进行<div>标记的分块，然后对各个块进行 CSS 定位，最后再在各个块中添加相应的内容。利用 CSS 排版的页面，更新起来十分容易，甚至连页面的拓扑结构都可以通过修改 CSS 属性来重新定位。

在本章中，我们将就固定宽度的网页布局进行深入剖析，并给出一系列的实例，使读者能够自如地掌握这些布局方法。

19.1 向报纸学习排版思想

在网页出现之前大约 400 年，报纸就开始发展并承担起向大众传递信息的使命。经过 400 年的发展，报纸已经成为世界上最成熟的大众传媒载体之一。网页与报纸在视觉上有着很多类似的地方，因此网页的布局和设计也可以把报纸作为非常好的参考和借鉴。

报纸的排版通常都是基于一种称为"网格"的方式进行的。传统的报纸经常使用的是 8 列设计，例如图 19.1 中显示的这份报纸就是典型的 8 列设计，相邻的列之间会有一定的空白缝隙。而图 19.2 中显示的则是现在更为流行的 6 列设计，例如《北京青年报》等报纸的大部分关于新闻时事的版面都是 6 列布局，而文艺副刊等版面则使用更灵活的布局方式。读者可以找几份身边的报纸，仔细看一看它们是如何分列布局的，思考一下不同的布局方式会给读者带来什么样的心理感受。

如果仔细观察更多的报纸，实际上还可以找到其他列数的设计方式。但是总体来说，报纸的列数通常要比网页的列数多，这是因为如果比较报纸的一个页面和浏览器窗口，报纸的一个页面在横向上容纳文字字数远远超过浏览器窗口。另一个方面是报纸排版由于多年的发展，技术上已经很成熟，因此即使是非常复杂的布局，在报纸上也可以比较容易的实现，而网页排版出现时间相对较短，因此还在不断发展的过程中。

这里我们仔细分析一下阅读报纸和阅读网页的动作差异，以及从而产生的效果。人们通常会手持报纸，每一个版分为 6 列，每一列文字的宽度大约 15 个汉字，在阅读时，看一行文字基本不用横向移动眼球，目光只聚焦于很窄的范围，这样阅读效率是很高的，特别适于报纸这样的"快餐"性媒体。而由于报纸宽度是固定的，又比较宽（可容纳正文文字近 100 个），因此通常都会分很多栏。

浏览器窗口的宽度所能容纳的文字比报纸少得多，因此通常不会有像报纸那么多的列。如果读者研究一下就可以发现，现在网页的布局形式越来越复杂和灵活了，这是因为相关的技术在不断发展和成熟。

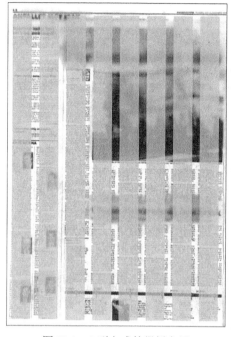
图 19.1　8 列方式的报纸布局

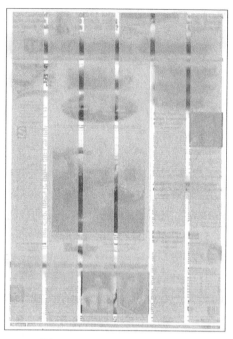
图 19.2　6 列方式的报纸布局

总之，我们仍可以从报纸的排版中学到很多经过多年积累下来的经验。核心的思想是借鉴"网格"的布局思想。具有如下优点。

● 使用基于网格的设计可以使大量页面保持很好的一致性,这样无论是在一个页面内，还是在网站的多个页面之间，都可以具有统一的视觉风格，这显然是很重要的。

● 均匀的网格以大多数认为合理的比例将网页划分为一定数目的等宽列，这样在设计中产生了很好的均衡感。

● 使用网格可以帮助设计把标题、标志、内容和导航目录等各种元素合理地分配到适当的区域，这样可以为内容繁多的页面创建出一种潜在的秩序，或者称为"背后"的秩序。报纸的读者通常并不会意识到这种秩序的存在，但是这种秩序实际上在起着重要的作用。

● 网格的设计不但可以约束网页的设计，从而产生一致性，而且具有高度的灵活性。在网格的基础上，通过跨越多列等手段，可以创建出各种变化的方式，这种方式既保持了页面的一致性，又具有风格的变化。

● 网格可大大提高整个页面的可读性，因为在任何文字媒体上，一行文字的长度与读者的阅读效率和舒适度有直接的关系。如果一行文字过长，读者在换行的时候，眼睛就必须剧烈的运动，以找到下一行文字的开头，这样既打断了读者的思路，又使眼睛和脖子的肌肉紧张，使读者疲劳感明显增加。而通过使用网格，可以把一行文字的长度限制在适当的范围，使读者阅读起来既方便，又舒适。

如果把报纸排版中的概念和 CSS 的术语进行对比，大致应该如图 19.3 所示。

使用网格来进行设计的灵活性在于，设计时可以灵活地将若干列在某些位置进行合并。例如图 19.4 左图中，将最重要的一则新闻，通常称为"头版头条"，放在非常显著的位置，并且横跨了 8 列中 6 列。其余的位置，在需要地方也可以横跨若干列，这样的版式就明显地打破了统一的网格带来的呆板效果。在图 19.4 右图中，也同样将重要的内容使用了横跨多列的设计手法。

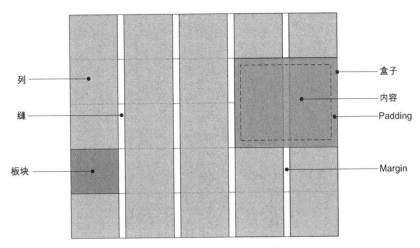

图 19.3　报纸排版术语与 CSS 属于对比

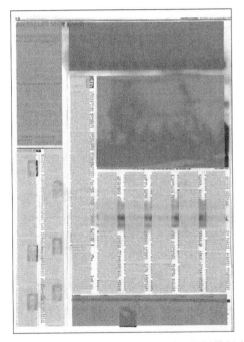 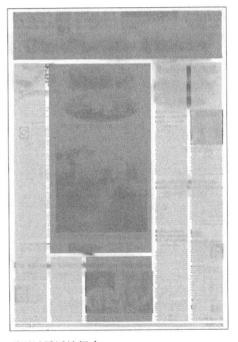

图 19.4　报纸排版中，列可以灵活地组合

19.2　CSS 排版观念

在过去使用表格布局的时候，在设计的最开始阶段就要确定页面的布局形式。由于使用表格来进行布局，一旦确定下来就无法再更改了，因此有极大的缺陷。使用 CSS 布局则完全

不同，设计者首先考虑的不是如何分割网页，而是从网页内容的逻辑关系出发，区分出内容的层次和重要性。然后根据逻辑关系，把网页的内容使用 div 或其他适当的 HTML 标记组织好，再考虑网页的形式如何与内容相适应。

实际上，即使是很复杂的网页，也都是一个模块一个模块逐步搭建起来的。下面我们以一些访问量非常大的实际网站为例，看看它们都是如何布局的，有哪些布局形式。

19.2.1 两列布局

如图 19.5 所示的是一个典型的两列布局的页面。这种布局形式几乎是网站最简单的布局形式了。两列布局中，通常一个侧列比较窄，用于放置目录等信息，另一个宽列则用于展示主要内容。这种布局形式的结构清晰，对访问者的引导性很好。

图 19.5 两列布局的网页

19.2.2 三列布局

ESPN 是著名体育网站，它也是最早开始使用 CSS 布局的大型网站之一，如图 19.6 左图所示，抽象出来的页面布局形式如图 19.6 右图所示，是一个典型的"1-3-1"布局，即在页面的顶部和底部各有一个占满宽度的横栏，中间的部分再分为左中右 3 列。

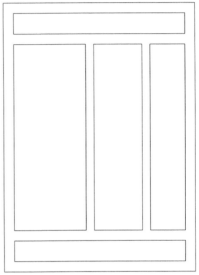

图 19.6　"1-3-1" 布局的网页及其示意图

19.2.3　多列布局

纽约时报是一个新闻类的知名站点。如图 19.7 所示，从图中可以看到，它具有深厚的报纸传统，因此它的布局带有非常明显的报纸排版风格。列数很多，看这个页面就像在看报纸，各个分栏会在适当位置合并，适应于不同类别的内容。

19.2.4　布局结构的表达式与结构图

在本章和下一章中，将详细讲解使用 CSS 进行网页布局的方法。为了能够方便地表示各种网页结构，这里规定一套固定的表达方法来称呼各种布局结构。读者要先熟悉这套命名方法。

例如图 19.8 中显示的是最简单的布局形式，称为 "1-1-1" 布局，"1" 表示一共 1 列，减号表示竖直方向上下排列。

类似的，图 19.9 中的左图和右图分别记作 "1-2-1" 布局和 "1-3-1" 布局。

使用上面的方法，对于图 19.10 就无能为力了，这个布局首先分为左右两列，而右列又分为上下两行，因此这里引入一个新的符号 "+"，表示左右并列。这样它就可以表示为 "1+(1-1)" 结构。加号表示左右相邻，减号表示上下相邻。

再举一个稍微复杂的例子，图 19.11 中的结构可以表示为 "1-(1+(1-2))-1"，也就是最上面和最下面各有一列，中部分为左右两列，而右边的列是一个基本的"1-2"布局。

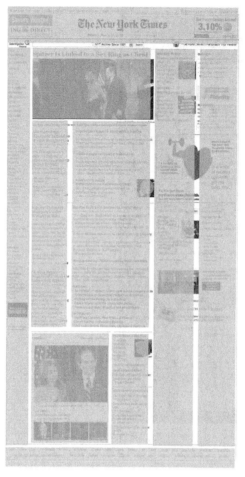

图 19.7　使用多列布局的网页

  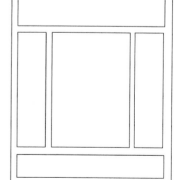

图 19.8　"1-1-1"布局　　　　　图 19.9　"1-2-1"布局和"1-3-1"布局

为了使读者能够快速地掌握页面结构的分析方法，这里给出两个页面布局示意图，如图

19.12 所示。请读者自己思考一下它们的结构表达式。

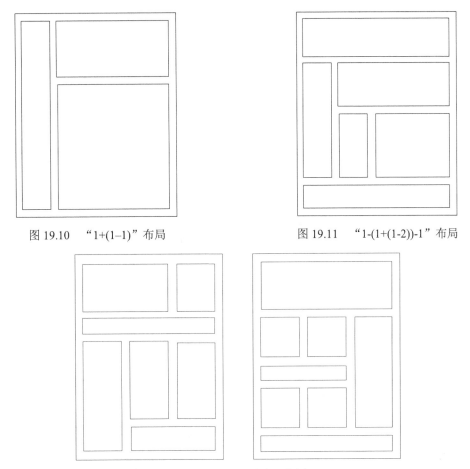

图 19.10 "1+(1–1)"布局　　　　图 19.11 "1-(1+(1-2))-1"布局

图 19.12 布局结构示意图

其中图 19.12 左图的结构表达式应该是"2-1-(1+(2-1))",右图的结构表达式应该是"1-((2-1-2)+1)-1"。

反过来,根据表达式,也应该能够绘制出相应的结构图,例如假设有一个结构表达式为"1–((1–((1–2)+1))+1)–1"。那么如何绘制出它的结构图呢?这里详细演示一下分析的步骤。

(1)首先把中间的括号里的所有内容用一个"1"代替。即整体可以看作是"1-1-1"结构,因此绘制出如图 19.13 所示的结构。

(2)然后中间的一行分为左右两列,也就是把中间的"1"改为"(1+1)",绘制出如图 19.14 所示的结构,即"1–(1+1)–1"结构。

(3)然后把"(1+1)"中左边的"1"改为"1-1",形成如图 19.15 所示的结构,即"1–((1–1)+1)–1"结构。

(4)再接着把下面的"1"改为"1+1",形成如图19.16所示的结构,即"1–((1–(1+1))+1)–1"结构。

(5)最后,把左边的"1"修改为"1-2",形成如图 19.17 所示的结构,即"1–((1–((1-2)+1))+1)–1"。这就是这个表达式的结构了。

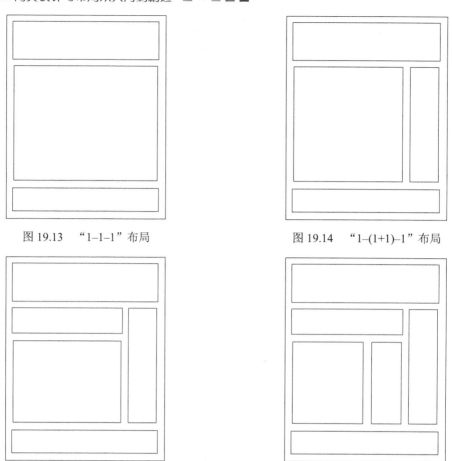

图 19.13 "1–1–1"布局 　　　　图 19.14 "1–(1+1)–1"布局

图 19.15 "1–((1-1)+1)–1"布局 　　　　图 19.16 "1–((1–(1+1))+1)–1"布局

在了解了一些常见的布局结构以后，下面就可以开始正式学习如何制作各种布局的页面了。

> **注意** 本章的学习目的是掌握如何以整页为对象进行布局，页面的各个组成部分应该事先已经准备好，否则大量的代码将用于局部的样式，这样学习起来就会非常困难。

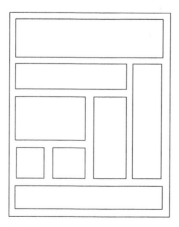

图 19.17 完成后的"1–((1–((1-2)+1))+1)–1"布局结构图

19.3 圆角框

为了实现各种布局的演示，这里首先介绍一种制作圆角框的方法。这种圆角框可以灵活地作为网页的一部分，运用在各种布局中。例如图 19.18 中所示的这个页面，包含了宽度和高度各不相同的圆角框，而实际上它们都是使用相同的代码产生的，使用的背景图像也是相同的。

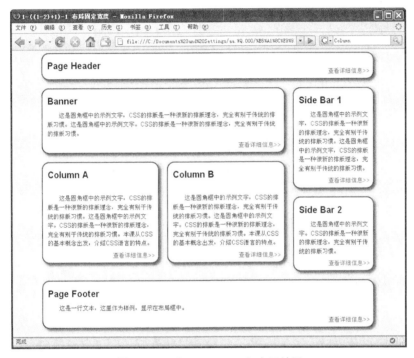

图 19.18 "1-((1-2)+1)-1" 布局效果

这里介绍的圆角框制作方法是由丹麦的设计师 Søren Madsen 提出的，他于 2003 年 12 月发表在 Web 设计与开发电子杂志 "A List Apart" 的第 165 期上。A List Apart 的网址是 http://www.alistapart.com，Søren Madsen 本人的网站网址是 http://www.picment.com。

19.3.1 准备图像

❶ 首先在 Photoshop 或者 Fireworks 中绘制一个大约 800×600 的圆角矩形，如图 19.19 所示。

> **注意** 具体的样式和大小读者可以自己决定，最终完成的圆角框的大小不能超过这个大小，如果超过，就会出现裂缝。因此如果需要很大的圆角框，这个图就要做得再大一些。

❷ 在 Photoshop 或者 Fireworks 中进行切片，一共产生 5 个图像文件，如图 19.20 所示。最终产生的 5 个图像文件如图 19.21 所示。图中的各个图像不是按实际比例显示的，实

际上，左上角的图像比其他的大很多。这 5 个图像请参见本书光盘中的"第 19 章/images"文件夹中的图像文件。

图 19.19　在图像处理软件中绘制的圆角框效果

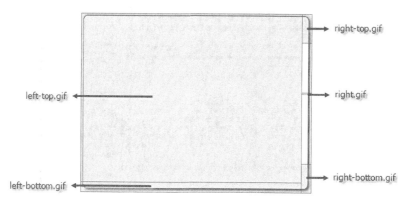

图 19.20　图像切片示意图

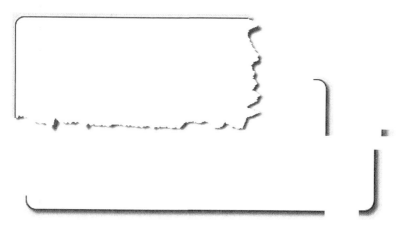

图 19.21　最终产生的 5 个图像文件

19.3.2　搭建 HTML 结构

接下来搭建 HTML 整体结构，代码如下。代码中临时设置了一些实线边框，用来确认各个盒子的位置和大小，以便进行分析，后面会把这些边框的属性去掉。该文件位于本书光盘

"第 19 章\basic\step-1.htm"。

```html
<style type="text/css">
body {
background: #FFFF99;
font: 12px/1.5 Arial;
}
.rounded {
  width:90%;
  border: 1px solid red;
  }
.rounded h3 {
 border: 1px solid blue;
  }
.rounded .main {
  border: 1px solid black;
  }
.rounded .footer {
  border: 1px solid blue;
  }
.rounded .footer p {
  border: 1px solid magenta;
  }
</style>

<body>
<div class="rounded">
      <h3>Article header</h3>
      <div class="main">
         <p>
         这是一行文本,这里作为样例,显示在圆角框。<br />
         这是一行文本,这里作为样例,显示在圆角框。
         </p>
         <p>
         这是一行文本,这里作为样例,显示在圆角框。<br />
         这是一行文本,这里作为样例,显示在圆角框。
         </p>
      </div>
      <div class="footer">
         <p>
         这是版权信息文字。
         </p>
      </div>
   </div>
</body>
</html>
```

在上述代码中定义了一个 div 容器,里面有一个标题和两个 div。这两个 div 中,前者为内容主体,后者为页脚。主体中有两段文本,页脚中有一段文本。整个 div 设置为浏览器宽度的 90%,并且给每个元素设置边框,这是为了先看清楚整体的结构,效果如图 19.22 所示。

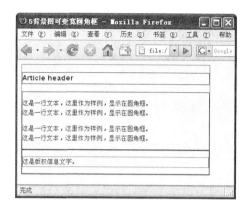

图 19.22　各 HTML 元素所占的区域

19.3.3　放置背景图像

现在的任务就是把前面制作的 5 个图片分别放置到 5 个元素的背景中。先不考虑更多细节，仅把它们放进去即可，相关代码如下。该文件位于本书光盘"第 19 章\basic\step-2.htm"。

```
.rounded {
  background:    url(images/left-top.gif) top left no-repeat;
  width:90%;
  }
.rounded h3 {
  background: url(images/right-top.gif) top right no-repeat;
  }
.rounded .main {
  background: url(images/right.gif) top right repeat-y;
  }
.rounded .footer {
  background: url(images/left-bottom.gif) bottom left no-repeat;
  }
.rounded .footer p {
  background: url(images/right-bottom.gif) bottom right no-repeat;
  }
```

这时的效果如图 19.23 所示。

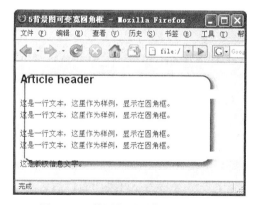

图 19.23　使用背景图像以后的效果

现在基本圆角框已经构成了。但是还有两个问题，第一是文字没有放到圆角框内部，第二是右侧的边框有两个裂缝。下面就来分析并解决这个问题。

19.3.4 设置样式并修复缺口

修改文字的位置可以通过设置 margin 和 padding 来解决。这两个裂缝产生的原因是什么呢？

它是由<p>标记产生的。在默认情况下，每个由<p>标记产生的段落在第一行的上面和最后一行的下面都会有一个自动设置的 margin，这个部分会盖住边框。解决办法有两个。

（1）一种方法是重新设置放入到这个圆角框的中的<p>段落样式。实际上前面的例子中也是这样做的，但是从更高的要求来说，我们的目的是使圆角框的结构和它的 CSS 样式可以和内容完全分离开。而正文的<p>标记是输入内容范畴，不属于圆角框本身，也就是最好不需要对置入圆角框的<p>进行任何与圆角框相关的设置。从设计的角度来说，这样做更加优雅。因此，前面设置的 5 个背景图片都没有挂在正文的<p>标记上，也是出于同样的原因。

（2）另外一种方法是不需要对<p>进行设置。在这种情况下，又该怎么解决呢？其实方法也很简单，只需将 margin 设置为负值，即向上提高裂缝的高度，就可以盖住这个裂缝。理论上提高 1 行文字的行高就可以了，但是经过多次尝试后，发现如果仅提高 1 个行高的高度，在 CSS 支持得较为完善的浏览器中显示是没有问题的，但是对于 IE 浏览器，再多提高一点更合适。例如在这个例子中，行高设定的是文字高度的 1.5 倍，把上 margin 设置为-2em，就可以得到完美的效果。

请参考下面的代码，特别注意粗体字的 7 行代码。该文件位于本书光盘"第 19 章\basic\step-3.htm"。

```
.rounded {
    background: url(images/left-top.gif) top left no-repeat;
    width:90%;
}
.rounded h3 {
    background: url(images/right-top.gif) top right no-repeat;
    padding:20px 20px 10px;
    margin:0;
}
.rounded .main {
    background: url(images/right.gif) top right repeat-y;
    padding:10px 20px;
    margin:-2em 0 0 0;
}
.rounded .footer {
    background: url(images/left-bottom.gif) bottom left no-repeat;
}
.rounded .footer p {
    background:url(images/right-bottom.gif) bottom right no-repeat;
    display:block;
    padding:10px 20px 20px;
    margin:-2em 0 0 0;
}
```

这时显示的效果如图 19.24 所示，圆角框的宽度是浏览器窗口宽度的 90%，可以随浏览器窗口变化。

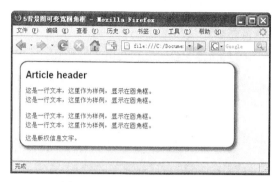

图 19.24　设置完成以后的效果

如果浏览器窗口变得过大，有可能会超过背景图像的范围，产生裂缝，如图 19.25 所示，因此在制作背景图片的时候，需要先考虑好需要多大的图像。

注意

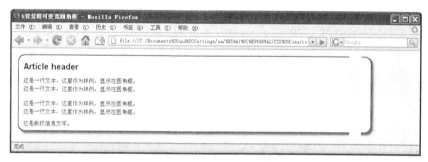

图 19.25　当浏览器窗口过宽时产生裂缝

实际上，制作圆角框的方法有很多，基本思想是很相似的，都是通过使用若干个背景图片来实现的。各种方法的区别就在于如何分配各个图像所在的元素。读者在互联网上可以搜索到大量的不同方案。

注意

本章的学习目的是掌握如何以整页为对象进行布局，页面的各个组成部分应该事先已经准备好，否则大量的代码将用于局部的样式，这样学习起来就会非常困难。因此，在本章中，将以本节制作的圆角框案例为基础，具体来说使用的是圆角框中的不固定宽度带边框的案例，该案例中实现的圆角框可以方便地嵌入任何页面，作为页面的一个组成部分。
在学习下面的案例之前，读者务必已经掌握该圆角框的制作原理和使用方法。本章中的部分案例是由多个圆角框组成的，导致页面代码很长，如果不熟悉圆角框部分的代码，分析代码时就会比较吃力。因此先掌握圆角框的做法，再继续学习本章下面的内容将会事半功倍。

19.4　单列布局

这显然是最简单的一种布局形式。通过这个例子，希望读者能够顺便复习前面圆角框的制作方法。实现的效果如图 19.26 所示。本案例文件位于本书光盘"第 19 章\1-1-1.htm"。

第 19 章 固定宽度布局剖析与制作

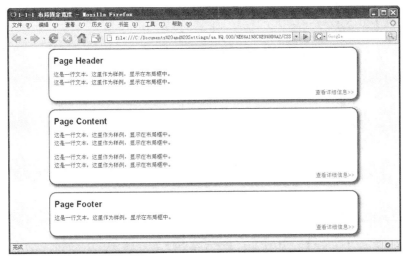

图 19.26 单列固定宽度的页面布局

19.4.1 放置第一个圆角框

先在页面中放置第一个圆角框,HTML 代码如下。

```
<body>
<div class="rounded">
    <h2>Page Header</h2>
    <div class="main">
      <p>
         这是一行文本,这里作为样例,显示在布局框中。<br />
         这是一行文本,这里作为样例,显示在布局框中。
      </p>
    </div>
    <div class="footer">
      <p>
         查看详细信息
      </p>
    </div>
</div>
</body>
```

这组<div></div>之间的内容是固定结构的,其作用就是实现一个可以变化宽度的圆角框。要修改内容,只需要修改相应的文字内容或者增加其他图片内容即可。

> **注意** 不要修改这组代码的结构。当需要多个圆角框时,直接复制并修改其中相应内容即可。

19.4.2 设置圆角框的 CSS 样式

为了实现圆角框效果,相应的 CSS 样式代码如下:

```
body {
    background: #FFF;
    font: 13px/1.5 Arial;
```

331

```
    margin:0;
    padding:0;
    }
.rounded {
    background: url(images/left-top.gif) top left no-repeat;
    }
.rounded h2 {
    background: url(images/right-top.gif) top right no-repeat;
    padding:20px 20px 10px;
    margin:0;
    }
.rounded .main {
    background: url(images/right.gif) top right repeat-y;
    padding:10px 20px;
    margin:-2em 0 0 0;
    }
.rounded .footer {
    background: url(images/left-bottom.gif) bottom left no-repeat;
    }
.rounded .footer p {
    color:#888;
    text-align:right;
    background:url(images/right-bottom.gif) bottom right no-repeat;
    display:block;
    padding:10px 20px 20px;
    margin:-2em 0 0 0;
    }
```

上面代码中的第一段是对整个页面的样式定义，例如文字大小等，其后的 5 段以 .rounded 开头的 CSS 样式都是为实现圆角框进行的设置。

注意 背景图片的路径不要弄错，否则将无法显示背景图片。

以上 CSS 代码在后面的制作中，都不需要调整，直接放置在<style></style>之间即可。此时网页的效果如图 19.27 所示，目前这个圆角框还没有设置宽度，因此它会自动伸展。

图 19.27　放置第一个圆角框

现在来给它设置固定的宽度。注意这个宽度不要设置在 ".round" 相关的 CSS 样式中，因为该样式会被页面中的各个部分公用，如果设置了固定宽度，其他部分就不能正确显示了。

因此，应该为该圆角框单独设置一个 id，把针对它的 CSS 样式放到这个 id 的样式定义部分。设置 margin 实现在页面中居中，并用 width 属性确定固定宽度，代码如下：

```
#header {
    width:760px;
    margin:0 auto;
}
```

然后，在 HTML 部分的<div class="rounded">……</div>的外面套一个 div，代码如下：

```
<div id="header">
    <div class="rounded">
    ……固定结构代码省略……
    </div>
<div>
```

这时，在 Firefox 中的效果如图 19.28 所示，正确地实现了期望的效果。

图 19.28　在 Firefox 中显示正确的效果

但是在 IE 6 中的效果如图 19.29 所示。

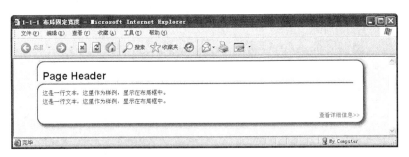

图 19.29　在 IE 6 中显示错误的效果

可以看到背景图像发生错误，这是由于 IE 6 本身的错误造成的，在 IE 7 中已经修正了这个错误。为了使背景图像在 IE 6 中也能正确显示，需要对圆角框设置增加对宽度的设置。实际上如果不设置为 100%，也应该按照 100% 显示，但是人为设置 100% 后，会强制 IE 6 重新计算相关数值，从而正确显示背景图片。

```
.rounded {
    background: url(images/left-top.gif)    top left no-repeat;
    width:100%;
}
```

修改后，在 IE 6 中的效果如图 19.30 所示。这是本章中最后一次修改关于".rounded"部分的样式代码，以后就不会再涉及它的代码了，我们将把精力集中在如何制作出各种各样的完整页面布局上。

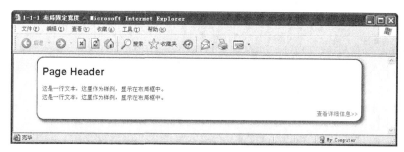

图 19.30　修正后在 IE 6 中显示正确的效果

19.4.3　放置其他圆角框

接下来，将放置的圆角框再复制出两个，并分别设置 id 为 "content" 和 "footer"，分别代表 "内容" 和 "页脚"。相关代码如下：

```
<style type="text/css" media="screen">
body {
    ……整体设置……
    }

……这里省略 5 段固定的关于 ".rounded" 的样式设置……

/*************以下为增加的样式*********************/
#header,
#pagefooter,
#content{
    margin:0 auto;
    width:760px;
    }
</style>

<body>
<div id="header">
    <div class="rounded">
    ……这里省略固定结构的内容代码……
    </div>
</div>
<div id="content">
    <div class="rounded">
        ……这里省略固定结构的内容代码……
    </div>
</div>
<div id="pagefooter">
    <div class="rounded">
        ……这里省略固定结构的内容代码……
    </div>
</div>
```

> **注意** 本章以后的代码都采用这种省略的写法，以省略号代替重复部分。如果读者阅读到这里，不理解省略了哪些代码，请务必复习前面章节的内容，以保证能够顺利地继续学习。

每一个部分中的内容可以随意修改，例如更改每一个部分的标题，以及相应的内容，也可以把段落文字彻底删掉。效果如图 19.31 所示。

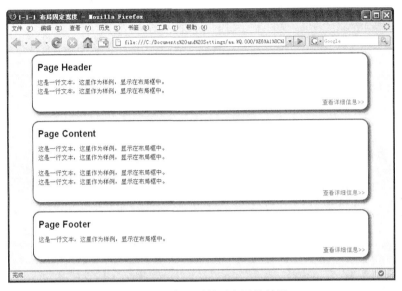

图 19.31　实现了单列布局的效果

从 CSS 代码中可以看到，3 个 div 的宽度都设置为固定值 760 像素，并且通过设置 margin 的值来实现居中放置，即左右 margin 都设置为 auto，就像左右两边各有一个弹簧一样，把内容挤在页面中央。

至此，最简单的一种布局就完成了。这时如果希望 3 个 div 都紧靠页面的左侧或者右侧，又该怎么办呢？方法很简单，只需要修改 3 个 div 的 margin 值即可，具体的步骤如下。

如果要使它们紧贴浏览器窗口左侧，可以将 margin 设置为 "0 auto 0 0"，即只保留右侧的一根 "弹簧"，就会把内容挤到最左边了；反之，如果要使它们紧贴浏览器窗口右侧，可以将 margin 设置为 "0 0 0 auto"，即只保留左侧的一根 "弹簧"，就会把内容挤到最右边了。

19.5　"1-2-1" 固定宽度布局

现在来制作最经常用到的 "1-2-1" 布局。如图 19.32 左图所示的布局结构中，增加了一个 "side" 栏。但是在通常状况下，两个 div 只能竖直排列。为了让 content 和 side 能够水平排列，必须把它们放到另一个 div 中，然后使用浮动或者绝对定位的方法，使 content 和 side 并列起来，如图 19.32 右图所示。

本案例将通过两种方法制作，文件分别位于本书光盘 "第 19 章\1-2-1-absolute.htm" 和 "第 19 章\1-2-1-float.htm"。

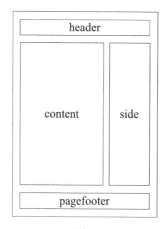 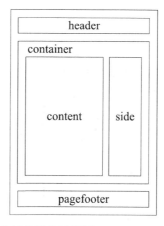

图 19.32 "1-2-1"布局的结构示意图

19.5.1 准备工作

基于上面的分析,现在将上节的成果案例另存为一个新的文件。在 HTML 中复制出一个新的 content 部分,并将其 id 设置为 side。然后在它们的外面套一个 div,命名为 container。关键代码如下:

```html
<body>
<div id="header">
    <div class="rounded">
        ……这里省略固定结构的内容代码……
    </div>
</div>
<div id="container">
    <div id="content">
        <div class="rounded">
            ……这里省略固定结构的内容代码……
        </div>
    </div>
    <div id="side">
        <div class="rounded">
            ……这里省略固定结构的内容代码……
        </div>
    </div>
</div>
<div id="pagefooter">
    <div class="rounded">
        ……这里省略固定结构的内容代码……
    </div>
</div>
```

下面设置 CSS 样式,代码如下:

```css
#header,#pagefooter,#container{
    margin:0 auto;
    width:760px;
    }
#content{
```

```
}
#side{
    }
```

其中，#container、#header 和#pagefooter 并列使用相同的样式；而#content 和#side 的样式暂时先空着。这时的效果如图 19.33 所示。

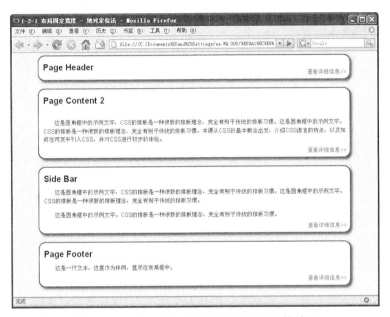

图 19.33　"1-2-1"布局准备工作完成后的效果

content 和 side 两个 div，现在的关键是如何使它们横向并列。这里有不同的方法可以实现。

19.5.2　绝对定位法

首先我们用绝对定位的方法实现，相关代码如下。这种方法制作的案例文件位于本书光盘"第 19 章\1-2-1-absolute.htm"。

```
#header,#pagefooter,#container{
    margin:0 auto;
    width:760px;
    }
#container{
    position:relative;
    }
#content{
    position:absolute;
    top:0;
    left:0;
    width:500px;
    }
#side{
    margin:0 0 0 500px;
    }
```

为了使 content 能够使用绝对定位，必须考虑用哪个元素作为它的定位基准。显然应该是

container 这个 div。因此将#contatiner 的 position 属性设置为 relative，使它成为下级元素的绝对定位基准，然后将 content 这个 div 的 position 设置为 absolute，即绝对定位，这样它就脱离了标准流，side 就会向上移动占据原来 content 所在的位置。将 content 的宽度和 side 的左 margin 设置为相同的数值，就正好可以保证它们并列紧挨着放置，且不会相互重叠。

这时的效果如图 19.34 所示。读者可以参考光盘"第 19 章\1-2-1-absolute.htm"文件。

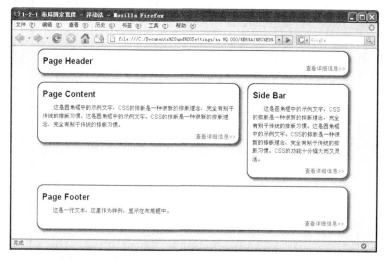

图 19.34　使用"绝对定位法"实现的"1-2-1"布局

这种方法实现了中间的两列左右并排。它存在一个缺陷，当右边的 side 比左边 content 高时，显示效果不会有问题，但是如果左边的 content 栏比右边的 side 栏高的话，显示就会有问题了。因为此时 content 栏已经脱离标准流，对 container 这个 div 的高度不产生影响，从而 pagefooter 的位置只根据右边的 side 栏确定。例如，现在在 content 栏中增加一个圆角框，这时的效果如图 19.35 所示。

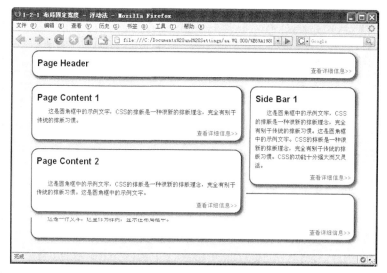

图 19.35　出现问题的页面

这是绝对定位带来的固有问题。如果用这种办法使几个 div 横向并列，就必须知道哪一列是最高的，并使该列保留在标准流中，使它作为"柱子"撑起这一部分的高度。

19.5.3 浮动法

还可以换一个思路，使用"浮动"来实现这种布局。将刚才的文件另存为一个新文件。在新文件中，HTML 部分代码完全不作修改。在 CSS 样式部分稍作修改，将#container 的 position 属性去掉，#content 和#side 都设置为向左浮动，二者的宽度相加等于总宽度。例如这里将它们的宽度分别设置为 500 像素和 260 像素。

相关代码如下。这种方法制作的案例文件位于本书光盘"第 19 章\1-2-1-float.htm"。

```
#header,#pagefooter,#container{
    margin:0 auto;
    width:760px;
    }
#content{
    float:left;
    width:500px;
    }
#content img{
    float:right;
    }
#side{
    float:left;
    width:260px;
    }
```

此时的效果如图 19.36 所示。为什么 pagefooter 的位置还是不正确呢？请读者思考，到这里还差哪一步关键步骤？请读者注意，这个图中的效果虽然也不正确，但是仔细观察 pagefooter 部分的右端，和上面的图 19.35 是有所区别的。

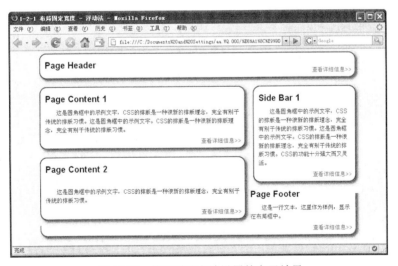

图 19.36　使用浮动方法设置的布局效果

答案是此时还需要对#pagefooter 设置 clear 属性，以保证清除浮动对它的影响，代码如下：

```
#pagefooter{
    clear:both;
}
```

这时就可以看到正确的效果了，如图 19.37 所示。

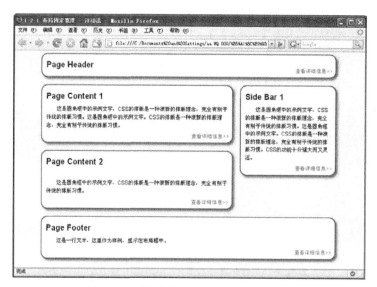

图 19.37　使用浮动方法设置的布局效果

使用这种方法时，并排的两列中无论哪一列内容变长，都不会影响布局。例如右边又增加了一个模块，使内容变长，排版效果同样是正确的，如图 19.38 所示。

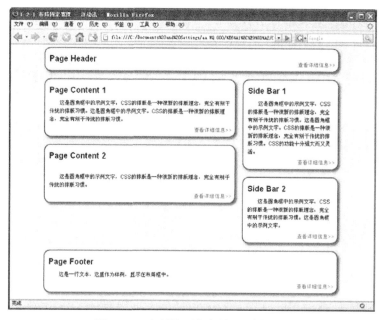

图 19.38　右侧的列变高效果同样正确

到这里"1-2-1"布局方式我们已经完全可以自由发挥了。只要保证每一个模块自身代码正确，同时使用正确的布局方式，就可以非常方便地放置各模块。

这种方法非常灵活，例如要 side 从页面右边移动左边，即交换与 content 的位置，只需要稍微修改一处 CSS 代码即可实现。请读者思考，应该如何修改，以实现如图 19.39 所示的效果?

图 19.39 左右两侧的列交换位置

答案是将#content 的代码由:

```
#content{
    float:left;
    width:500px;
    }
```

修改为:

```
#content{
    float:right;
    width:500px;
    }
```

这样就可以了。具体原理请读者自己思考。如果还没有想清楚其中的奥妙,请仔细阅读本书的第 14 章和第 15 章中关于盒子模型的讲解。

19.6 "1-3-1" 固定宽度布局

下面以 "1-2-1" 布局为基础制作 "1-3-1" 布局。这里仍然使用浮动方式来排列横向并排的 3 栏,效果如图 19.40 所示。

这种布局同样可以用两种方法制作,案例文件分别位于本书光盘"第 19 章\1-3-1-absolute.htm" 和 "第 19 章\1-3-1-float.htm"。

对于这个页面,要在 "1-2-1" 布局的基础上修改 HTML 的结构,只需在 container 中的左边增加一列即可,这里将新增加的列命名为 navi,结构如图 19.41 所示。

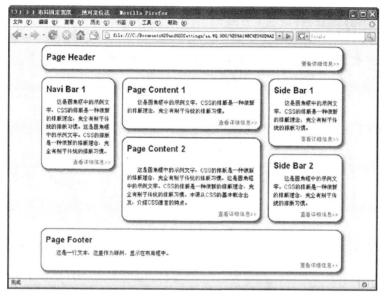

图 19.40　"1-3-1"布局

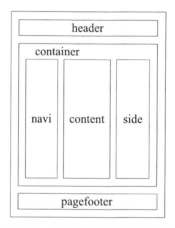

图 19.41　"1-3-1"布局结构示意图

相信读者已经可以自己写出相应的 HTML 代码，并使用"绝对定位法"和"浮动法"实现所需的效果了，这里就不再赘述。这里仅给出"浮动法"的 CSS 样式关键代码。

```
#header,
#pagefooter,
#container{
    margin:0 auto;
    width:760px;
    }
#navi{
    float:left;
    width:200px;
    }
#content{
    float:left;
    width:360px;
```

```
    }
#content img{
    float:right;
    }
#side{
    float:left;
    width:200px;
    }

#pagefooter{
    clear:both;
    }
```

#navi、#content 和#side 这 3 栏都使用浮动方式,3 列的宽度之和正好等于总宽度。

19.7 "1-((1-2)+1)-1" 固定宽度布局

通过上面的案例,可以看到固定宽度布局是很类似的。作为留给读者的思考和练习题,请读者实现一个"1-((1-2)+1)-1"的布局。如果读者还不清楚这种布局方式的表示方法,请阅读本章的 19.1.4 小节。本案例的最终效果如图 19.42 所示。

答案的文件位于本书光盘"第 19 章\1-((1-2)+1)-1.htm"。

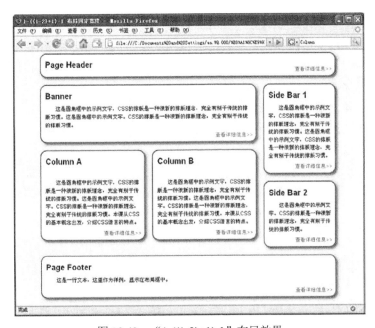

图 19.42 "1-((1-2)+1)-1"布局效果

这里仅给出一些提示。这种布局的示意图如图 19.43 左图所示。真正要实现这个布局的时候,仅通过这个图还不能表现出各个 div 之间的结构关系,因为还需要有嵌套的 div 藏在中间。把这些 div 都展示出来,将如图 19.43 右图所示。

这个案例的 HTML 结构比较复杂,在写代码的时候,应尽可能缩进排列代码,并加上易于理解的注释。特别是每个</div>是和哪个<div>相互对应的，应该通过注释的方式写清楚。

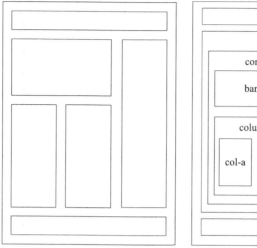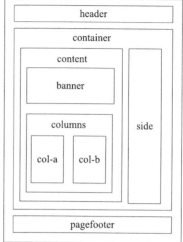

图 19.43　"1-((1-2)+1)-1"布局结构示意图

19.8　本章小结

在本章中，以几种不同的布局方式演示了如何灵活地运用 CSS 的布局性质，使页面按照需要的方式进行排版。特别需要读者掌握的有以下 3 个方面。

（1）页面结构的分析方法。只有先正确地分析出布局结构的表达式，然后画出结构示意图，才能正确地进行下一步编写代码的工作。

（2）对横向并列的 div 使用"绝对定位法"进行布局，并了解它的缺陷及其产生原因。

（3）对横向并列的 div 使用"浮动法"进行布局。

第 20 章 变宽度网页布局剖析与制作

在上一章中,对固定宽度的页面布局做了比较深入的分析和讲解。在本章中,将对变宽度的页面布局做进一步的分析。变宽度的布局要比固定宽度的布局复杂一些,根本的原因在于,宽度不确定,导致很多参数无法确定。因此必须使用一些技巧来完成。

这里将介绍一些通用的方法,并对变宽度网页布局的总体情况进行归纳。希望读者能够保持清晰的思路,这样在实际工作中遇到具体的案例时,就可以灵活地选择解决方法。

20.1 "1-2-1"变宽度网页布局

"1-1-1"布局过于简单,因此这里就不再介绍了。我们从"1-2-1"布局开始,逐步向读者展示更为复杂的布局结构,并逐步归纳出普遍的通用解决方案。

对于变宽度的布局,首先要使内容的整体宽度随浏览器窗口宽度的变化而变化。因此,中间的 container 容器中的左右两列的总宽度也会变化,这样就会产生不同的情况。这两列是按照一定的比例同时变化,还是一列固定,另一列变化。这两种情况都是很常用的布局方式。下面先从等比例方式讲起。

> **注意**
> 在分列情况下,某一列有可能是固定宽度的,也有可能是变化宽度的。因此,为了方便区分,这里再修订一下布局的表达方法,这样对于光盘中的文件命名也会比较方便。规定为:对于并列的若干列,如果某一列是固定列,就用字母"f"(英文单词 fixed 的第一个字母)表示;如果某一列是变宽的列,就用字母"l"(英文单词"liquid"的第一个字母)表示。
> 例如,如果某一个"1-2-1"布局中两列并排,左边的是固定宽度列,右边的是变化宽度的列,那么这种布局记作"1-(f-l)-1"。
> 再例如,如果某一个"1-3-1"布局中 3 列并排,左右两边的是固定宽度列,中间的是变化宽度的列,那么这种布局记作"1-(f-l-f)-1"。
> 本书光盘中的案例文件采用了这种方法命名,读者一看就可以知道是如何布局的了。

20.1.1 "1-2-1"等比例变宽布局

首先实现按比例的适应方式,如图 20.1 所示。在这个页面中,网页内容的宽度为浏览器窗口宽度的 85%,页面中左侧的边栏的宽度和右侧的内容栏的宽度保持 1∶2 的比例,可以看到无论浏览器窗口宽度如何变化,它们都会等比例变化。

本案例的文件位于本书光盘的"第 20 章\1-2-1\1-(l+l)-1-absolute.htm"和"第 20 章\1-2-1\1-(l+l)-1-float.htm"。前者使用"绝对定位法"制作,后者使用"浮动法"制作。

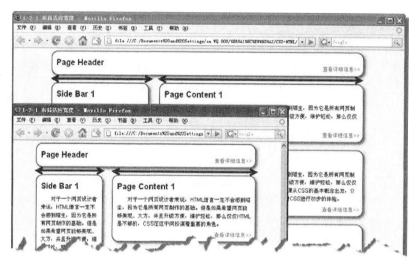

图 20.1 "1-2-1"等比例布局

我们将在前面制作的"1-2-1"浮动布局的基础上完成本案例。原来的"1-2-1"浮动布局中的宽度都是用像素数值确定的固定宽度，下面就来对它进行改造，使它能够自动调整各个模块的宽度。

实际上只需要修改 3 处宽度就可以了。代码如下。

```
#header,#pagefooter,#container{
    margin:0 auto;
    width: 760px;      /*删除原来的固定宽度*/
    width:85%;         /*改为比例宽度*/
}
#content{
    float:right;
    width: 500px;      /*删除原来的固定宽度*/
    width:66%;         /*改为比例宽度*/
}
#side{
    float:left;
    width: 260px;      /*删除原来的固定宽度*/
    width:33%;         /*改为比例宽度*/
}
```

> **经验** container 等外层 div 的宽度设置为 85%是相对浏览器窗口而言的比例；而后面的 content 和 side 这两个内层 div 的比例是相对于外层 div 而言的。这里分别设置为 66%和 33%，二者相加为 99%，而不是 100%，这是为了避免由于舍入误差造成总宽度大于它们的容器的宽度，而使某个 div 被挤到下一行中。如果希望精确，写成 99.9%也可以。

这样就实现了各个 div 的宽度都会等比例适应浏览器窗口。这里需要注意两点。

（1）确保不要使一列或多个列的宽度太大，以至于其内部的文字行宽太宽，造成阅读困难。

（2）我们制作的每一个圆角框都是使用前面介绍的方法制作的，由于用这种方法制作的圆角框的最宽宽度有限制，因此如果超过此限度就会出现裂缝，如图 20.2 所示。

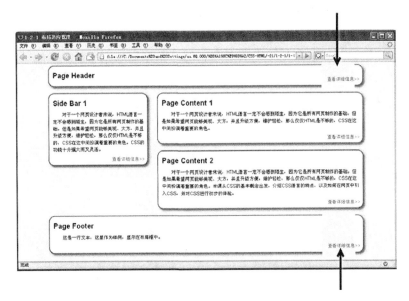

图 20.2　宽度过大出现裂缝

针对上述第 2 点，解决的办法是，如果确实希望某一个分栏要这么宽，就修改背景图片。只需要修改 5 个图像中的 left-top.gif，使它的覆盖范围更大就可以了。

如果并不需要这么宽，就可以对最大宽度进行限制。也就是说，当浏览器窗口超过一定宽度时，即使变得再宽，其内容也不再继续扩展。这需要用到 max-width 属性。同理，如果一个分栏过窄，视觉效果也会不好，因此也可以通过 min-width 属性限制最窄宽度。效果如图 20.3 所示。代码如下。这样可以使宽度介于 500 像素到 800 像素之间。

```
#header,#pagefooter,#container{
    margin:0 auto;
    width:85%;
    min-width:500px;
    max-width:800px;
}
```

这个方法存在一个问题，即 IE 6 不支持 min-width 和 max-width 这两个属性。因此必须要想办法来在 IE 6 中实现 min-width 和 max-width 的效果。比较方便的是使用 JavaScript 动态监视浏览器窗口，然后通过 DOM 设置对象的宽度。具体做法很简单，在页面中引用一个已经编写好的 JavaScript 程序，其他不用作任何设置，就可以实现 min-width 和 max-width 属性。

这个 JavaScript 程序是一位英国程序员 Andrew Clover 在 2003 年编写的，他的个人网站的网址是 http://www.doxdesk.com。

对于 Firefox 和 IE 7，都已经支持了 min-width 和 max-width 属性，因此只需要对 IE 6 使用这个 JavaScript 程序，这里可以使用 IE 的条件注释语句，判断一下浏览器，只有 IE 6 或更低的 IE 版本时才装载这个 js 文件。代码如下：

```
<!--[if lte IE 6]>
    <script type="text/javascript" src="minmax.js"></script>
<![endif]-->
```

20.1.2 "1-2-1"单列变宽布局

在上面的例子中,当宽度变化时,左右两列的宽度都会变化,且它们之间的比例保持不变。实际上,只有单列宽度变化,而其他保持固定的布局可能会更实用。一般在存在多个列的页面中,通常比较宽的一个列是用来放置内容的,而窄列放置链接、导航等内容,这些内容一般宽度是固定的,不需要扩大。因此如果能把内容列设置为可以变化,而其他列固定,会是一个很好的方式。

例如在图 20.3 中,右侧的 Side Bar 的宽度固定。当总宽度变化时,Page Content 部分就会自动变化。

图 20.3 "1-2-1"单列变宽布局

如果仍然使用简单的浮动布局,是无法实现这个效果的。如果把某一列的宽度设置为固定值,例如 200 像素,那么另一列(即活动列)的宽度就无法设置了。因为总宽度未知,活动列的宽度也无法确定,那么怎么解决呢?

这里仍然给出两种方法,首先介绍比较容易理解的"绝对定位"法,然后再针对"浮动"法进行改造。

1."绝对定位"法

在前面讲解固定的"1-2-1"布局时,我们除了使用浮动之外,还使用绝对定位实现过"1-2-1"布局,现在就以该方案为基础来实现单列适应宽度的制作方法,代码如下。

本案例的文件位于本书光盘的"第 20 章\1-2-1\1-(l+f)-1-absolute.htm"。

```
#header,#pagefooter,#container{
    margin:0 auto;
    width:85%;
    }
#container{
    position:relative;
}
#side{
```

```
        position:absolute;
        top:0;
        right:0;
        width:300px;
    }
    #content{
        margin:0 300px 0 0;
    }
```

对上面的代码原理分析如下。

(1) 总宽度还是设置为85%，这样总宽度会随浏览器窗口变化。

(2) 将container的position属性设置为relative，使它成为container里面的列的定位基准。

(3) 使side列成为绝对定位，并紧贴container的右侧，宽度设为固定值300像素。

(4) 设置content列的右侧margin，使它不会与side列重叠。

这样，就实现了单列固定的布局样式。但是前面提到过这种方法有一个固有的缺陷，也就是绝对定位的列将脱离标准流，从而它的高度将不会影响container的高度。这样页脚部分的位置只由content列的高度确定，而当窗口在变化宽度的时候，有可能会使固定宽度列的高度大于活动宽度列的高度，这时就会使固定宽度列与页脚部分重叠，如图20.4所示。

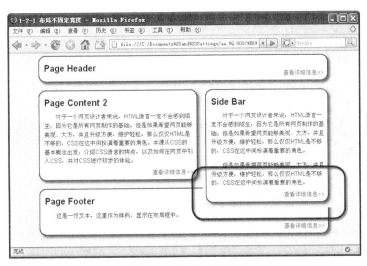

图20.4 出现重叠现象

因此，使用这种方法的时候，要注意保证变宽度列的高度是最高的，就不会发生重叠的现象了。由于HTML代码没有变化，因此这里就不再罗列HTML代码了。

2. "改进浮动"法

现在考虑使用浮动的方法，实现的困难在哪里。核心问题就是浮动列的宽度应该等于"100%-300px"，而CSS显然不支持这种带有加减法运算的宽度表达方法。但是通过margin可以变通地实现这个宽度。

实现的原理如图20.5所示。在content的外面再套一个div（图中的contentWrap），使它的宽度为100%，也就是等于container的宽度。然后通过将左侧的margin设置为负的300像素,就使它向左平移了 300 像素。再将 content 的左侧 margin 设置为正的 300 像素,就实现了"100%-300px"这个本来无法表达的宽度。

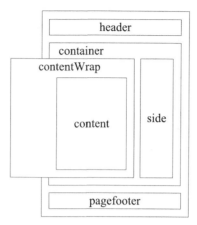

图 20.5　结构示意图

CSS 样式代码如下,本案例的文件位于本书光盘的"第 20 章\1-2-1\1-(l+f)-1-float.htm"。

```
#header,
#pagefooter,
#container{
    margin:0 auto;
    width:85%;
    }
#contentWrap{
    margin-left:-300px;
    float:left;
    width:100%;
    }
#content{
    margin-left:300px;
    }
#side{
    float:right;
    width:300px;
    }
#pagefooter{
    clear:both;
    }
```

> **注意** 最核心的一点是在活动宽度列(即这里的 content)外面又套了一层 div,其 id 设置为 contentWrap,中文的意思是 content 的"包装",即它把 content 包裹起来。

contentWrap 的宽度设置为 100%宽度,同时将右侧的 margin 设置为"-300px"。注意这里是负值,即向右平移了 300 像素,并设置为向右浮动。content 在它的里面,以标准流方式存在,将它的右侧 margin 设置为 300 像素,这样就可以保证里面的内容不会溢出到布局的外面。

这种方法的本质就是实现了 content 列的"100%-300 像素"的宽度,确实非常巧妙。效果如图 20.6 所示。可以看到,这种方法的最大好处就是可以不用考虑各列的高度,通过设置页脚的 clear 属性,就可以保证不会发生重叠的现象。

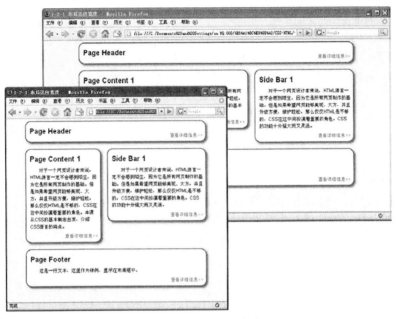

图 20.6　单列固定的变宽布局

代码如下:

```
<body>
<div id="header">
    <div class="rounded">
……这里省略固定结构的内容代码……
    </div>
</div>
<div id="container">
    <div id="contentWrap">
        <div id="content">
            <div class="rounded">
                ……这里省略固定结构的内容代码……
            </div>
        </div>
    </div>
    <div id="side">
        <div class="rounded">
            ……这里省略固定结构的内容代码……
        </div>
    </div>
</div>
<div id="pagefooter">
    <div class="rounded">
        ……这里省略固定结构的内容代码……
    </div>
```

```
</div>
</body>
```

前面介绍了按比例的宽度适应方法，以及单列宽度适应的制作方法。它们都是基于"1-2-1"布局来做的，制作3列布局或者更为复杂的布局页面的方法也是一样的。

20.2 "1-3-1"宽度适应布局

"1-3-1"布局可以产生很多不同的变化方式，如下：
- 三列都按比例来适应宽度；
- 一列固定，其他两列按比例适应宽度；
- 两列固定，其他一列适应宽度。

对于后两种情况，又可以根据特殊的一列与另外两列的不同位置产生出若干种变化。这就像武侠小说中的武功，武林秘籍中的招数总是有限的，而实战中的变化则是无穷的，关键在于是否真正把其中的原理吃透了。最高的武功是所谓"大象无形"的境界，招数已经不重要了。

尽管变化很多，但是总可以把三列布局转化为两类布局，因此三列布局都是可以实现的。接下来我们就不列举所有的布局方式的代码了，而是从方法的角度进行阐述，读者如果有兴趣，可以作为练习把所有的情况都实践一下。本书光盘中给出所有情况的代码，供读者参考。下面仅选取最常用的布局方式进行讲解。

20.2.1 "1-3-1"三列宽度等比例布局

对于"1-3-1"布局的第 1 种情况，即三列按固定比例伸缩适应总宽度，和前面介绍的"1-2-1"的布局完全一样，只要分配好每一列的百分比就可以了。

20.2.2 "1-3-1"单侧列宽度固定的变宽布局

对于一列固定、其他两列按比例适应宽度的情况，如果这个固定的列在左边或右边，那么只需要在两个变宽列的外面套一个 div，并且这个 div 宽度是变宽的。它与旁边的固定宽度列构成了一个单列固定的"1-2-1"布局，就可以使用"绝对定位"的方法或者"改进浮动"法进行布局，然后再将变宽列中的两个变宽列按比例并排，就很容易实现了。

绝对定位法的制作过程就不再介绍了，这里仅给出使用浮动法的制作过程。假设现在希望 side 列宽度固定为 200 像素，而 navi 列和 content 列按照 2∶3 的比例分配剩下的宽度。

请读者思考，如果按照图 20.7 所示的结构建立 HTML 结构，能否实现所需的效果？

答案是否定的。wrap 这个容器内部如果只有一个活动列，就像前面的"1-2-1"布局那样，这个活动列以标准流方式放置，它的宽度是自然形成的，这样显示效果是没有问题的。而当 wrap 容器中有两个浮动的活动列时，就需要分别设置宽度，分别为 40%和 60%（为了避免四舍五入误差，这里设置 59.9%）。请特别注意，这时 wrap 列的宽度等于 container 的宽度，因此这里的 40%并不是总宽度减去 side 的宽度以后的 40%，而是总宽度的 40%，这显然是不对的。

解决的方法就是在容器里面再套一个 div，即由原来的一个 wrap 变为两层，分别叫做 outerWrap 和 innerWrap，结构如图 20.8 所示。

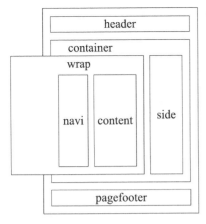

图 20.7　结构示意图

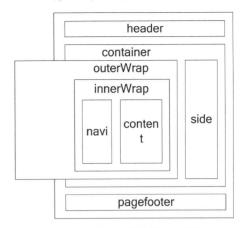

图 20.8　修正后的结构示意图

这样，outerWrap 就相当于上面错误方法中的 wrap 容器。新增加的 innerWrap 是以标准流方式存在的，宽度会自然伸展。由于设置了 200 像素的左侧 margin，因此它的宽度就是总宽度减去 200 像素了，这样 innerWrap 里面的 navi 和 content 就会都以这个新宽度为宽度基准。

本案例的文件位于本书光盘的"第 20 章\1-3-1\一个固定列\1-(l-l-f)-1.htm"。具体代码在这里就不罗列了，请读者参考光盘中的代码学习。

20.2.3　"1-3-1"中间列宽度固定的变宽布局

本小节将要讨论的布局形式，是固定列被放在中间，它的左右各有一列，并按比例适应总宽度。这是一种很少见的布局形式（最常见的是两侧的列固定宽度，中间列变化宽度）。如果读者已经充分理解了前面介绍的"改进浮动"法制作单列宽度固定的"1-2-1"布局，就可以把"负 margin"的思路继续深化，实现这种不多见的布局。

假设，现在希望页面中间列的宽度是 300 像素，两边列等宽（不等宽的道理是一样的），即总宽度减去 300 像素后剩余宽度的 50%。此时制作的关键是如何实现"（100%-300px）/2"的宽度。

> **注意**　这里所讲的案例是基于荷兰设计师 Gerben 提出来的方法实现的。该设计师的网站的网址是 http://algemeenbekend.nl/misc/challenge_gerben_v2.html。

下面就来讲解"固定单列居中，两侧列适应"的布局方法。

这里以固定的"1-3-1"布局为基础。现在需要在 navi 和 side 两个 div 外面分别套一层 div，把它们"包裹"起来，如图 20.9 所示。

在"改进浮动"法中已经了解这样做的原因，就是依靠嵌套的两个 div，实现相对宽度和绝对宽度的结合。

本案例的文件位于本书光盘的"第 20 章\1-3-1\一个固定列\1-(l-f-l)-1.htm"。

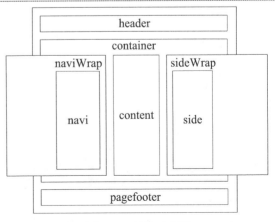

图 20.9　结构示意图

```html
<body>
<div id="header">
    <div class="rounded">
        ……这里省略固定结构的内容代码……
    </div>
</div>
<div id="container">
    <div id="naviWrap">
        <div id="navi">
            <div class="rounded">
                ……这里省略固定结构的内容代码……
            </div>
        </div>
    </div>
    <div id="content">
        <div class="rounded">
            ……这里省略固定结构的内容代码……
        </div>
    </div>
    <div id="sideWrap">
        <div id="side">
            <div class="rounded">
                ……这里省略固定结构的内容代码……
            </div>
        </div>
    </div>
</div>
<div id="pagefooter">
    <div class="rounded">
        ……这里省略固定结构的内容代码……
    </div>
</div>
</body>
```

设置好 HTML 代码之后，CSS 的相关部分代码如下所示。

```css
#header,#pagefooter,#container{
    margin:0 auto;
    width:85%;
    }
#naviWrap{
    width:50%;
    float:left;
    margin-left:-150px;
}
#navi{
    margin-left:150px;
    }
#content{
    float:left;
    width:300px;
    }
#sideWrap{
```

```
    width:49.9%;
    float:right;
    margin-right:-150px;
    }
#side{
    margin-right:150px;
    }
#pagefooter{
    clear:both;
    }
```

将左侧的 naviWrap 设置为 50%宽度,向左浮动,并通过将左侧 margin 设置为-150 像素,向左平移了 150 像素。然后在里面的 navi 中,左侧 margin 设置为-150 像素,补偿回来这 150 像素。

接着,将 content 设置为固定宽度,先做浮动,这样就紧贴着 navi 的右边界了。

最后将 sideWrap 做与 navi 部分相似的处理,设置为 50%宽度,向左浮动。这时本来宽度已经超过 100%,会被挤到下一行,但是将右侧 margin 设置为-150 像素后,就不会超过总宽度了。

> **注意**
> (1)在实际代码中,并不是将两个活动列宽度都设置为 50%,而是将其中一个设置为 49.9%。这是为了避免浏览器在计算数值时因四舍五入而导致总宽度大于 100%,因此稍微窄一点点就可保证最右边的列不会被挤到下一行。
> (2)使用浮动布局的最大风险就是在某些情况下,可能导致本来并列的列被挤到下一行,从而使页面布局完全崩溃。这是需要特别注意的,因为有时一列的宽度可能会因为内容的偶然情况而变化。例如某一列中突然出现了一个非常长的英文单词,导致无法换行等。因此使用浮动布局时需要特别注意。

20.2.4 进一步的思考

在使用"改进浮动"法制作中间列固定和侧列固定这两种案例的时候,使用了不同的思路。二者之中,哪一个更具有通用性呢?显然是后者,因为使用这个方法同样可以实现固定列在中间的布局,而用前者的方法是无法实现单侧列固定宽度布局的。

使用后面介绍的这种方法不但可以实现左中右 3 列中任意列固定,其余两列按比例分配宽度,而且可以仅通过 CSS 任意调换 3 列的位置。这 3 列都是并列关系,因此可以在只进行比较小的改动的情况下实现 HTML 中的各列任意排序。

> **注意**
> 这里提出了一个新问题,即"任意列排序"。由于这个问题过于深入,本书篇幅有限,因此这里仅提出这个问题,有兴趣的读者可以自行深入研究。
> 假设有一个 3 列布局的页面,在 HTML 中一定会有依次排列的 3 个"<div>……</div>"段。如果通过 CSS 设置可以实现在 HTML 中,无论这些"<div>……</div>"的顺序如何,都可以得到希望的显示顺序,那么这样的排版方法将会有如下优势。
> (1)可以根据各 div 的内容来组织 HTML 结构,而不是根据页面的表现形式来确定顺序,在更大的程度上实现了内容与形式的分离。
> (2)对于访问者来说,即使他的浏览器不支持 CSS,也依然可以按照符合内容逻辑的顺序浏览页面。
> (3)对于设计师来说,可以灵活地调整各列的顺序,而不必修改 HTML 结构。
> (4)对于搜索引擎来说,它们通常对页面中越靠前的内容越重视,因此如果实现了内容顺序不需要考虑页面表现时的顺序,则可以更有利于搜索引擎的排名。

20.2.5 "1-3-1" 双侧列宽度固定的变宽布局

对于三列布局,一种很实用的布局是 3 列中的左右两列宽度固定,中间列宽度自适应。通过前面的学习已经知道,这个布局同样可以用两种思路来实现,一种是用绝对定位,另一种是完全浮动实现。

1. "绝对定位"法

首先介绍绝对定位的方法,代码如下。本案例的文件位于本书光盘的"第 20 章\1-3-1\两个固定列\1-(f-l-f)-1-absolute.htm"。

```
#header,
#pagefooter,
#container{
    margin:0 auto;
    width:85%;
    }
#container{
    position:relative;
    }
#navi{
    position:absolute;
    top:0;
    left:0;
    width:150px;
    }
#side{
    position:absolute;
    top:0;
    right:0;
    width:250px;
    }
#content{
    margin:0 250px 0 150px;
    }
```

这段代码中,把 container 的 position 属性设置为 relative,使它成为它的下级元素的绝对定位基准。然后,将左边的 navi 列绝对定位,并设置为 150 像素宽,紧贴左侧;右边的 side 列也是绝对定位,250 像素宽,紧贴右侧。这样,中间的 content 列没有设置任何与定位相关的属性,因此它仍然在标准流中,将它的左右 margin 设置为两个绝对定位列的宽度,正好让出它们的位置,这样就实现了三者的并列放置。实现的效果如图 20.10 所示。

当然,这种方法制作的三列布局无法避免"绝对定位"造成的固有缺陷,即页脚永远紧贴着中间的 content 列,而不管左右两侧列的高度,并且当中间列的高度小于两侧列中的一个或两个时,会造成重叠的现象。

2. 二次"改进浮动"法

为了避免使用绝对定位带来的缺陷,可以使用类似前面用过的"改进浮动"法。利用 margin 的负值来实现 3 列都使用浮动的方法。具体的思路就是把 3 列的布局看作是嵌套的两列布局，如图 20.11 所示。

图 20.10 中间列变宽的布局效果

先把左边和中间两列看作一组（图中灰色背景部分），作为一个活动列，而右边的一列作为固定列，使用前面的"改进浮动"法就可以实现。然后，再把两列（灰色背景部分）各自当作独立的列，左侧列为固定列，再次使用"改进浮动"法，就可以最终完成整个布局。

需要注意的是，使用这种方法需要增加比较多的辅助 div，结构会变得非常复杂，如图 20.12 所示。

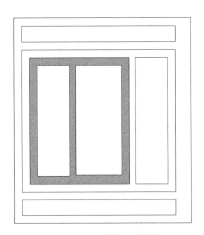

图 20.11 结构示意图

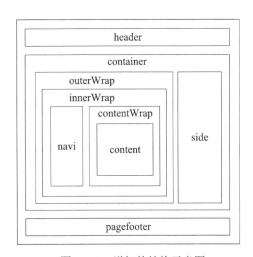

图 20.12 详细的结构示意图

使用"改进浮动"法时，每实现一个活动列都需要增加额外的辅助 div。从图中可以看出，这里的思路是，在内层，为了使 navi 固定，content 变宽，在二者外面套了一个"innerWrap" div；为了在 innerWrap 中使 content 能够变宽，在 content 外面套了 contentWrap；同理，为了使 innerWrap 能够变宽，又为它套了一个 outerWrap，从而使结构变得复杂。但实际上原理还是相同的。

CSS 部分的代码如下所示，本案例的文件位于本书光盘的 "第 20 章\1-3-1\两个固定列\1-(f-l-f)-1-float.htm"。

> **注意** 读者如果没有亲自调试过前面的"1-2-1"单列固定变宽布局，学习本例可能会比较吃力。本案例的本质就是两次使用"改进浮动"法，因此请读者务必深刻理解"改进浮动"法的本质原理，这样就可以保持条理清晰，逻辑明确了。

```css
#header,
#pagefooter,
#container{
    margin:0 auto;
    width:85%;
    }
#side{
    width:200px;
    float:right;
    }
#outerWrap{
    width:100%;
    float:left;
    margin-left:-200px;
}
#innerWrap{
    margin-left:200px;
    }
#navi{
    width:150px;
    float:left;
    }
#contentWrap{
    width:100%;
    float:right;
    margin-right:-150px;
}
#content{
    margin-right:150px;
    }
#pagefooter{
    clear:both;
}
```

请读者自己分析这段代码，最核心的要点就是深刻理解改进浮动法的原理。

20.2.6 "1-3-1" 中列和侧列宽度固定的变宽布局

这节介绍的布局方式即中间列和它一侧的列是固定宽度，另一侧列宽度自适应。很显然这种布局就很简单了。因为两个固定宽度的列相邻，那么它们的宽度之和也是固定的，先把它们看作一列，和第 3 列构成了一个 "1-2-1" 布局，实现这个 1-2-1 布局之后，再把固定列根据宽度数值分成两列就可以了。同样可以使用绝对定位法和改进浮动法来实现。

本案例的文件位于本书光盘的 "第 20 章\1-3-1\两个固定列\1-(f-f-l)-1-absolute.htm" 和 "第 20 章\1-3-1\两个固定列\1-(f-f-l)-1-float.htm"。

20.3 变宽布局方法总结

实际上，关于三列布局的方法还有很多，各有优缺点，适用的范围也各不相同。如果对本章介绍的各种布局进行总结，可以得到下列 3 个结构图。

单列布局的结构如图 20.13 所示。

双列布局的结构如图 20.14 所示。

图 20.13　单列布局的分类示意图

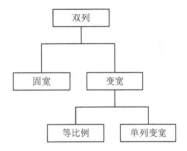
图 20.14　双列布局的分类示意图

三列布局的结构如图 20.15 所示。

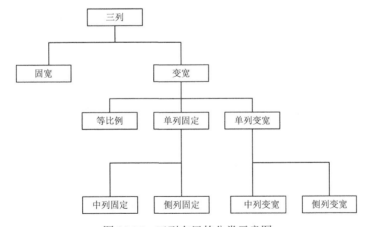
图 20.15　三列布局的分类示意图

希望读者顺着这 3 个图的线路，回忆一下每种布局的实现方法。如果能够清楚地说清每种布局的方法，那么本章的学习就成功了。实际上，更多的分列或变化都可以看作是基本方法的重复使用或者嵌套使用，因此掌握了上面的这些布局形式，对于更多列的布局也就都可以解决了。

20.4 分列布局背景色问题

在前面的各种布局案例中,都是使用带有边框的圆角框实现的。可以发现,所有的例子都没有设置背景色,但是在很多页面布局中,对各列的背景色是有要求的,例如希望每一列都有各自的背景色。

前面案例中每个布局模块都有非常清晰的边框,这种页面通常不设置背景色。还有很多页面分了若干列,每一列或列中的各个模块并没有边框,这种页面通常需要通过背景色来区分各个列。

下面就来对页面布局中的分栏背景色问题进行一些讲解。为了简化页面,我们首先制作一个如图 20.16 所示的页面。

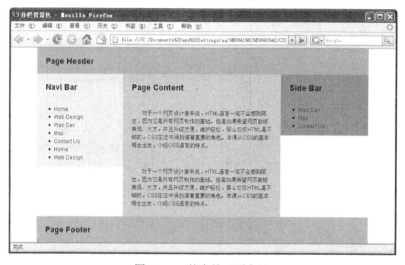

图 20.16 基本的三列布局

这是一个很简单的"1-3-1"布局页面,通过前面的学习,相信读者都可以用各种办法制作出这个页面。本文件位于本书光盘的"第 20 章\1-3-1\背景色\basic.htm"。

20.4.1 设置固定宽度布局的列背景色

这里先假设它是固定宽度的,总宽度 760 像素,左右列各 200 像素,中间列 360 像素。使用绝对定位的方式布局。

本案例文件位于本书光盘的"第 20 章\1-3-1\背景色\fixed.htm"。

HTML 部分代码如下:
```
<body>
<div id="header">
    <h2>Page Header</h2>
</div>
<div id="container">
    <div id="navi">
        <h2>Navi Bar</h2>
```

```html
            <ul>
                <li>Home</li>
                ……省略其余列表项……
            </ul>
        </div>
        <div id="content">
            <h2>Page Content</h2>
            <p>          对于一个网页设计者来说,……省略其余文字……</p>
            ……省略其余文字段落……
        </div>
        <div id="side">
            <h2>Side Bar</h2>
            <ul>
                <li>Web Dev</li>
                ……省略其余列表项……
            </ul>
        </div>
    </div>
    <div id="footer">
        <h2>Page Footer</h2>
    </div>
</body>
```

CSS 样式代码如下：

```css
body{
    font:12px/18px Arial;
    margin:0;
    }
#header,#footer {
    background:#99CCFF;
    width:760px;
    margin:0 auto;
    }
h2{
    margin:0;
    padding:20px;
    }
p{
    padding:20px;
    text-indent:2em;
    margin:0;
    }
#container {
    position: relative;
    width:760px;
    margin:0 auto;
    }
#navi {
    width: 200px;
    position: absolute;
    left: 0px;
    top: 0px;
    background:#99FFCC;
    }
```

```css
#content {
    margin-right: 200px;
    margin-left: 200px;
    background:#FFCC66;
}
#side {
    width: 200px;
    position: absolute;
    right: 0px;
    top: 0px;
    background:#CC99FF;
}
```

可以看到，各列的背景色只能覆盖到其内容的下端，而不能使每一列的背景色都一直扩展到最下端。这个要求在表格布局的方式中是很容易实现的，而在 CSS 布局中，却不是这样。根本的原因在于，表格会自然地使各列等高，而每个 div 只负责自己的高度，根本不管它旁边的列有多高，要使并列的各列的高度相同是很困难的。

解决问题的思路之一是想办法使各列等高。有很多 Web 设计师从这个思路出发，并通过使用 JavaScript 配合，找到了解决方法。但是这里我们通过单纯的 CSS 来解决这个问题。

如果是各列固定宽度的布局方式，就很容易通过另一种思路来解决这个问题，即通过"背景图像"法。例如，在本例中，已经知道 3 列的宽度依次为 200 像素、360 像素和 200 像素，就可以在 Fireworks 或者 Photoshop 等图像处理软件中制作一个 760 像素宽的图像，通过竖向平铺图像来产生各列的分隔效果。

例如，图 20.17 中显示的是一个 760 像素宽、10 像素高的图像。

> **注意** 图中的灰色边框是为了表示图像的范围，在制作的时候不要加边框。

图 20.17 背景图像

将上面代码中的 3 列 div 的背景色设置全部去掉，然后将 container 这个容器 div 的背景设置为 "url(background-760.gif)"，即该图像文件的路径。这时在浏览器中的效果如图 20.18 所示。

图 20.18 使用了背景图像的分列效果

现在无论一列的高度是多少，背景色都可以一直贯穿到底。用这种办法还可以制作出一些更精致的效果，例如为背景图像制作一些投影的效果，如图 20.19 所示。

图 20.19　带阴影效果的背景图像

这时产生的效果如图 20.20 所示，页面的感觉一下精致了不少。

图 20.20　使用带阴影的背景图像的页面效果

例如图 20.21 所示的是"CSS 禅意花园"网站（http://www.csszengarden.com）中的一个网页。可以看到，通过非常精致的设计，在视觉上摆脱了固定的"框"通常会产生的呆板的样式，而形成了重叠的效果。这种效果表现了光和影之间、形状和空间之间的相互影响，给人清新、明朗和积极的印象。

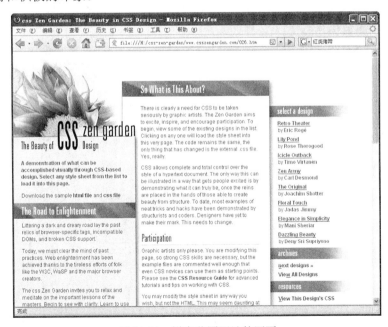

图 20.21　禅意花园网站的网页

从技术角度说，上面介绍的方法适用于各列宽度固定的布局。无论是使用浮动方式布局，还是绝对定位方式布局，对于上面这种背景图像平铺的方法都是适用的。

20.4.2 设置特殊宽度变化布局的列背景色

在解决了固定宽度的分栏背景色问题之后，再来考虑宽度变化的布局分栏背景色问题。如果列宽不确定，就无法在图像处理软件中制作这个背景图，那么应该怎么办呢？

假设有如下 3 个条件：

（1）两侧列宽度固定，中间列变化的布局；

（2）3 列的总宽度为 100%，也就是说两侧不会露出 body 的背景色；

（3）中间列最高。

如果满足了这 3 个条件，就可以利用 body 来实现右侧栏的背景。另外，中间列的高度最高，可以设置自己的背景色，左侧可以使用 contatiner 来设置背景图像。

具体方法如下。

首先制作一个与左列宽度相同的背景图片，按照上面的方法竖向平铺，左列就设置好了。而中间列由于高度最大，直接设置背景色即可。然后将 body 的背景色设置为右栏的背景色。

例如，图 20.22 中所示的这个页面一共包括 3 个竖列和 1 个横行，整个页面被分为了 4 个部分，这 4 个部分各使用一种颜色作为背景色。可以看到，整个页面横向撑满这个页面，对于这样的页面，就可以使用上面介绍的这种方法来实现各栏的背景色。

图 20.22 版面布局

20.4.3 设置单列宽度变化布局的列背景色

上面例子虽然实现了分栏的不同背景色，但是它的限制条件太多了。能否找更通用一些的方法呢？

仍然假设布局是中间活动，两侧列宽度固定的布局。由于 container 只能设置一个背景图像，因此可以在 container 里面再套一层 div，这样两层容器就可以各设置一个背景图像，一个左对齐，一个右对齐，各自竖直方向平铺。由于左右两列都是固定宽度，因此所有图像的宽度分别等于左右两列的宽度就可以了。

假设将上面完全固定的布局改为：3 列总宽度为浏览器窗口宽度的 85%，左右列各 200 像素，中间列自适应。本案例文件位于本书光盘的"第 20 章\1-3-1\背景色\center-liquid.htm"。

代码稍作修改，header、footer 和 container 的宽度改为 85%，然后在 container 里面套一个 innerContatiner，设置为：

```
#container {
    width:85%;
    margin:0 auto;
    background:url(background-right.gif) repeat-y top right;
    position: relative;
}
#innerContainer {
    background:url(background-left.gif) repeat-y;
}
```

这样效果如图 20.23 所示，注意 contatiner 和 innerContainer 的背景图像设置方法，右边的背景图像除了设置竖向平铺之外，还要确定是左对齐还是右对齐。

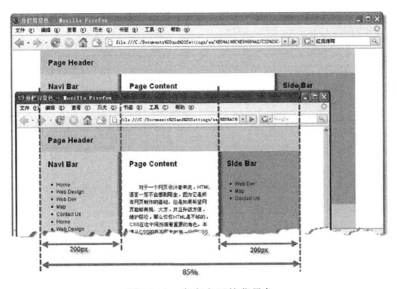

图 20.23 变宽布局的背景色

20.5 CSS 排版与传统的表格方式排版的分析

在学习完使用 CSS 的布局方法之后，再来回顾一下传统的使用表格布局的方法。实际上，在十多年前，互联网刚刚开始普及的时候，网页内容非常简单，形式也非常单调。1997 年，美国设计师 David Siegel 出版了一本里程碑式的网页制作指导书《Creating Killer Web Sites》（创建杀手级网站），表明使用 GIF 透明间隔图像和表格可以创建出"魔鬼般迷人"的网站。

此后，使用表格布局几乎成为每一个设计师必须掌握的技术，而且 Macromedia 公司推出的 Fireworks 和 Adobe 公司的 Photoshop 等软件都提供了非常方便的自动生成表格布局的 HTML 代码的功能，使得这种方法更加普及。

这里简单介绍一下表格布局的原理，并与 CSS 布局进行一些比较。<table>标记的 border 属性可以设置为 0，即自表格可以不再显示边框以来，传统的表格排版便一直受到广大设计者的青睐。用表格划分页面的思路很简单，以左中右排版为例，只需要建立如下表格便可以轻松实现如图 20.24 所示的排版方式，代码如下。

```html
<table border="0">
    <tr><td>banner</td></tr>
    <tr>
        <td>
            <table border="0">          <!-- 嵌套表格 -->
                <tr>
                    <td>left</td>
                    <td>middle</td>
                    <td>right</td>
                </tr>
            </table>
        </td>
    </tr>
    <tr><td>footer</td></tr>
</table>
```

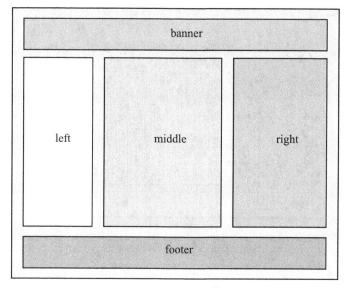

图 20.24　版面布局

利用上面代码中的<table>标记就可以轻松地将整个页面划分成需要的各个模块，如果各个模块中的内容需要再划分，则可以通过再嵌套一层表格来实现。表格布局的整体思路清晰明了，无论是 HTML 的初学者还是熟手，制作起来都十分容易。这相对 CSS 排版中复杂的 float 和

position 而言无疑是很大的优势，也是目前网络上大多数网站都采用<table>标记排版的原因。

再者，由于表格中的各个单元格都是随着表格的大小自动调整的，因此表格排版不存在类似 CSS 排版中 20.4 节谈到的背景色问题，更不需要利用父表格的属性来调整。表格中块与块之间的关系十分清晰，这也是 CSS 排版所无法比拟的。而且表格中的<tr>和<td>等标记同样可以加入 padding 和 border 等 CSS 属性，简单地进行调整，更加方便易学。

表格排版也存在着各式各样的问题。首先利用表格排版的页面很难再修改或升级。像图 20.24 所示的构架，当页面制作完成后，如果希望将#left 和#right 的位置对调，那么表格排版的工作量相当于重新制作一个页面。而 CSS 排版利用 float 和 position 属性可以很轻松地移动各个块，实现让用户动态选择界面的功能。

利用表格排版的页面在下载时必须等整个表格的内容都下载完毕之后才会一次性显示出来，而利用 div 块的 CSS 排版的页面在下载时就科学得多，各个子块可以分别下载显示，从而提高了页面的下载速度，搜索引擎的排名也会因此而提高。

CSS 的 div 排版方式使得数据与 CSS 文件完全分离，美工在修改页面时不需要关心任何后台操作的问题。而表格排版由于依赖各个单元格，因此美工必须在大量的后台代码中寻找排版方式。

总而言之，使用表格布局存在着大量无法克服的固有缺陷，因此当 CSS 布局方法通过一些先行者的探索逐渐被"驯服"以后，已经完全可以被普通的设计师所接受。

最后，总结一下 CSS 布局方法与表格布局方法比起来，有如下几点明显的优势：

- CSS 使页面载入更快；
- CSS 可以降低网站的流量费用；
- CSS 使设计师在修改设计时更有效率，而代价更低；
- CSS 使整个站点保持视觉的一致性；
- CSS 使站点可以更好地被搜索引擎找到；
- CSS 使站点对浏览者和浏览器更具亲和力；
- 在越来越多的人采用 Web 标准时，掌握 CSS 可以提高设计师的职场竞争实力。

> **注意**
>
> 本书篇幅有限，尽管在 CSS 布局方面还有很多值得进一步探索的内容，但是这里就不再深入了，这里仅提出几个值得思考的问题，如果读者有兴趣深入探讨，可以在互联网上查找相关的资料，也可以访问本书作者的网站，与作者交流。
>
> 对于 CSS 布局的网页应该努力实现如下要求：
>
> - 宽度适应多列布局，并且保证页头和页脚部分能够正确显示；
> - 可以指定列宽度固定，其余列宽度自适应；
> - 在 HTML 中，各列以任意顺序排列，最终效果都正确显示；
> - 任意列都可以是最高的一列，且保证不会破坏布局，不会产生重叠；
> - HTML 和 CSS 都应该能够通过 Web 标准的验证；
> - 良好的浏览器兼容性。
>
> 以上的要求中的第 3 条，上面的讲解中没有深入介绍，请读者自己探索，这一条原则的目的有两个：
>
> （1）如果页面最终效果和各列在 HTML 中的顺序相关，就没有真正实现内容与形式的彻底分离；
>
> （2）无论显示效果如何，在 HTML 中如果能按照内容的重要程度排列，会对网站在搜索引擎的排列很有帮助，因为搜索引擎通常更重视一个页面中前面的内容。

20.6 浏览器的兼容性问题

学习到这里，已经对 CSS 布局有了比较深入的了解。随着经验的增多，读者会慢慢发现，使用 CSS 布局和设计网页，很大的一个问题来自于不同浏览器对 CSS 解释的差异，特别是 IE 浏览器和 Firefox 浏览器的差异。

比如通过 IE 浏览器来查看一个网页，可能效果很好，而放到 Firefox 里查看就变得非常混乱了。这确实是由于各种浏览器对 CSS 的支持不统一造成的，使用 CSS 布局一定会有一定的工作量用于解决浏览器的兼容性问题。为了尽量减少这个问题带来的额外工作量，这里给读者两个建议，供大家参考。

（1）当一个效果在 Firefox 和 IE 6 中显示的效果不一样时，一般来说 Firefox 显示的是"正确"的效果。这里说的正确，并不是指主观希望的效果达到了就是正确效果，而是说按照真正的 CSS 规则，应该显示的效果，叫作正确的效果。也就是说，如果 Firefox 中显示的效果和希望的效果吻合，而与 IE 显示的效果不吻合，那么是 IE 有错误的可能性更大，而反之则说明很可能是为了迁就 IE 6 的错误，而写了错误的代码。

那么为什么不能以 IE 为标准，当作是 IE 的效果是正确的呢？这是因为，CSS 的规则本身是严格符合逻辑的，是可以计算和预测的，而 IE 中的很多错误是没有道理的，是无法预测的，因此，用一个错误修正了另一个错误，在局部看起来可能效果是正确的，但是很可能在其他地方，或者更大范围内带来不可预知的麻烦，从而严重影响效率。因此，比较好的做法是以 Firefox 作为正确的效果，让 IE 想办法来适应它。

（2）测试的时候，不要在一个浏览器中完全做好，再用另一个浏览器测试。例如，对于一个很复杂的页面，如果首先在 Firefox 中制作，已经完全测试好了，然后用 IE 查看，可能很多地方都是混乱的，此时就针对 IE 进行一系列调整，等调整好了，回到 Firefox 查看，又乱了，如此往复，结果可想而知。因此，从空白页面开始，每做一小步，就同时在各种浏览器中查看，一旦发现显示效果不同，就立即查找原因，寻找解决办法。因为每次增加的代码都很少，这样就很容易找出原因，从而做到最后就可以同时满足各种浏览器了。

20.7 CSS 布局页面的调试技巧

CSS 开始进入布局领域，并逐渐开始广泛地被使用，越来越多的设计师转向 CSS，然而随着使用的逐步深入，会发现使用 CSS 的一个问题，是懂得越多，遇到的问题就越多。在实际制作网站的时候，总会遇到以前没有碰到过的新问题。

在实践中，最关键的问题就是如何调试，也就是在遇到页面表现和预想的不一样的时候，如何找到问题的关键。当然，前提是制作者对自己写的代码基本上是清楚的，否则谈不上调试。

对于 CSS 而言，本质就是大大小小的盒子在页面上摆放，把自己设想为一个排字工人，眼中看到的不是文字，也不是图像，而仅仅是一堆盒子。要考虑的就是盒子与盒子之间的关系，标准流、并列、上下、嵌套、间隔、背景、浮动、绝对、相对、定位基准……诸如此类的概念要掌握得非常熟练，并以此为分析的基础。

20.7.1 技巧1：设置背景色或者边框，确定错误范围

归根到底，任何排版上的错误都是设计者认为某个盒子应该在的位置和浏览器认为的位置不同，因此如果设计者本身就是浏览器，一切错误都不会出现。

因此，每当发现页面的表现不如意的时候，比如原本希望在左边的跑到右边了，希望在一行的变成两行了，等等，都要首先明确每个盒子的范围，这时可以通过临时给盒子设置背景色，或者设置一个1像素边框的方法，清楚地了解浏览器认为的盒子范围和你认为的盒子范围是否一致。如果可以设置背景色，就最好使用背景色，因为设置边框会改变布局，这就好像我们使用温度表测量温度，前提是认为温度表本身不会影响被测物体的温度。实际上物理学告诉我们，任何两个物体都是相互影响的，即所谓测不准原理。有时对于复杂的页面，背景色可能无法看出范围，还是需要使用边框来完成这项任务，但要排除增加的临时边框引入新的问题的可能性。

当某个盒子的范围不是原本希望的范围，那么值得庆贺一下，因为这就说明已经找到错误所在了，接下来就是分析为什么浏览器要把它放在这里，而不是按照原来预想的位置放置它。经过这一步仔细计算，如果所有代码都是符合CSS规范的，就需要确认这是浏览器错了，而不是设计者计算错了。不过应该相信，99%的可能是因为设计者粗心算错了，1%的可能是浏览器有错误。就好像上学时参加过的各种考试，老师确实有时会把你答对的题目判错，但是这种概率很低。

20.7.2 技巧2：删除无关代码，暴露核心矛盾

经过上一步的排查，已经开始怀疑浏览器有问题了，就需要确认这一点。而这时网页很可能特别复杂，内容很多，各种因素互相影响，都会干扰判断。解决方法就是把仅和有问题的部分相关的代码提取出来，或者把无关代码全部删除（称为"屏蔽掉"），总之目的就是尽可能找到出现问题的最小代码集合，这样才能找到问题的本质原因。

很多情况下，从一个复杂的网页一点点删除代码的过程中，问题就解决了。这样做的时候一定要注意，删除了哪些代码，问题就解决了，这就是问题的原因，这时一定要把这个问题真正搞懂，不要只管结果，不问原因。遇事多问几个为什么，水平提高会快得多。

事实上，调试能力是非常重要的，任何人在实际工作中，肯定都会遇到做出来的效果和自己希望的不一致的情况，这时就要看调试能力了。

就好像家里停电了，大多数人的第一反应是首先出门看看邻居家是不是有电，这样就判断出问题出在自己家里，还是整个楼停电了。如果整个楼都停电了，那就只有等待或者拨打维修电话了；而如果只是自己家停电了，那就要再分析一下是不是哪里短路了（比如水洒在电线上了），或者有什么电器过载了（比如把家里的所有电器都打开了），等等，这实际上就是在确定"故障点"，其中的道理和制作页面是完全类似的，第一步就是缩小范围。因此，我们经常可以把生活中的一些道理移植过来，很多问题就好解决了。

20.7.3 技巧3：先用Firefox调试，然后使它兼容IE

关于Firefox和IE的差异问题，在上一节中已经谈到，这里不再赘述。总体原则就是，Firefox

对 CSS 规范遵守得最好，调试的时候先用 Firefox 调试，然后再使网页兼容 IE。其次，不要在一种浏览器完全做好以后，再用浏览器调试，而是每一步都保证在各浏览器中正确显示。

20.7.4　技巧 4：善于利用工具，提高调试效率

这里要说的是两个非常方便的工具，它们都是以 Firefox 的插件形式存在的，分别是 Web Developer Toobar 和 Firebug。当然，它们都不能像傻瓜相机一样，只要按一下快门，就告诉设计者问题出在哪里。它们的作用是可以帮助设计者尽可能方便地了解浏览器是如何看待某个页面的代码的。比如通过它们，可以方便地查看每一个盒子的范围，不需要再人为地设置边框。通过 Firebug，还可以实时动态地修改 CSS 属性设置，这都可以大大提高调试的效率。本书篇幅所限，无法详细讲解这两个工具的用法，有兴趣的读者可以先查阅相关的介绍。

20.7.5　技巧 5：善于提问，寻求帮助

互联网的出现改变了人们的学习方法。有了 Google 这样的搜索引擎，可以方便地寻找答案。有了各种技术网站论坛，可以去向别人请教。这些都是学习的好途径。但是有一点，提问者也需要一些提问的技巧和艺术。在提问之前，一定要按照前面说的几点，自己亲自研究过遇到的问题，用一两句话很具体地说明这个问题的现象，并可以配有简洁的代码，使看到问题的人，可以很容易理解这个问题，并"重现"问题描述的现象。这一点非常重要，千万不要把大段的代码贴到某个论坛上，那样得到帮助的机会会变得小得多。事实上，这些功课是应该提前做好的，应该尽可能缩小问题的范围到一个合理的程度。Google、论坛都是工具，也仅仅是一个工具，谁能用得好，谁就能获得更快的提高，关键还是要看使用工具的主人。

20.8　本章小结

本章核心的内容就是灵活地使用"绝对定位"法和"改进浮动"法实现各种实际工作中可能会遇到的布局要求。

本章几乎算是全书最不容易理解的一章，因此如果读者希望透彻地理解和掌握本章的内容，就需要反复多实验几次，然后根据 20.3 节的布局分类结构图中列出的各种分类，彻底地把它们搞清楚。

第 21 章
网页布局综合案例——
儿童用品网上商店

在本章中，我们将从零开始，分析、策划、设计并制作一个完整的案例。这个案例是为一个假想的名为"Baby Housing"的儿童用品网上商店制作一个网站。通过这个案例的学习，读者不仅可以了解其中的技术细节，而且能够掌握一套遵从 Web 标准的网页设计流程。使用这样的工作流程，可以使设计流程更加规范。

21.1 案例概述

完成后的首页效果如图 21.1 所示。

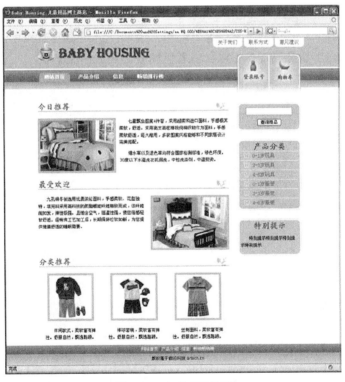

图 21.1 完成后的首页

在这页面竖直方向分为上中下 3 个部分，其中上下两个部分的背景会自动延伸，中间的内容区域分为左右两列，左列为主要内容，右列由若干个圆角框构成，还可以非常方便地增加圆角框。

此外，这个页面具有很好的交互提示功能。例如，在页头部分的导航菜单具有鼠标指针经过时发生变化的效果，如图 21.2 所示。另外，读者可以看到，这里的菜单项圆角背景会自动适应菜单项的宽度，例如左侧的"网站首页"比"信息"宽一些。

图 21.2　具有鼠标指针经过效果的导航菜单

"登录账号"和"购物车"两个按钮，在鼠标指针经过时也会发生颜色变化，如图 21.3 所示。

下面就来具体分析和介绍这个案例的完整开发过程。需要首先说明的是，希望通过这个案例的演示，使读者不但了解了一些技术细节，而且能够掌握一套遵从 Web 标准的网页设计流程。

图 21.3　鼠标指针经过时颜色变化

为了使读者先有一个宏观的了解，这个流程大致可以包括如图 21.4 所示的 7 个步骤。在每一个步骤下面，列出的是该步骤可以（或者可能要）用到的工具。

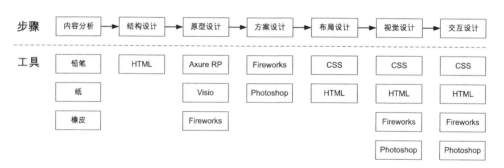

图 21.4　工作流程

21.2　内容分析

首先确定一个问题，设计制作一个网站的第一步是什么？在 Photoshop 或者 Fireworks 等美工软件中绘制页面的效果吗？

答案是先想清楚这个网站的内容是什么？通过一个网页要传达给访问者什么信息？这些信息中哪些是最重要的，哪些是相对比较重要的，哪些是次要的，以及这些信息应该如何组织呢？

第 21 章 网页布局综合案例——儿童用品网上商店

也就是说,设计一个网页的第一步根本不是这个页面的样子,而是这个网页的内容。现在以这个"Baby housing 儿童用品商店"的首页为例进行一些说明。

在这个页面中,首先要有明确的网站名称和标志,此外,要给访问者方便地了解这个网站所有者自身信息的途径,包括指向自身介绍("关于我们")、联系方式等内容的链接;接下来,这个网站的根本目的是要销售商品,因此必须要有清晰的产品分类结构,并有合理的导航栏。对于网上商店来说,产品通常都是以类别组织的,而在首页上通常会把一些最受欢迎的和重点推荐的产品拿出来展示,因为首页的访问量会明显比其他页面大得多,相当于广告了。

例如图 21.5 所示的是卓越亚马逊网站的首页,读者在研究一些成功网站的时候,不要仅仅关注这些网站的设计风格和技术细节,更要从更深的角度观察它们,这样才能更好地掌握核心的东西。例如,从图 21.5 中可以看到,这个页面尽管内容非常多,但简单来说就分为两大类——"分类链接"和"推荐商品链接"。

图 21.5　卓越亚马逊网站的首页

如果我们再仔细想一想,当我们走进一个实体的商场的时候,我们看到的是什么?是不是分门别类的货架,以及很多的宣传海报?网上商店不是恰恰与此十分类似吗?

这里我们似乎谈论了很多与 HTML 和 CSS 无关的内容,而实际上这些正是我们使用 HTML 和 CSS 的目的。任何现代化的新技术都要和生活很好地匹配,才会得到最好的效果,有人把这一点形容为"鼠标加水泥"的模式。这告诉我们很重要的一点,对于一个网站而言,最重要的核心不是形式,而是内容,作为网页设计师,在设计各网站之前,一定要先问一问自己是不是已经真正地理解了这个网站的目的,只有真的理解这一点才有可能做出成功的网站,否则无论网站多漂亮和花哨,都不能算作成功的作品。

现在考虑我们的网站要展示哪些内容呢?大致应该包括以下内容:

- 标题；
- 标志；
- 主导航栏；
- 自身介绍；
- 账号登录与购物车；
- 今日推荐商品（1 种）；
- 最受欢迎商品（1 种）；
- 分类推荐商品（3 种）；
- 搜索框；
- 类别菜单；
- 特别提示信息；
- 版权信息。

21.3 HTML 结构设计

在理解了网站的基础上，我们开始构建网站的内容结构。现在完全不要管 CSS，而是完全从网页的内容出发，根据上面列出的要点，通过 HTML 搭建出网页的内容结构。

如图 21.6 所示的是搭建的 HTML 在没有使用任何 CSS 设置的情况下，使用浏览器观察的效果。在图中，左侧使用线条表示了各个项目的构成。实际上图中显示的就是前面的图在不使用任何 CSS 样式时的表现。

提示读者一点，任何一个页面，应该尽可能保证在不使用 CSS 的情况下，依然保持良好结构和可读性。这不仅仅对访问者很有帮助，而且有助于网站被 Google、百度这样的搜索引擎了解和收录，这对于提升网站访问量是至关重要的。

那么这个 HTML 是如何搭建出来的呢？它的代码如下。

```html
<body>

<h1>Baby Housing</h1>
<img src="images/logo.gif" />
<ul>
    <li><a href="#"><strong>网站首页</strong></a></li>
    <li><a href="#"><strong>产品介绍</strong></a></li>
    <li><a href="#"><strong>信息</strong></a></li>
    <li><a href="#"><strong>畅销排行榜</strong></a></li>
</ul>
<ul>
    <li><a href="#"><span>关于我们</span></a></li>
    <li><a href="#"><span>联系方式</span></a></li>
    <li><a href="#"><span>意见建议</span></a></li>
</ul>
<ul>
    <li ><a href="#"></a></li>
```

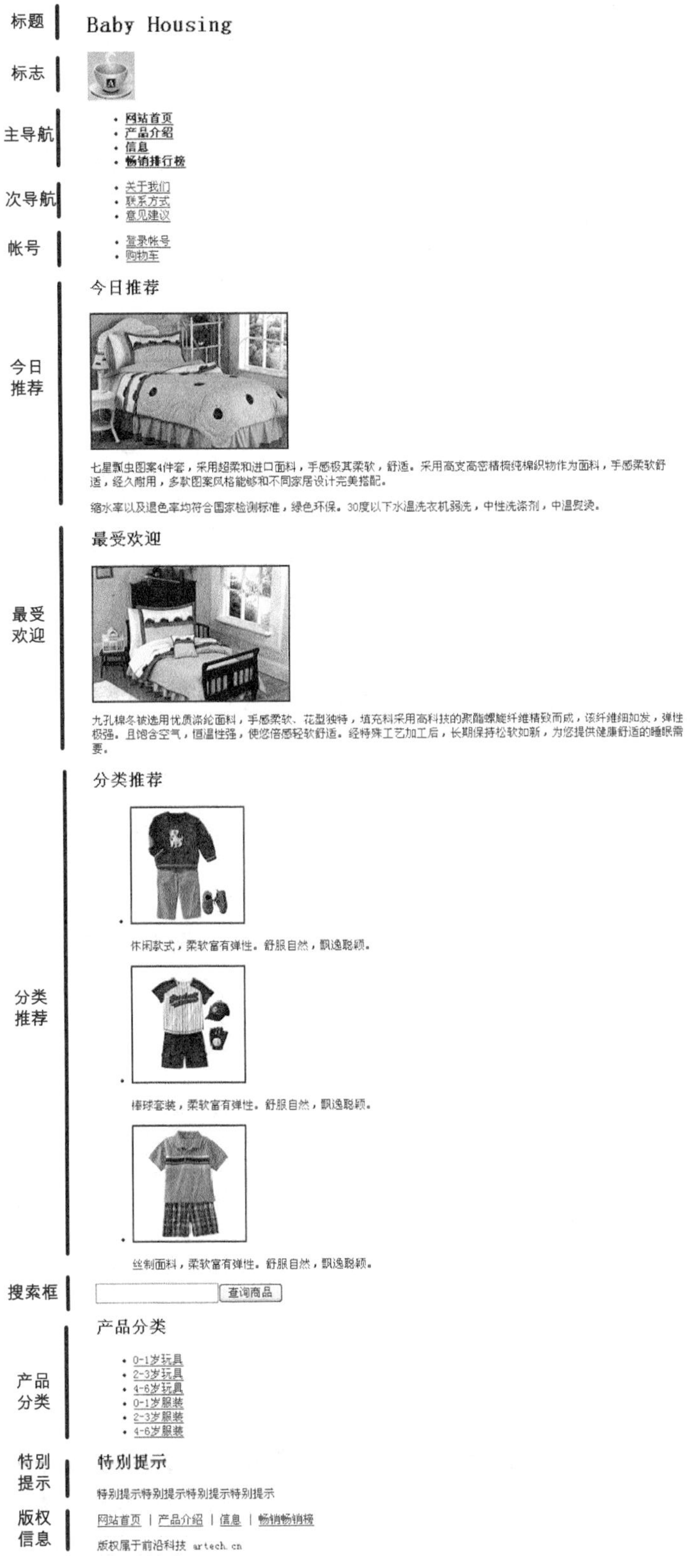

第 21 章 网页布局综合案例——儿童用品网上商店

标题	Baby Housing
标志	
主导航	• 网站首页 • 产品介绍 • 信息 • 畅销排行榜
次导航	• 关于我们 • 联系方式 • 意见建议
帐号	• 登录帐号 • 购物车
今日推荐	**今日推荐** 七星瓢虫图案4件套，采用超柔和进口面料，手感极其柔软，舒适。采用高支高密精梳纯棉织物作为面料，手感柔软舒适，经久耐用，多款图案风格能够和不同家居设计完美搭配。 缩水率以及退色率均符合国家检测标准，绿色环保。30度以下水温洗衣机弱洗，中性洗涤剂，中温熨烫。
最受欢迎	**最受欢迎** 九孔棉冬被选用优质涤纶面料，手感柔软、花型独特，填充料采用高科技的聚酯螺旋纤维精致而成，涤纤维细如发，弹性极强，且饱含空气，恒温性强，使您倍感轻软舒适。经特殊工艺加工后，长期保持松软如新，为您提供健康舒适的睡眠需要。
分类推荐	**分类推荐** 休闲款式，柔软富有弹性，舒服自然，飘逸聪颖。 棒球套装，柔软富有弹性，舒服自然，飘逸聪颖。 丝制面料，柔软富有弹性，舒服自然，飘逸聪颖。
搜索框	[ ] [查询商品]
产品分类	**产品分类** • 0-1岁玩具 • 2-3岁玩具 • 4-6岁玩具 • 0-1岁服装 • 2-3岁服装 • 4-6岁服装
特别提示	**特别提示** 特别提示特别提示特别提示特别提示
版权信息	网站首页 | 产品介绍 | 信息 | 畅销畅销榜 版权属于前沿科技 artech.cn

图 21.6 HTML 结构

```html
            <li ><a href="#"></a></li>
        </ul>

        <h2>今日推荐</h2>
            <a href="#"><img src="images/ex4.jpg" width="210" height="140"/></a>
            <p>七星瓢虫图案 4 件套，采用超柔和进口面料，手感极其柔软，舒适。采用高支高密精梳纯棉织物作为面料，手感柔软舒适，经久耐用，多款图案风格能够和不同家居设计完美搭配。</p>
            <p>缩水率以及退色率均符合国家检测标准，绿色环保。30 度以下水温洗衣机弱洗，中性洗涤剂，中温熨烫。</p>

        <h2>最受欢迎</h2>
            <a href="#"><img src="images/ex5.jpg" width="210" height="140"/></a>
            <p>九孔棉冬被选用优质涤纶面料，手感柔软、花型独特，填充料采用高科技的聚酯螺旋纤维精致而成，该纤维细如发，弹性极强。且饱含空气，恒温性强，使您倍感轻软舒适。经特殊工艺加工后，长期保持松软如新，为您提供健康舒适的睡眠需要。</p>

        <h2>分类推荐</h2>
            <ul>
                <li><a href="#"><img src="images/ex1.jpg" width="120" height="120"/></a>
                    <p>休闲款式，柔软富有弹性。舒服自然，飘逸聪颖。</p></li>
                <li><a href="#"><img src="images/ex2.jpg" width="120" height="120"/></a>
                    <p>棒球套装，柔软富有弹性。舒服自然，飘逸聪颖。</p></li>
                <li><a href="#"><img src="images/ex3.jpg" width="120" height="120"/></a>
                    <p>丝制面料，柔软富有弹性。舒服自然，飘逸聪颖。</p></li>
            </ul>

        <form><input name="" type="text" /><input name="" type="submit" value="查询商品" /></form>

        <h2>产品分类</h2>
            <ul>
                <li><a href="#">0-1 岁玩具</a></li>
                <li><a href="#">2-3 岁玩具</a></li>
                <li><a href="#">4-6 岁玩具</a></li>
                <li><a href="#">0-1 岁服装</a></li>
                <li><a href="#">2-3 岁服装</a></li>
                <li><a href="#">4-6 岁服装</a></li>
            </ul>

        <h2>特别提示</h2>
            <p>特别提示特别提示特别提示特别提示</p>

        <p><a href="#">网站首页</a> | <a href="#">产品介绍</a> | <a href="#">信息</a> | <a href="#">畅销畅销榜</a></p>
        <p>版权属于前沿科技 artech.cn</p>
```

```
</body>
```

可以看到，这些代码非常简单，使用的都是最基本的 HTML 标记，包括<h1>、<h2>、<p>、<ul>、<form>、<a>、<img>。这些标记都是具有一定含义的 HTML 标记，也就是表示一定的含义，例如<h1>表示这是 1 级标题，对于一个网页来说，这是最重要的内容，而在下面具体某一项内容，比如"今日推荐"中，标题则用<h2>标记，表示次一级的标题。实际上，这很类似于我们在 Word 软件中写文档，可以把文章的不同内容设置为不同的样式，比如"标题 1"、"标题 2"等。

而在代码中没有出现任何<div>标记。因为<div>是不具有语意的标记，在最初搭建 HTML 的时候，我们要考虑语义相关的内容，<div>这样的标记还远不到出场的时候。

此外，<ul>列表在代码中出现了多次，当有若干个项目并列时，<ul>是一个很好的选择。如果读者仔细研究一些做得很好的网页，都会发现很多<ul>标记，它可以使页面的逻辑关系非常清晰。

请读者仔细读一遍上面的代码，了解这个网页的基本结构。接下来我们就要考虑如何把它们合理地放置在页面上了。

21.4 原型设计

首先，在设计任何一个网页之前，都应该先有一个构思的过程，对网站的完整功能和内容进行全面的分析。如果有条件，应该制作出线框图，这个过程专业上称为"原型设计"，例如，在具体制作页面之前，我们就可以先设计一个如图 21.7 所示的网页原型。

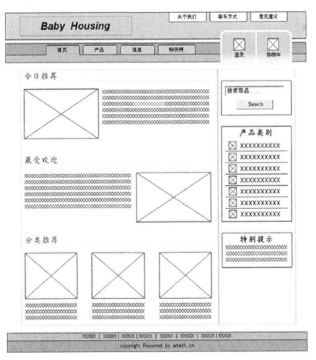

图 21.7 网站首页原型线框图

网页原型设计也是分步骤实现的。例如，首先可以考虑，把一个页面从上至下依次分为 3 个部分，如图 21.8 所示。

然后再将每个部分逐步细化，例如页头部分，如图 21.9 所示。

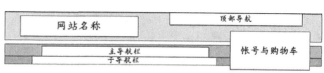

图 21.8　首先分为 3 个部分　　　　　　　图 21.9　页头部分的布局

中间的内容部分分为左右两列，如图 21.10 所示。

然后再进一步细化为图 21.11 所示的样子。

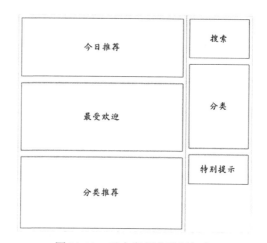

图 21.10　内容部分分为左右两列　　　　图 21.11　对内容部分进行细化

页脚部分比较简单，这里不再赘述，这时这 3 个部分可以组合在一起，这样就形成了图 21.7 所示的样子了。

作为演示，这里还制作了"产品信息"页面的原型框线图，如图 21.12 所示。

> **注意**　如果是为客户设计的网页，那么使用原型线框图与客户交流沟通是最合适的方式，既可以清晰地表明设计思路，又不用花费大量的绘制时间，因为原型设计阶段往往要经过反复修改，如果每次都使用完成以后的设计图交流，反复修改时就需要大量的时间和工作量，而且在设计的开始阶段，往往交流沟通的中心并不是设计的细节，而是功能、结构等策略性的问题，因此使用这种线框图是非常合适的。

第 21 章　网页布局综合案例——儿童用品网上商店

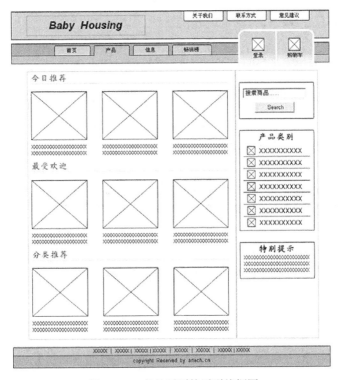

图 21.12　产品页面的原型线框图

这里向读者推荐一种绘制圆形线框图非常方便的软件——"Axure RP",这个软件是专门用来做原型设计的,而且可以方便地设计动态过程的原型,读者有兴趣可以实践一下。这个软件的网址是 http://www.axure.com/。图 21.13 所示的是使用 Axure RP 软件进行原型设计的操作界面。这个软件目前没有中文版。

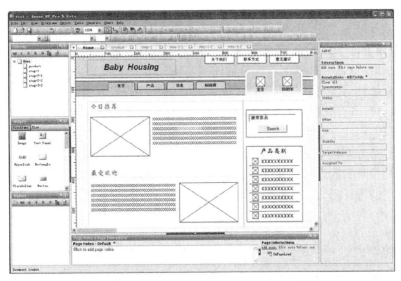

图 21.13　使用 Axure RP 软件进行网站原型设计

如果没有 Axure RP 这样的软件,普通的绘图软件,例如微软公司的 Visio,Adobe 公司的 Fireworks、Photoshop 等软件，都可以胜任。

21.5 页面方案设计

接下来的任务就是根据原型线框图，在 Photoshop 或者 Fireworks 软件中设计真正的页面方案了。具体使用哪种软件，可以根据个人的习惯，对于网页设计来说，推荐使用 Fireworks，它有更方便的矢量绘制功能。图 21.14 所示的就是在 Fireworks 中设计的页面方案。

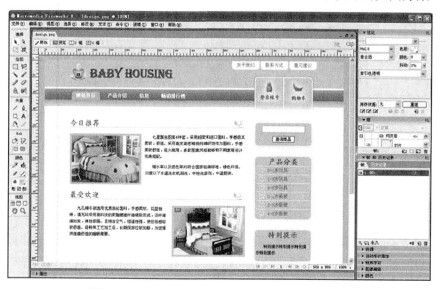

图 21.14　在 Fireworks 软件中完成页面方案的设计

由于本书篇幅限制，因此关于如何使用 Fireworks 绘制完整的页面方案就不再详细介绍了，如果读者对美工软件还不熟悉，可以参考本书光盘中的"网页设计与制作中的美工基础.pdf"文件的内容，掌握一些 Fireworks 软件的基本用法。如果希望更深入学习，可以参考《精通 Fireworks 8》这本书，里面有大量的详细案例，供大家参考。

这一步的设计核心任务是美术设计，通俗地说就是要让页面更美观、更漂亮。在一些比较大规模的项目中，通常都会有专业的美工参与，这一步就是美工的任务了。而对于一些小规模的项目，可能往往没有很明确的分工，一人身兼数职。没有很强美术功底的人要设计出漂亮的页面并不是一件很容易的事情，因为美术的素养不像很多技术，可以在短期内提高，往往都需要比较长时间的学习和熏陶，才能到达一个比较高的水准。

就网页美工的设计而言，实际上最核心的一点就是配色了。这也是很难用几条规则能够概括的，即使能够归纳出几条规则，比如协调、对比等，对于初学者也是很难实际操作的。因此这里给初学者一些建议，这些建议的作用不一定能做出非常精彩的效果，但是至少可以使设计出来的页面不会太差。

在使用颜色时，多少种合适呢？如果一个网页仅使用一种或两种颜色，对于一些大师来说，也可以做出非常好的效果，而对于普通初学者就感觉单调了一些。那么 3 种呢？实际上对于初学者，3 种颜色就已经显得太多了，因为 3 种颜色的组合已经足以产生大量非常不好的颜色搭配。如果我们对此没有足够的经验，就有可能设计出不好看的方案。因此，越是初学者，使用多种颜色的风险会越大。

那么怎么办呢？一个比较安全的方法是使用"两种半颜色"，也就是先为一个网页选择两种颜色，这两种颜色的反差要大一些，比如这里选择是蓝色和土黄色。然后，再把其中的一种颜色分出深浅两种的颜色，比如这里将蓝色分为浅蓝和深蓝。这样一共得到了看起来是 3 种，实际上是两种颜色的组合，如图 21.15 所示，那么在整个页面中，就不再出现其他颜色了。当然如果页面中使用了照片，其中的颜色不在这 3 种颜色的范围内。

图 21.15　设定的页面"调色板"

在关于色彩的科学理论中，颜色有 3 个要素，称为"色相"（也称为色调）、"亮度"（也称为明度）和"饱和度"。

- 色相就是表示颜色的种类，比如红色还是绿色，就是说的一种颜色的"色相"。
- 亮度表示的是一种颜色的深浅，比如浅蓝要比深蓝"亮度"高一些。
- 饱和度表示的一种颜色的纯度，越是鲜艳的颜色，饱和度越高，把一幅彩色照片的饱和度逐渐降低，最终就会变成黑白照片。

这里讲解颜色的三要素，目的是告诉读者，如果两种颜色的某两个要素值固定不变，而另一种要素的值变化，那么产生的颜色通常是协调的。例如，在调色板中，选定一种颜色以后，调整右侧的黑色三角的位置，得到颜色就是色相和饱和度相同，而亮度不同的颜色，这样得到的新颜色和原来的颜色通常是协调的。

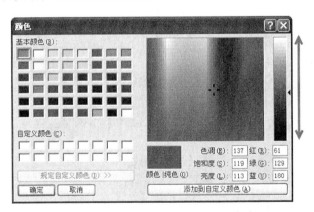

图 21.16　在颜色设定面板中选择颜色

例如图 21.17 中的两种颜色也是浅蓝和深蓝，但是由于它们的色相不同，因此放在一起并不协调。而图 21.18 中的深蓝和浅蓝则是同色相下的不同亮度的两种蓝色，它们配合在一起就是协调的组合。试想如果用图 21.17 中这两种蓝色代替图 21.14 中的两种蓝色，效果就要差多了。

图 21.17　两种蓝色色相不同

图 21.18　两种蓝色色相相同

同理,在确定这"两种半"颜色中的两种基本色(蓝、黄)时,也可以遵循相同亮度和饱和度,变化色相的原则来选取。

现在观察图 21.19 中的效果,可以看到各种元素都是在使用图 21.15 中的 3 种颜色:
- 页头大面积使用浅蓝色;
- 主导航栏用深蓝色和黄色;
- 标题使用深蓝色;
- 侧边栏使用浅蓝色;
- 页脚的配色与导航栏呼应;
- 此外,在一些装饰性的位置使用了少量的黄色。

我们可以把这种简单的方法称为"两种半颜色配色法",这样整个页面的效果就非常容易达到协调的标准了。尽管它不像有的网页那样非常抢眼,但是整体效果有足够的整体感和专业水准。这种效果对于大多数非美术专业出身的人也是完全可以做到的。

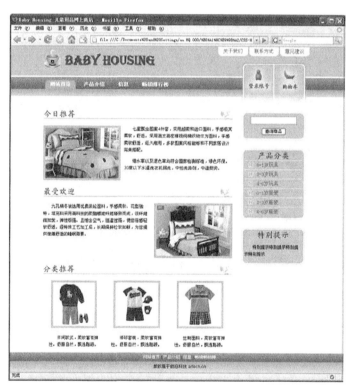

图 21.19　使用了"两种半"配色法设计的页面

至于如何选择这"两种半"最基本的颜色呢?实际上很简单,随时可以观察生活中的例子,比如时尚杂志、广告、大商场的橱窗、悬挂的宣传海报等。但是要注意一点,先判断一下这个样板的品味和档次是否足够,比如当你看到路边的一个小吃店的招牌,最好不要学习它的配色,因为小店老板的审美眼光很可能还不如你。此外,就是去学习一些好的网站,看看有些什么可以借鉴的东西。总之,配色等一些纯美术的因素,或者请专业人士参与,或者慢慢学习提高,短期内有明显的提高是比较难的。

本书由于篇幅和内容的限制，不再深入探讨配色等问题了。在页面方案设计好之后，就要考虑如何把设计方案实际转化为一个网页了。我们接下来就要详细介绍具体的操作步骤了。

21.6 布局设计

在这一步中，任务是把各种元素放到适当的位置，而暂时不用涉及非常细节的因素。

21.6.1 整体样式设计

首先对整个页面的共有属性进行一些设置，例如对字体、margin、padding 等属性都进行初始设置，以保证这些内容在各个浏览器中有相同表现。

```
body{
    margin:0;
    padding:0;
    background: white url('images/header-background.png') repeat-x;
    font:12px/1.6 arial;
}
ul{
    margin:0;
    padding:0;
    list-style:none;
}
a{
    text-decoration:none;
    color:#3D81B4;
}
p{
    text-indent:2em;
}
```

在 body 中设置了水平背景图像，这个图像可以很方便地在设计方案图中获得，如果使用 Fireworks 软件，可以切出左侧的一个竖条。实际上可以切很细，减小文件的大小，如图 21.20 所示。关于设置切片的方法可以参考本书"附录 B"中的讲解。

图 21.20　在 Fireworks 中进行切片

在 CSS 中，使这个背景图像水平方向平铺就可以产生宽度自动延伸的背景效果了，如图 21.21 所示。

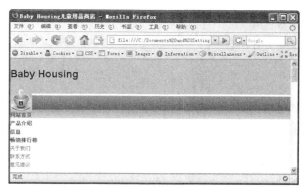

图 21.21　平铺背景图像

21.6.2　页头部分

下面开始对页头部分的设计进行讲解。现在我们手中一共有 3 种备用资源："HTML 代码"、"原型线框图"和"设计方案图"。首先我们来根据原型线框图中设定的各个部分，对 HTML 进行加工，代码如下，粗体的内容是在原 HTML 代码的基础上新增加的内容。

```html
<div class="header">
<h1>Baby Housing</h1>
<div class="logo"><img src="images/logo.gif" /></div>
<ul class="mainNavigation">
    <li class="current"><a href="#"><strong>网站首页</strong></a></li>
    <li><a href="#"><strong>产品介绍</strong></a></li>
    <li><a href="#"><strong>信息</strong></a></li>
    <li><a href="#"><strong>畅销排行榜</strong></a></li>
</ul>
<ul  class="topNavigation">
    <li><a href="#"><span>关于我们</span></a></li>
    <li><a href="#"><span>联系方式</span></a></li>
    <li><a href="#"><span>意见建议</span></a></li>
</ul>
<ul  class="accountBox">
    <li ><a href="#" class="login">登录账号</a></li>
    <li ><a href="#" class="cart">购物车</a></li></ul>
</div>
```

和前面的代码相比，增加的代码用粗体表示，可以看到增加了如下一些设置。

- 将整个 header 部分放入一个 div 中，为该 div 设定类别名称为"header"。
- 将标志图像放入一个 div 中，为该 div 设定类别名称为"logo"。
- 为主导航栏的列表设定类别名称为"mainNavigation"。
- 为主导航栏的第一个项目设定类别名称为"current"。
- 为公司介绍的链接列表设定类别名称为"topNavigation"。
- 为登录和购物车链接列表设定类别名称为"accountBox"。

当然仅仅增加这些 div 和类别名称的设定还不能真正起到效果，还必须要设定相应的 CSS 样式。

为了正确观察，先临时给 div、ul 和 h1 增加一个红色的边框，这样可以帮助我们确定各

个元素是否放置到了适当的位置,代码如下:

```
.header div,
.header ul,
.header h1
{
    border:1px red solid;
}
```

然后为整个页头部分设置样式,这里设置了代码如下:

```
.header{
    position:relative;
    width:760px;
    height:138px;
    margin:0 auto;
    font:14px/1.6 arial;
}
```

header 部分的代码中,将 position 属性设置为 relative,目的是使后面的子元素使用绝对定位时,以页头而不是浏览器窗口为定位基准。然后设定了宽度、高度和水平居中对齐,以及字体样式。

然后设置 h1 标题,将 margin 设置为 0,也避免干扰其他元素的定位。

```
.header h1{
    margin:0;
}
```

接着将标志图片所在的 div 设置为绝对定位。

```
.header .logo{
    position:absolute;
    top:10px;
    left:0px;
}
```

接着将次导航的列表设置为绝对定位,右上角对齐到 header 的右上角。

```
.header .topNavigation{
    position:absolute;
    top:0;
    right:0;
}
```

接着将次导航的列表项目设置为左浮动,从而使它们水平排列,并使得项目之间有一定的间隔。

```
.header .topNavigation li{
    float:left;
    padding:0 2px;
}
```

同样,将主导航的列表设置为绝对定位,并定位到适当的位置。

```
.header .mainNavigation{
    position:absolute;
    color:white;
    top:88px;
    left:0;
}
```

接着将主导航的列表项目设置为左浮动,从而使它们水平排列,并使得项目之间有一定的间隔。

```
.header .mainNavigation li{
    float:left;
    padding:5px;
}
```

由于主导航的背景颜色比较深，因此把其中的连接文字颜色变为白色，这样看起来更清晰。

```
.header .mainNavigation li a{
    color:white;
}
```

接着将账号 div 的列表设置为绝对定位，并放到右侧适当位置。

```
.header .accountBox{
    position:absolute;
    top:44px;
    right:10px;
}
```

接着将账号 div 的列表项目设置为左浮动，从而使它们水平排列，并使得项目之间有一定的间隔。

```
.header .accountBox li{
    float:left;
    top:0;
    right:0;
    width:93px;
    height:110px;
    text-align:center;
}
```

这时的效果如图 21.22 所示，可以看到各个部分基本上已经按照原型设计的要求放到了适当的位置，当然还有许多具体设置需要细化，但是从布局的角度来说，已经实现了原型设计的要求。

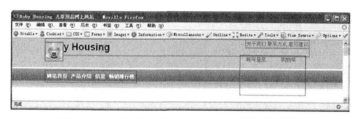

图 21.22　页头中的各个部分放置到适当的位置

21.6.3　内容部分

在原型线框图中，内容部分分为了左右两列，下面首先对 HTML 进行改造，然后设置相应的 CSS 代码，实现左右分栏的要求。代码如下，蓝色粗体内容为新增代码。

```
<div class="content">
    <div class="mainContent">
        <div class="recommendation">
            <h2>今日推荐</h2>
            <a href="#"><img src="images/ex4.jpg" width="210" height="140"/></a>
            <p>七星瓢虫图案 4 件套，采用超柔……不同家居设计完美搭配。</p>
            <p>缩水率以及退色率均符合国家检……中性洗涤剂，中温熨烫。　</p>
```

```html
        </div>
        <div class="recommendation">
            <h2>最受欢迎</h2>
            <a href="#"><img src="images/ex5.jpg" width="210" height="140"/></a>
            <p>九孔棉冬被选用优质涤纶面料,……健康舒适的睡眠需要。</p>
        </div>
        <div class="recommendation ">
            <h2>分类推荐</h2>
            <ul>
                <li><a href="#"><img src="images/ex1.jpg" width="120" height="120"/></a>
                    <p>休闲款式,柔软富有弹性。舒服自然,飘逸聪颖。</p></li>
                <li><a href="#"><img src="images/ex2.jpg" width="120" height="120"/></a>
                    <p>棒球套装,柔软富有弹性。舒服自然,飘逸聪颖。</p></li>
                <li><a href="#"><img src="images/ex3.jpg" width="120" height="120"/></a>
                    <p>丝制面料,柔软富有弹性。舒服自然,飘逸聪颖。</p></li>
            </ul>
        </div>
    </div>
    <div class="sideBar">
        <div class="searchBox">
            <span>
                <form><input name="" type="text" /><input name="" type="submit" value="查询商品" /></form>
            </span>
        </div>
        <div class="menuBox">
            <h2>产品分类</h2>
            <ul>
                <li><a href="#">0-1 岁玩具</a></li>
                <li><a href="#">2-3 岁玩具</a></li>
                <li><a href="#">4-6 岁玩具</a></li>
                <li><a href="#">0-1 岁服装</a></li>
                <li><a href="#">2-3 岁服装</a></li>
                <li><a href="#">4-6 岁服装</a></li>
            </ul>
        </div>
        <div class="extraBox">
            <h2>特别提示</h2>
            <p>特别提示特别提示特别提示特别提示</p>
        </div>
    </div>
</div>
```

接下来进行布局设置,代码如下。有了前面关于布局章节的基础,实现固定宽度的两列布局是非常简单的。

```css
.content{
    width:760px;
```

```
    margin:0 auto;
}

.mainContent{
    float:left;
    width:540px;
}

.sideBar{
    float:right;
    width:186px;
    margin-right:10px;
    margin-top:20px;
    display:inline;/*For IE 6 bug*/
}

.content div{
    border:1px green solid;
}
```

外层的 content 这个 div 宽度固定为 760 像素，居中对齐。里面的两列分别为 mainContent 和 sideBar，二者都设定固定宽度，并分别向左右浮动，从而形成两列并排的布局形式。

最后为 content 中的所有 div 设置绿色边框，它们的作用是临时的，用来查看它们的位置，将来在细节设置的时候，将这条样式去掉就可以了。此时的效果如图 21.23 所示。

图 21.23　内容部分的两列布局

可以看到，这时内容区域已经实现了左右两列布局，同样样式的细节还没有设置完成，但是作为初步的布局设计，到这里就可以了。

21.6.4 页脚部分

最后设置页脚部分，这里就不赘述了。为页脚增加一个 div，并将其类别名称设置为"footer"。

```
<div class="footer">
    <p class="p1"><a href="#">网站首页</a> | <a href="#">产品介绍</a> |
<a href="#">信息</a> | <a href="#">畅销畅销榜</a></p>
    <p class="p2">版权属于前沿科技 artech.cn</p>
</div>
```

设置相应的 CSS 样式如下。

```
.footer{
    clear:both;
    height:53px;
    margin:0;
    background:transparent url('images/footer-background.png') repeat-x;
    text-indent:0px;
    text-align:center;
}
```

这里要特别注意不要忘记设定"clear"属性，以保证页脚内容在页面的下端。此外，这里也同样通过背景图像设置页脚的背景，效果如图 21.24 所示。

图 21.24　页脚部分

至此，布局设计就完成了。用前面章节的术语，这是一个典型的固定宽度的"1-2-1"布局。希望读者能够举一反三，把前面介绍的各种布局方式都能灵活地运用在实际工作中。

21.7 细节设计

大的布局设计完成以后，就要开始对细节进行设计了。从上面的各个步骤可以体会出，整个设计过程是按照从内容到形式，逐步细化的思想来进行的。

21.7.1 页头部分

下面首先对页头部分进行细节的设置。在 Fireworks 中，把需要的部分切割出来，如图 21.25 所示。

图 21.25　在 Fireworks 中切图

首先，进行 h1 标题的图像替换，由 Fireworks 软件生成的标题图像如图 21.26 所示。

图 21.26　用于替换 h1 标题的图像

为页头部分的 h1 标题设置 CSS 样式。关于图像替换的含义和作用请参考本书前面的 13.6 节。这里设置的代码如下

```
.header h1{
    background: url('images/title.png') no-repeat bottom left;
    height:63px;
    margin:0;
    margin-left:40px;
}
```

这里设置的高度就是背景图像的高度，这时的效果如图 21.27 所示。

图 21.27　h1 标题设定背景图像

可以看到图像已经出现在正确的位置，但是原来的标题文字还在上面，这时为了隐藏原来的文字，在 HTML 中为文字套一层 span，代码如下：

```
<h1><span>Baby Housing</span></h1>
```

然后在 CSS 中通过 display 属性将它隐藏起来，代码如下：

```
.header h1 span{
    display:none;
}
```

这时的效果如图 21.28 所示。可以看到 h1 标题已经设置完成了。

下面设置账号区的样式，从 Fireworks 中生成两个图像分别如图 21.29 左图和右图所示。接下来要对相应的 HTML 作一些修改，代码如下：

```
<ul class="accountBox">
    <li ><a href="#" class="login"><span>登录账号</span></a></li>
    <li ><a href="#" class="cart"><span>购物车</span></a></li>
</ul>
```

第 21 章　网页布局综合案例——儿童用品网上商店

图 21.28　隐藏原来的 h1 标题文字

图 21.29　制作背景图像

对两个链接分别设置了类别名称，以便分别设置 CSS 样式，同时在文字的外面套上 <span> 标记，目的和上面的 h1 标题相同，也是为了隐藏文字。

接着设定 CSS 样式。整体设置代码如下：

```css
.header .accountBox{
    position:absolute;
    top:44px;
    right:10px;
}

.header .accountBox li{
    float:left;
    width:93px;
    height:110px;
}
```

将文字隐藏，代码如下：

```css
.header .accountBox span{
    display:none;
}
```

下面对链接进行设置。设置链接的 display 属性为 block，即将链接由行内元素变为块级元素，以使得鼠标指针进入图像范围即可触发链接。代码如下：

```css
.header .accountBox a{
    display:block;
    height:110px;
    width:93px;
    float:left;        /* 解决 IE 6 的错误 */
}
```

此时要注意，上面代码中的最后一条是为了解决在 IE 6 中，即使设置了块级元素，仍不能在图像范围内触发链接的错误。

接下来，分别针对"账号登录"和"购物车"设置各自的背景图像。

```css
.header .accountBox .login{
    background:transparent url('images/account-left.jpg') no-repeat;
}

.header .accountBox .cart{
    background:transparent url('images/account-right.jpg') no-repeat;
}
```

设置完成后的效果如图 21.30 所示。

接下来设置位于右上角的次导航栏。为了实现圆角的菜单项效果，同时可以适应不同宽度的菜单项,这里自然要使用"滑动门"来实现。为了实现滑动门,就需要为文字再增加一个<span>标记,以使得<a>标记和<span>分别设置左右侧的背景图像。

图 21.30　登录区设置完毕

如果对滑动门技术还不熟悉,请读者仔细阅读本书第 17 章,特别是第 17.8 节的内容。HTML 代码如下:

```
<ul class="topNavigation">
    <li><a href="#"><span>关于我们</span></a></li>
    <li><a href="#"><span>联系方式</span></a></li>
    <li><a href="#"><span>意见建议</span></a></li>
</ul>
```

接下来准备背景图像,这时可以从 Fireworks 中切图后,再把图像加宽一些,因为滑动门所需要的圆角背景图像要比菜单项宽一些,这样可以适用于更宽的菜单项,如图 21.31 所示。

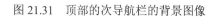

图 21.31　顶部的次导航栏的背景图像

> **注意**　图中为图像增加了一个黑色边框,这是为了使这个图像印刷在白纸上,读者能够了解其边界,实际制作时不要增加边框。

接下来设置相应的 CSS 样式。次导航栏的整体样式代码如下。

```css
.header .topNavigation{
    position:absolute;
    top:0;
    right:0;
}

.header .topNavigation li{
    float:left;
    padding:0 2px;
}
```

接着设置链接元素的样式,代码如下:

```css
.header .topNavigation a{
    display:block;
    line-height:25px;
    padding:0 0 0 14px;
    background: url('images/top-navi-white.gif') no-repeat;
    float:left;   /*For IE 6 bug*/
}
```

上面代码中的要点是将 a 元素由行内元素变为块级元素,设置行高的目的是使文字能竖直方向居中显示，设置左侧的 padding 为 14 像素，可以保证露出左侧的圆角，将上面做好的图像设置为 a 元素的背景图像。最后一条仍然是为了消除 IE 6 浏览器的错误。

接下来，设置 a 元素里面的 span 元素的样式，与对 a 元素的设置十分类似，代码如下。

```
.header .topNavigation a span{
    display:block;
    padding:0 14px 0 0;
    background: url('images/top-navi-white.gif') no-repeat right;
}
```

将 span 元素由行内元素变为块级元素，然后将右侧的 padding 设置为 14 像素，这样可以露出右侧的圆角。此外，为 span 元素设置背景图像，使用的是和 a 元素相同的背景图像，区别是从右端开始显示，这样就会露出右端的圆角了。

设置完成后，页面效果如图 21.32 所示。

图 21.32　次导航栏设置完毕

接下来设置页头中的最后一个部分，即主导航栏。它和顶部的次导航栏原理完全相同。同样，先准备好一个背景图像，左上角和右上角形状为圆角，如图 21.33 所示。

图 21.33　主导航栏的背景图像

主导航栏的 HTML 代码如下。

```
<ul class="mainNavigation">
    <li class="current"><a href="#"><strong>网站首页</strong></a></li>
    <li><a href="#"><strong>产品介绍</strong></a></li>
    <li><a href="#"><strong>信息</strong></a></li>
    <li><a href="#"><strong>畅销排行榜</strong></a></li>
</ul>
```

可以看到，文字外面没有套一层<span>标记，而是套了一层<strong>标记。<strong>标记是有具体含义的，它表示"突出重点"，显示时会以粗体显示，这样使用这个标记，就可以承担起滑动门的作用了，因此不需要再套一层 span 标记。

另一个与顶部导航栏的区别是，这里我们希望只有表示当前页的菜单项有圆角背景，而其他菜单项则没有背景图像。因此，可以针对"current"类别的项目进行设置。

首先对主导航栏的整体进行设置，代码如下：

```
.header .mainNavigation{
    position:absolute;
    color:white;
    top:88px;
```

```
   left:0;
}
.header .mainNavigation li{
   float:left;
   padding:5px;
}
```

然后对 a 元素进行设置，代码如下。

```
.header .mainNavigation a{
   display:block;
   line-height:25px;
   padding:0 0 0 14px;
   color:white;
   float:left;   /*For IE 6 bug*/
}
```

对 strong 元素进行设置，代码如下。

```
.header .mainNavigation a strong{
   display:block;
   padding:0 14px 0 0;
}
```

接下来分别对"current"类别的 li 中的 a 元素和 strong 元素设置背景图像，代码如下。

```
.header .mainNavigation .current a{
   background:transparent url('images/main-navi.gif') no-repeat;
}
.header .mainNavigation .current a strong{
   background:transparent url('images/main-navi.gif') no-repeat right;
}
```

这时的页面效果如图 21.34 所示。

图 21.34 主导航栏设置完毕

为了测验一下滑动门是否正确，即菜单是否能够适应文字宽度，可以同时将宽度不同的菜单项临时设置为"current"类别，例如将右侧的两项临时设置为"current"类别，效果如图 21.35 所示。

图 21.35 测试不同宽度的菜单项

可以看到，现在效果是正确的。无论菜单文字是两个字（"信息"）还是 5 个字（"畅销排行榜"），圆角背景都能正确显示。

这时就可以把临时在设计过程中确认范围的红色线框去掉了，效果如图 21.36 所示。

图 21.36　整个页头部分设置完毕

21.7.2　内容部分

到这里页头部分的视觉细节设计就完成了。下面开始设计中间的内容区域。前面已经完成了基本的布局设计，现在就在此基础上继续细化视觉设计。

> **建议**　在开始动手之前，请读者复习一下前面的布局代码，以熟悉其基本结构。

首先为展示的图片设置边框样式，这样可以使图像看起来更精致。代码如下：

```
.content a img{
    padding:5px;
    background:#BDD6E8;
    border:1px #DEAF50  solid;
}
```

这时内容区域中的图像增加了一个边框，如图 21.37 所示，整个页面中一共 5 个图像都会有这个效果了。

图 21.37　给图像设置边框效果

21.7.3　左侧的主要内容列

接下来就要对左列（"主要内容"）进行设置，从最终的效果中可以看到，左侧列分为上中下 3 个部分。它们都各有特点：

- 上面的"今日推荐"栏目中，图像居左，文字居右；

- 中间的"最受欢迎"栏目中,图像居右,文字居左;
- 下面的"分类推荐"中,内容又分为 3 列,每一列中图像居上,文字居下。

因此,我们可以考虑为这 3 种栏目分别设置一个类别,代码如下:

```html
<div class="mainContent">
    <div class="recommendation img-left">
        <h2>今日推荐</h2>
        <a href="#"><img src="images/ex4.jpg" width="210" height="140"/></a>
        <p>七星瓢虫图案 4 件套,……家居设计完美搭配。</p>
        <p>缩水率以及退色率均符……中性洗涤剂,中温熨烫。 </p>
    </div>
    <div class="recommendation img-right">
        <h2>最受欢迎</h2>
        <a href="#"><img src="images/ex5.jpg" width="210" height="140"/></a>
        <p>九孔棉冬被选用优质涤……舒适的睡眠需要。 </p>
    </div>
    <div class="recommendation multiColumn">
        <h2>分类推荐</h2>
        <ul>
            <li>
                <a href="#"><img src="images/ex1.jpg" width="120" height="120"/></a>
                <p>休闲款式,柔软富有弹性。舒服自然,飘逸聪颖。</p>
            </li>
            <li>
                <a href="#"><img src="images/ex2.jpg" width="120" height="120"/></a>
                <p>棒球套装,柔软富有弹性。舒服自然,飘逸聪颖。</p>
            </li>
            <li>
                <a href="#"><img src="images/ex3.jpg" width="120" height="120"/></a>
                <p>丝制面料,柔软富有弹性。舒服自然,飘逸聪颖。</p>
            </li>
        </ul>
    </div>
</div>
```

可以看到,3 种栏目分别增加了一个类别名称,依次为"img-left"、"img-rignt"和"multiColumn"。

下面就开始设定样式,首先对整体设置,代码如下。

```css
.mainContent{
    float:left;
    width:540px;
}
```

上述代码设定了左列(主要内容)的宽度,并设置为向左浮动。此外,从最终效果可以看出,左列中的 3 个部分,内容的图像使用了浮动,这样要避免下面的 div 受到上面 div 的浮动影响,因此需要设置 clear 属性。代码如下:

```css
.recommendation{
    clear:both;
}
```

接下来，就针对"img-left"、"img-rignt"和"multiColumn"这3种不同的展示形式分别设置相应的 CSS 样式。

对于"img-left"，即图像居左的栏目，要使里面的图像向左浮动，并使图像和文字之间间隔 10 像素，代码如下。

```
.img-left img{
    float:left;
    margin-right:10px;
}
```

对于"img-rignt"，即图像居右的栏目，要使里面的图像向右浮动，也使图像和文字之间间隔 10 像素，代码如下。

```
.img-right img{
    float:right;
    margin-left:10px;
}
```

对于"multiColumn"，即分为 3 列的栏目，要设定每一个列表项目的固定宽度，然后使用浮动排列方式，代码如下。

```
.multiColumn li{
    float:left;
    width:160px;
    margin:0 10px;
    text-align:center;
    display:inline; /*For IE 6 bugs*/
}
```

这里需要注意，使用 margin 属性设置项目之间的空白时，在 IE 6 浏览器中，会遇到双倍 margin 的错误，也就是说，在 IE 6 中如果给一个浮动的盒子设置了水平 margin，那么显示出来的 margin 是设定值的两倍。解决这个错误的方法是将它的 display 属性设置为 inline，就像上面代码中显示的那样。

可以看到，这时的效果如图 21.38 所示，下面的三列布局中，最右边的一列被顶到第 2 行，是因为我们临时增加的绿色边框导致的，把绿色线框去掉以后，就会正常显示了。

接下来，我们对左侧中列的 h2 标题的样式再做一些设置，使它显得更精致一些。代码如下：

```
.recommendation h2{
    padding-top:20px;
    color:#069;
    border-bottom:1px #DEAF50 solid;
    font:bold 22px/24px 楷体_GB2312;
    background:transparent url('images/rose.png') no-repeat bottom right;
}
```

在上面的代码中，主要设置了字体、颜色，增加了下边线，以及右端的一个装饰花的图像。然后再将"分类推荐"栏目中的文字和图像之间的距离微调一下。代码如下：

```
.multiColumn li p{
    margin:0 0 10px 0;
}
```

这时的效果如图 21.39 所示，注意此时已经去掉了临时增加的绿色框线。

至此，左侧列的设计就完成了。接下来对右边栏进行设置。

图 21.38 设置了浮动后的效果

图 21.39 设置了 h2 标题后的效果

21.7.4 右边栏

接下来实现右边栏的样式设计,要点是一组圆角框的实现方法。

1. 实现圆角框

先来实现圆角框的效果。首先在 Fireworks 软件中,生成如图 21.40 所示的两个图像,它们的宽度一致,实际上就是先制作一个完整的圆角矩形,然后切成上下两个部分。

图 21.40　制作圆角框所需的背景图像

接下来改造 HTML 代码。右边栏中包括了 3 个部分："搜索框"、"产品分类"和"特别信息"。每个部分都需要放在一个圆角框中。因此，为每一个部分增加<div>标记，并设置各自的类别名称。

此外，为了使圆角框能够灵活地适应内容的长度，自动伸缩，这里仍然需要使用"滑动门"技术，与上面制作导航菜单很类似，区别是向下滑动，而不是左右滑动。为了设置滑动门，我们再为每一个部分增加一层<span>标记。代码如下：

```html
<div class="sideBar">
    <div class="searchBox">
       <span>
          <form>
             <input name="" type="text" />
             <input name="" type="submit" value="查询商品" />
          </form>
       </span>
    </div>
    <div class="menuBox">
       <span>
       <h2>产品分类</h2>
       <ul>
           <li><a href="#">0-1 岁玩具</a></li>
           <li><a href="#">2-3 岁玩具</a></li>
           <li><a href="#">4-6 岁玩具</a></li>
           <li><a href="#">0-1 岁服装</a></li>
           <li><a href="#">2-3 岁服装</a></li>
           <li><a href="#">4-6 岁服装</a></li>
       </ul>
       </span>
    </div>
    <div class="extraBox">
    <span>
        <h2>特别提示</h2>
        <p>特别提示特别提示特别提示特别提示</p>
    </span>
    </div>
</div>
```

下面开始设置 CSS 样式，首先设置侧边栏的整体样式。

```css
.sideBar{
    float:right;
    width:186px;
    margin-right:10px;
    margin-top:20px;
    display:inline; /*For IE 6 bug*/
}

.sideBar div{
    margin-top:20px;
    background:transparent url('images/sidebox-bottom.png') no-repeat bottom;
}

.sideBar div span{
    display:block;
    background:transparent url('images/sidebox-top.png') no-repeat;
    padding:10px;
}
```

上面的代码实际上很简单，就是 div 元素和 span 元素，分别设定一个背景元素。这里 div 元素使用的是高的背景图像，span 元素使用的是矮的背景图像，因为 span 在 div 里面，所以 span 的背景图像在 div 的背景图像的上面，因此它就遮盖住了顶部，从而实现了圆角框的效果。这时的效果如图 21.41 所示。

图 21.41　侧边栏中设置圆角框后的效果

这样圆角框已经实现了，但是圆角框内部的内容还没有详细设置。

2．圆角框内部样式

接下来就是具体设置每一个圆角框中的样式了。首先对侧边栏中的 h2 标题进行统一设置，代码如下：

```css
.sideBar h2{
    margin:0px;
```

```
    font:bold 22px/24px 楷体_GB2312;
    color:#069;
    text-align:center;
}
```

然后对搜索框进行设置，使文本输入框和按钮都居中对齐，并设置间距。代码如下：

```
.sideBar .searchBox{
    text-align:center;
}

.sideBar input{
    margin:5px 0;
}
```

然后设置分类目录的列表样式。

```
.sideBar .menuBox li{
    font:14px 宋体;
    height:25px;
    line-height:25px;
    border-top:1px white solid;
}

.sideBar .menuBox li a{
    display:block;
    padding-left:35px;
    background:transparent url('images/menu-bullet.png') no-repeat 10px center;
    height:25px;
}
```

这时效果如图 21.42 所示。

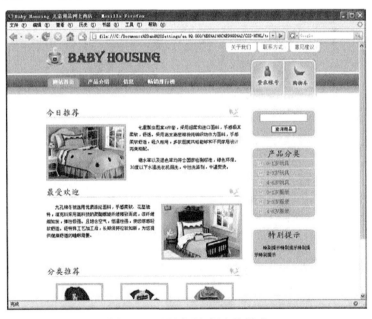

图 21.42　设置圆角框内的样式

请读者注意侧边栏中"产品分类"列表的效果，每一个列表项目的左端有一个蝴蝶形状的装饰图，希望读者能够知道这是如何产生的。

到这里，整个页面的视觉设计就完成了。最后的页脚部分非常简单，这里就不再赘述了，请读者自己完成。

读者可以发现，在这个过程中我们在反复运用一些方法，比如滑动门、列表等，只是它们在不同的地方产生了不同的效果。因此，建议读者一定要把一些基本的方法掌握得非常熟练，这样才能灵活地运用在各个需要的地方。

21.8 CSS 布局的优点

做到这里，读者可能还没有完全意识到使用这种 CSS 进行布局的优点。这种布局方式的最大优点是非常灵活，可以方便地扩展和调整。例如，当网站随着业务的发展，需要在页面中增加一些内容，那么不需要修改 CSS 样式，只需要简单地在 HTML 中增加相应的模块就可以了。

如图 21.43 所示的就是对页面扩展了内容以后的效果，在"主要内容"部分增加了"特色促销"和"优中选优"两个模块，在右侧栏中增加了"送货服务"和"热门信息"两个模块。在前面的页面基础上，增加这些内容只需要几分钟的时间就可以完成了。

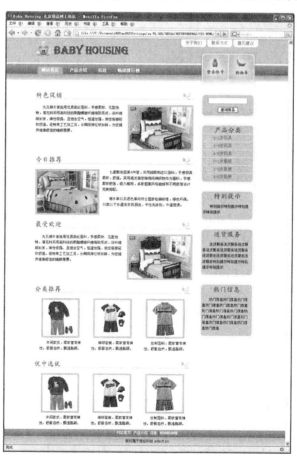

图 21.43　方便灵活地增加网页中的内容

不但如此，充分设计合理的页面可以非常灵活地修改样式，例如，只需要将两列布局的浮动方向交换，就可以立即得到一个新的页面，如图 21.44 所示，可以看到左右两列交换了位置。

图 21.44　方便地调换左右两列的位置

试想如果没有从一开始就有良好的结构设计，那么稍微修改一下内容都是非常复杂的事情。如果读者曾经使用表格进行页面布局，就会发现这类布局的优点，对于表格布局的网页，都是不可想象的。

21.9　交互效果设计

接下来我们进行一些交互性的动态设计，这里主要是为网页元素增加鼠标指针经过时的效果。如图 21.45 所示，在鼠标指针经过主导航栏和次导航栏的时候，相应的菜单项会发生变化，鼠标经过"登录账号"或者"购物车"图像时，颜色也会变浅，这都是为了提示用户所进行的选择。

图 21.45　设置不同位置的鼠标指针经过效果

21.9.1　次导航栏

为次导航栏增加鼠标指针经过效果，首先准备一个和原背景图像的形状相同，只是把白色改为黄色的新图像，如图 21.46 所示。

然后为链接元素增加":hover"伪类别，在其中更换背景图像，同时更换"a:hover"包含的 span 元素的背景图像。此外适当修改文字的颜色。代码如下：

图 21.46　次导航栏中鼠标指针经过时的背景图像

```
.header .topNavigation a:hover{
    color:white;
    background:transparent url('images/top-navi-hover.gif') no-repeat;
}

.header .topNavigation a:hover span{
    background:transparent url('images/top-navi-hover.gif') no-repeat right;
}
```

21.9.2　主导航栏

主导航栏的做法和次导航栏一样，准备背景图像，如图 21.47 所示。

图 21.47　主导航栏中鼠标指针经过时的背景图像

然后为链接元素增加":hover"伪类别，在其中更换背景图像，同时更换"a:hover"包含的 strong 元素的背景图像。此外，适当修改文字的颜色。代码如下。

```
.header .mainNavigation a:hover{
    color:white;
    background:transparent url('images/main-navi-hover.gif') no-repeat;
}

.header .mainNavigation a:hover strong{
    background:transparent url('images/main-navi-hover.gif') no-repeat right;
    color:#3D81B4;
}
```

21.9.3　账号区

接下来实现"登录账号"和"购物车"图像的鼠标经过效果。实际上，这里同样是更换背景图像，不过这里还可以介绍一种略有变化的方法。上面的方法中，为了实现鼠标指针经过连接时更换背景图像的效果，制作两个独立的图像文件。这样会导致一个问题，当页面上传到了服务器上，这样访问者浏览这个页面时，各个图片的下载会有先有后，有的时候，如果网络速度不是很快，当鼠标指针经过某个链接的时候，所需要更换的图像文件还没有下载到访问者的计算机上，这时就会出现短暂的停顿，等该图像文件下载完毕后才会出现，这样就影响了访问者的体验。

因此，可以对这种方法稍微做一些变化，即把两个图像合并在一个图像中，然后鼠标指针经过时，通过对背景图像的位置的改变实现最终需要的效果。

例如，将原来的图像分别修改为如图 21.48 所示的

图 21.48　账号区的新背景图像

样子,每一个图像的上半部分和下部分大小完全一样,区别就在于下半部分的图像颜色比上半部分浅一些。这样在平常的状态,背景图像显示的是上半部分,当鼠标指针经过时,更换为显示下半部分。

分别针对两个链接元素的 hover 伪类进行如下设置。

```
.header .accountBox .login:hover{
    background: url('images/account-left.jpg') no-repeat  left bottom ;
}

.header .accountBox .cart:hover{
    background: url('images/account-right.jpg') no-repeat  left bottom ;
}
```

可以看到,图像文件名和正常状态的文件名是相同的,而区别是后面的"bottom"表示从底端开始显示,而在默认情况下是从上端开始显示的,这样就实现了我们所需的效果了。

21.9.4 图像边框

在接下来实现当鼠标指针经过某个展示的图像时,边框发生变化的效果,如图 21.49 所示。

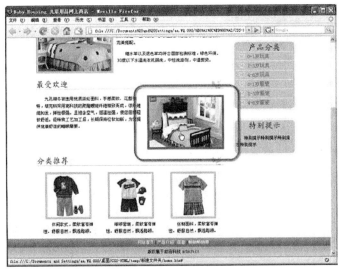

图 21.49 为图像设置鼠标经过时边框变化的效果

可以看到,在图中鼠标指针经过最受欢迎商品是,图像周围的边框颜色发生了变化,实际上是边框颜色由黄色变为蓝色,背景色由浅蓝色变为深蓝色,形成了图中的效果。

实现这个效果,对推荐区域中的链接的 hover 属性进行设置,代码如下。

```
.content .recommendation a:hover img{
    padding:5px;
    background:#3D81B4;
    border:1px #3D81B4  solid;
}
```

试验一下就会发现,上述代码在 Firefox 中的效果完全正常,而在 IE 6 中则无法显示正确的效果,解决办法是增加如下 CSS 代码:

```
.content a:hover{   /* For IE 6 bug */
```

```
    color: #FFF;
}
```

这时,在 IE 6 中可以发现一个奇怪的现象,下面的"分类推荐"中的 3 个图像可以正确实现鼠标指针经过时边框变化的效果了,而对于上面的两个图像,还是不能实现正确的效果。这其中的区别在于,上面的两个图像使用浮动,因此如果希望在 IE 6 中也能实现完全相同的效果,可以在上面的图像外面再套一层 div,然后让这个 div 浮动,这个 div 里面的图像则不使用浮动了,也就可实现希望的效果了。

例如,对于"最受欢迎"栏目的图像,原来的 HTML 代码是:

```
<div class="recommendation img-right">
    <h2>最受欢迎</h2>
    <a href="#"><img src="images/ex5.jpg" width="210" height="140"/></a>
    <p>九孔棉冬被选用优质涤纶面料……健康舒适的睡眠需要。</p>
</div>
```

现在改为:

```
<div class="recommendation">
    <h2>最受欢迎</h2>
    <div class="img-right">
        <a href="#"><img src="images/ex5.jpg" width="210" height="140"/></a>
    </div>
    <p>九孔棉冬被选用优质涤纶面料……健康舒适的睡眠需要。</p>
</div>
```

请读者对比二者的区别。然后将原来的 CSS 代码:

```
.img-right img{
    float:right;
    margin-left:10px;
}
```

修改为:

```
.img-right{
    float:right;
    margin-left:10px;
}
```

这时在 IE 6 浏览器中,"最受欢迎"商品的图像也可以实现鼠标指针经过效果了,如图 21.50 所示。

图 21.50　修正 IE 6 中的错误

21.9.5 产品分类

最后，实现右边栏中"产品分类"列表的鼠标指针经过效果，如图 21.51 所示。

图 21.51 为"产品分类"列表设置鼠标指针经过效果

代码如下：

```
.sideBar .menuBox li{
    font:14px 宋体;
    height:25px;
    line-height:25px;
    border-top:1px white solid;
}

.sideBar .menuBox li a{
    display:block;
    padding-left:35px;
    background:transparent url('images/menu-bullet.png') no-repeat 10px center;
    height:25px;
}

.sideBar .menuBox li a:hover{
    display:block;
    color:#069;
    background:white url('images/menu-bullet.png') no-repeat 10px center;
}
```

经过了前面的反复练习，这里不再详细介绍其中的原理，请读者自己来分析并实现自己的所需要的效果。

21.10 遵从 Web 标准的设计流程

经过上面比较完整的一个案例，我们可以把一个页面的完整设计过程分为 7 个步骤，如图 21.52 所示。

这 7 个步骤相应总结如下。

（1）内容分析：仔细研究需要在网页中展现的内容，梳理其中的逻辑关系，分清层次以及重要程度。

（2）结构设计：根据内容分析的成果，搭建出合理的 HTML 结构，保证在没有任何 CSS 样式的情况下，在浏览器中保持高可读性。

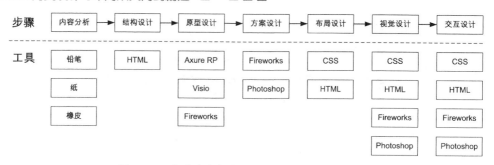

图 21.52　完成本案例的 7 个步骤及其相应的工具

（3）原型设计：根据网页的结构，绘制出原型线框图，对页面进行合理的分区的布局，原型线框图是设计负责人与客户交流的最佳媒介。

（4）方案设计：在确定的原型线框图基础上，使用美工软件，设计出具有良好视觉效果的页面设计方法。

（5）布局设计：使用 HTML 和 CSS 对页面进行布局。

（6）视觉设计：使用 CSS 并配合美工设计元素，完成由设计方法到网页的转化。

（7）交互设计：为网页增添交互效果，如鼠标指针经过时的一些特效等。

21.11　从"网页"到"网站"

上面详细介绍如何按照 Web 标准的思路制作一个页面，而一个网站是由很多页面共同组成的。那么如何由一个"网页"到一个"网站"呢？最简单的做法就是一个一个页面分别制作好，然后把它们都互相链接起来，就成为一个网站了。这样做出来的称为"静态网站"，对于内容不多的网站，是可以满足需要的。但是我们经常看到的很多网站的内容繁多，如果都一点点手工制作，工作量非常大，那么这些网站是如何创建出来的呢？

21.11.1　历史回顾

首先回顾一下网站开发的历史，从中可以看出技术的发展趋势，相信对读者也会有所帮助的。互联网比较大规模地进入中国应该是从 1998 年开始的，在当时制作网页，一般人基本上就是使用一种技术——"HTML"语言，再加上一些非常简单的图片。

这样制作出来的网页不但非常简陋，而且制作效率也很低。可以设想一下，网页是用 HTML 语言编写的，被称为静态页面。一旦写好，除非改写这些 HTML 源代码，否则无法更改网页上的内容。这样就会遇到一些问题无法解决。例如，一个网站希望向访问者提供全世界 10 000 个地区的天气预报信息，如果只有 HTML 作为工具，就必须每天为每个城市开发一个页面，以便访问者找到某一城市相应的页面来获取信息。可想而知，如果每天要制作这么多网页，需要很大的人力，如果网站要求更复杂的话，这就是一个不可能完成的任务了。

21.11.2　不完善的办法

这时大家逐渐开始使用 Dreamweaver 这个软件了。Dreamweaver 提供了一种称为"模板"

的功能,也就是先制作一个模板页,然后产生出多个页面,分别填写不同的内容,这种方法不需要其他技术。但是如果你实际使用过,就会发现这还是比较麻烦,基本上还是"纯手工打造"的方式。对于真正复杂的页面,还是不现实的。即使是像我们前沿视频教室这样不算复杂的网站,要求能够不断地增加新文章,可以让读者留言,还可以回复,等等,这种方式是完全不够用的。

21.11.3　服务器出场

那么怎么办呢?这就必须要使用服务器的功能了,也就是说,网页必须是在服务器上动态生成的,同一个页面,在服务器上根据不同的访问参数生成不同的页面效果,这样就一劳永逸了。还用上面的天气预报的例子来说,只需制作一个页面,在这个页面需要显示天气信息的位置从数据库中取得相应数据,即页面的样子都是通过 HTML 来做好的,只是相应的数据从数据库中获取。那么只要做好一个页面,就可以根据不同的城市代码,从数据库中获取相应的数据,从而实现"一劳永逸"的效果。

21.11.4　CMS 出现

这样问题就又出现了。网站的开发过程变得更复杂了,技术要求更高了,不但需要设计前台的页面效果,还需要开发后台的程序。这种程序的开发语言有很多种,现在流行的有 ASP.net、PHP 和 Java 等,掌握这些编程技术比学习 HTML 要复杂得多。要用这些语言写出一个完善的网站来,不是一件轻松的事情,这也是开发人员的工资要比制作人员高的原因。

那么怎么办呢?逐渐地,人们发现,实际上网站无论多么千奇百怪,归纳起来很多功能通常都是十分相似的。比如要求能够方便地发表、修改和删除文章,这可以称为"文章系统"或者叫"新闻系统"。再看一下各种网上商店,包括货物的分类、输入、修改和购物系统等,都是很类似的。再比如各种论坛和博客网站也是大同小异的。这样一些技术人员和软件公司就仔细研究在某一领域的网站的共性要求,开发出一些通用的网站系统。这样要建立网站的人只需要把相应的系统安装到服务器上,就可以立即拥有一个完善的网站了,同时这些系统都是具有一定的灵活性的,可以进行网站外观和功能模块的定制。你会发现使用同一种系统搭建出来的网站的外观是完全不同的。当然 CSS 在其中发挥了巨大的作用,也就是我们反复强调的网站内容与表现的分离。总而言之,这类系统都称为"内容管理系统"(Content Management System)。比如前沿视频教室(http://www.artech.cn)使用的就是 Wordpress 这个 CMS 系统,它是完全免费的开源系统。

21.11.5　具体操作

这样建立一个网站就简单多了。要建网站,首先要确定的,是要做的是一个什么类型的网站,确定是博客、论坛、商店、门户还是教学等。然后找到一个相应的,与需求最接近的 CMS 系统,然后安装好它,找一些相应的资料,学习如何使用它,如何定制功能,如何设置外观布局,然后就专心于网站的内容就可以了。

一个网站主要有 3 个核心要素:内容、表现、功能。一个 CMS 系统可以提供相应的功能;表现部分就要靠 CSS 和 CMS 自身的模板机制来实现,比如全世界有几百万个网站都是使用 Wordpress 来搭建的,但是外观却各不相同,这就是掌握了 CSS 等网页设计的技术以后,随心所欲地设计了的结果。

因此，现在要建立一个普通的网站，通常不需要从零开始一点点写代码了，而是选用一个适当的 CMS 系统，真正掌握它，这样几乎所有的网站都可以建立出来。

那么是不是使用 CMS 系统就不需要 HTML、CSS 这些具体技术了呢？当然不是，而且恰恰相反，只有深入掌握了这些基础技术，才能够把 CMS 用得更好，做出来更完善的、与众不同的网站。

此外开源系统并非适用于所有的情况，比如有一些对安全性、保密性要求很高的单位，一般不会使用开源的系统。另外，一些非常大型的网站，开源系统也很难满足要求，通常也涉及开发的专用系统，比如有不少很好的开源的网上商店系统，单是要做成像亚马逊那样规模的网上商店，用这些开源系统是远远不够的。

总之，尽力把基本知识掌握扎实，同时掌握更多的工具，水平就会不断提高，制作出来的网站也会越来越好。

21.12 本章小结

在本章中，为一个假想的名为"Baby Housing"的儿童用品网上商店的网站制作了一个完整的案例。希望通过对这个案例的学习，读者可以了解遵从 Web 标准的网页设计流程。在原型设计一节中，我们给出了一个产品页的原型线框图，这里建议读者独立完成这个页面，作为学习完本章的复习和实践。

此外，读者还可以仔细研究一些著名的网站，思考一下，如果你来设计这样一个网站，会如何进行分析、如何搭建结构等。这种可以成为"头脑风暴"的练习方法对于锻炼思维的能力是很有帮助的。

附录 A
网站发布与管理

本附录在读者掌握了基本的网页制作方法的基础上,重点介绍建立网站的方法,包括一个企业或者个人在自己的计算机上已经制作好一个网站后,如何把这个网站发布到互联网上。附录 A 包括了建立网站的过程、如何租用虚拟空间和如何向服务器上传页面等内容。

A.1 在 Internet 上建立自己的 Web 站点

制作完成一个网站以后,就必须要把它联入 Internet,下面就来介绍在 Internet 上建立站点的方法。企业建立的网站与用户建立的个人主页是不完全一样的。企业建立网站需要经过一定的审批程序,花费一定的费用。企业在国际互联网上建立网站要经过申请域名、制作主页和信息发布这 3 个过程。

A.1.1 制作网站内容

将要发布的信息以 Web 页面的形式制作好。主页的设计及制作的效果直接影响到访问者浏览的兴趣,这是前面重点讲述的内容,在这里就不再赘述了。

A.1.2 申请域名

企业要在 Internet 上建立站点,必须首先向中国互联网络信息中心(CNNIC)或是 Internic Registration Services 申请注册自己的域名,形式如 company.com.cn(国内域名)或 company.com (国际域名)。目前国内有多家 ISP(Internet Service Provider,国际互联网服务提供商)为 CNNIC 代理这项业务,他们可以帮用户完成这项工作。

A.1.3 信息发布

将制作完成的信息发布到 Internet 上。企业可以自己建立机房,配备专业人员、服务器、路由器和网络管理软件等,再向邮电部门申请专线和出口等,由此建立一个完全属于自己的、由自己管理的独立网站。这样需要比较多的投资,日常运营的费用也很高。因此,目前比较流行的做法有以下 3 种,特别是虚拟主机方案非常流行。

1. 虚拟主机方案

租用 ISP 的 Web 服务器磁盘空间。将自己的主页放在 ISP 的 Web 服务器上,对于一般企业这是最经济的方案。虚拟主机与真实主机在运作上毫无区别。对访问者来说，虚拟主机与真实主机同样毫无区别。对企业来说，虚拟主机也完全可以实现前面所说的功能，而且企业的投入只是一次传统媒体的广告费用。

2．服务器托管方案

对于因有较大的信息量和数据库而需要很大的空间或建立一个很大的站点时，可以采用此方案。就是将用户放有自己制作的主页的服务器放在 ISP 网络中心机房中，借用 ISP 的网络通信系统接入 Internet。

3．专线接入方案

用户可以将服务器设置在本地机房，然后通过专线与电信的网络中心的路由器端口连接，成为一台 Internet 主机。

A.2 租用虚拟主机空间

现在最常用的建立网站的方式是租用虚拟主机。租用虚拟主机，首先要注册一个域名，然后租用一个虚拟空间，把做好的网站上传到服务器上。

A.2.1 了解基本的技术名词

首先来了解一些基本的技术名词。为了便于理解，可以把一个企业的网站想象成一个工艺品展览柜。首先会有一个展览厅，里面有很多工作人员，还有很多展览柜。展览柜里面有很多展品。在展览柜的正面有一块牌子，上面写着展品的名字，例如"北京市大路小学作品"。游客们可以透过玻璃看到展品，但是不能触摸作品——这是为了保护作品。而管理员可以用钥匙打开一个小门，更换和调整作品的内容和位置。在一个展览厅中会有很多个展览柜，所以有必要给它们都编上号码，例如东边第 1 行的第 3 个，就是"E1-3"。于是，每个展览柜和它相关的展品、钥匙、写着名称的牌子和编号，就构成了一个展出单位。

那么，现在在对比一下网站和展览柜，来理解各种看起来很高深的技术名词。

● 首先需要找到一个展览厅来存放展览柜。这个展览厅就是"服务提供商"。给他们支付租金，而他们会进行相应的服务。

● 然后选择展览柜。这个展览柜就是"虚拟主机"。展览柜是由服务商提供并且保管的。可以根据自己的需要选择不同大小和功能的展览柜。不同级别的展览柜，租金也会不同。

● 接下来就要将展品放到展览柜里面，也就是将制作好的网站内容上传到虚拟主机上。

● 游客可以透过展览柜的玻璃看到展品的内容，这些玻璃就是"HTTP"。

● 管理人员的钥匙，就是用户名和密码。必须将两者正确结合起来，才可以打开小门。这个小门就是"FTP"。通过 FTP，不但可以看到内容，还可以修改内容。

● 展览柜的位置编号是固定的，而且不同的展览柜有不同的位置编号。这个位置就叫做"地址"。在互联网上，用于定位的地址是根据 IP，也就是"Internet Protocol"（因特网协议）来编排的，所以叫"IP 地址"。例如"61.13A.130.100"，就是一个 IP 地址。

● IP 地址都是一串数字,记忆起来很不方便,所以需要在展览柜上挂一块牌子,上面写着展览柜的名字,例如"sina.com.cn"和"qq.com"等,这就是网站的"域名"。

A.2.2 选择和租用虚拟主机

现在的服务商很多。例如,"你好万维网"就是一家提供域名注册和租用空间的提供商的网站。访问网站"http://www.nihao.net",打开如图 A.1 所示的首页。首页上提供了很多网站类型,有不同的网站空间大小和邮箱数量等。用户可以根据自己的需要选择各种不同的类型进行购买。

图 A.1 访问网站

在这个网站上,可以申请域名,还可以购买一个网上的存储空间,通常按年收费。例如希望的空间不必太大,需要一个国际域名,还希望可以自己管理邮箱,那么在页面左边的栏目中,可以看到"A 套餐"符合要求,只要单击"申请"按钮,就可以开始申请了。

这时将打开如图 A.2 所示的页面,在其中填写要申请的域名,并填写联系方式,然后单击"提交"按钮。客服人员在接到订单之后,很快会与用户联系。

交费的时候,要确认以下两点。

(1)网站的注册信息,例如姓名、单位、域名和联系方式是否正确。

(2)网站的服务内容是否与合同所写的一致。

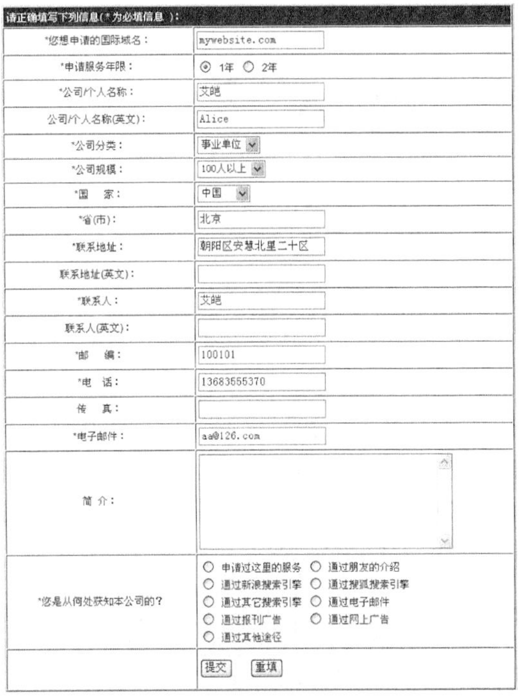

然后就可以开始工作了。服务提供商会以电子邮件的方式,发来一些用于登录的内容,包括用户名、FTP 服务器地址、FTP 密码、网站管理服务器地址和网站管理密码。它们

图 A.2 填写联系信息

的作用如下。

（1）使用用户名、FTP 服务器地址和 FTP 密码，可以上传文件。

（2）使用用户名、网站管理服务器地址和网站管理密码，可以进行后台管理。

A.3 向服务器上传网站内容

虚拟主机提供商告知上传"地址"、"用户名"和"密码"后，就可以上传文件了。使用 Dreamweaver、IE 浏览器或者专业的 FTP 工具，都可以实现文件的上传。

A.3.1 使用 Dreamweaver 上传文件

❶ 首先打开"文件"面板，在面板上方的站点下拉列表框中，选择最下面的"管理站点"选项。Dreamweaver 提供对多个网站的管理，在站点下拉列表框中可以切换网站。

❷ 这时打开"管理站点"对话框，如图 A.3 所示。在这个对话框中双击所要上传的站点名，打开站点定义对话框，在对话框左边的"分类"列表框中选择"远程信息"选项，打开"访问"下拉列表框，如图 A.4 所示。

图 A.3 "管理站点"对话框

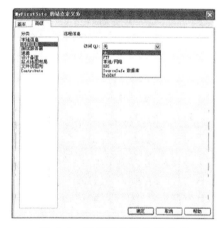

图 A.4 选择服务器访问方式

❸ 在"访问"下拉列表框中选择"FTP"选项，现在就可以设置 FTP 服务器的各项参数了，如图 A.5 所示。

- "FTP 主机"：设定 FTP 主机地址，也就是虚拟主机提供商告知的"地址"。
- "主机目录"：设定主机上的站点目录，这项可以不用填写。
- "登录"：设定用户登录名，也就是上面提到的"用户名"。
- "密码"：设定登录密码，也就是上面提到的"密码"。
- "保存"：是否保存设置。
- "使用防火墙"：是否使用防火墙。

> **注意** FTP 是 TCP/IP 协议组中的协议之一，是英文 File Transfer Protocol（文件传输协议）的缩写。该协议是 Internet 文件传送的基础，目的是提高文件的共享性，使存储介质对用户透明和可靠高效地传送数据。

图 A.5 设置 FTP 服务器参数

这些参数都可以从虚拟主机提供商的告知电子邮件中找到。

❹ 全面正确输入这些参数后单击"确定"按钮，返回站点管理窗口。

这时单击站点管理窗口的 ![] （联机到远方主机）按钮，将会开始登录 FTP 服务器。经过一段时间后，![] 按钮上的指示灯变为绿色，表示登录成功了，并且按钮变为![]（如果单击这个按钮就可以断开与 FTP 服务器的连接），此时就可以看到远程站点文件列表中已经有文件了。如果是第一次上传文件，那么远程文件列表中是没有文件的。

这时只需选中要上传的文件。用户可以同时选中多个文件，然后单击上传按钮（![]），这时会打开一个对话框，询问是否将依赖的文件同时上传。

> **注意** 所谓网页的依赖文件就是该网页中的图片和链接的外部样式表等文件。这些文件的丢失，会改变当前页面的外观。

> **注意** 网页通过超级链接指向的文件不属于依赖文件。因为不管指向的文件是否丢失，都不会影响当前页面的外观。

❺ 如果没有看到询问框，则 Dreamweaver 会自动将依赖文件同时上传。如果不希望自动上传依赖文件，可以选择菜单栏中的"编辑→首选参数"命令，打开如图 A.6 所示的对话框。在左侧的"分类"列表框中选择"站点"选项，然后在右边选中"下载/取出时要提示"和"上载/存回时要提示"复选框，这时在上传或下载文件前也会打开对话框，让用户选择文件。

在上传完所有文件后，单击![]按钮，断开与服务器的联系，这时就可以通过浏览器访问用户的站点了。

> **注意** 如果在上传过程中遇到任何问题，都可以向购买空间的虚拟主机提供商打电话询问，他们会非常详细地向用户解答各种问题。

A.3.2 使用 IE 浏览器上传文件

除了可以使用 Dreamweaver 上传文件之外，还可以使用 IE 浏览器来上传文件。假如从主机服务提供商获取的 FTP 地址是 61.13A.129.30，那么只要打开 IE 浏览器，在地址栏中填写"FTP://61.13A.129.30",单击地址栏后面的"转到"按钮,即可登录FTP。如图A.7所示,服务器将会询问用户名和密码。这时就要填写从服务商获取的用户名和密码了。

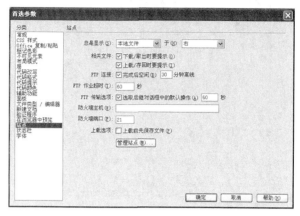

图A.6 "首选参数"对话框

> **注意** 一定要在地址的前面加上"FTP",这样才可以通过FTP登录。如果不写"FTP",那么浏览器将会使用默认的HTTP来登录,这样就不能上传文件了。

登录成功之后,即可进入服务器,这时的界面如图A.8所示,它的编辑操作和Windows的文件管理器很相似。在"文件"菜单中可以创建新的文件夹;在"编辑"菜单中可以复制和粘贴文件。例如要将本地上的一个HTML文件复制到服务器上,可以按照下面的步骤操作。

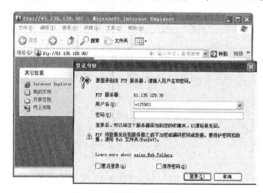

图A.7 通过IE登录FTP

图A.8 登录成功

(1)先在本地的窗口中选中该文件,使用菜单栏中的"编辑→复制"命令或者组合键"Ctrl+C"进行复制。

(2)切换到FTP的界面,使用菜单栏中的"编辑→粘贴"命令或者组合键"Ctrl+V"进行粘贴。

这样就可以开始上传文件了。同样,复制服务器上的文件,粘贴到本地,就可以实现下载。当然,由于服务器和本地之间的传输是需要一定的时间的,因此需要耐心等待。

A.3.3 使用专业FTP工具上传文件

用IE浏览器上传文件虽然方便,但是不够专业。专业的网站技术人员希望能够更好地控制传输的过程,例如要随时知道正在传输哪个文件,已经传输了多少。这时可以使用专业的

FTP 工具来进行传输。专业的 FTP 工具很多，例如 CuteFTP 和 LeapFTP 等。

下面以 CuteFTP 为例，介绍专业 FTP 工具的使用。

❶ 安装并运行 CuteFTP 之后，可以在程序窗口的左上方看到站点管理器窗格。右键单击该窗格，在弹出的快捷菜单中选择"新建→FTP 站点"命令，如图 A.9 所示，创建一个新的站点。

❷ 填写新站点的内容。"标签"可以根据自己的需要来填写，而主机地址、用户名和密码都可以从服务提供商那里获取。设置完毕后，单击"确定"按钮，即可在 CuteFTP 中创建一个新的链接标签，如图 A.10 所示。

图 A.9 创建新站点

图 A.10 设置新站点内容

❸ 在站点管理器中，双击"我的网站"链接标签，即可登录 FTP 服务器。连接成功之后，程序的界面变成了如图 A.11 所示的外观。

图 A.11 已经连接成功

- ①：本地视图，显示本地计算机上的文件。
- ②：切换标签，在本地文件和站点管理器之间切换。
- ③：远程视图，显示远程计算机上的文件。
- ④：事件列表，显示当前传输的命令和文件，以及所处的状态。

- ⑤:传输列表,显示正在传输或者等待传输的内容。

❹ 将本地视图中的文件拖放到远程视图,就可以进行上传;将远程视图中的文件拖放到本地视图,就可以进行下载。

将网站的内容上传到虚拟主机以后,就可以开始通过域名来访问网站了。

A.4 网站管理

网站管理是一项很重要的工作,它保证整个网站按照用户的意愿来工作,例如修改密码,设置邮箱用户名,修改邮箱大小,等等。

事实上,网站管理是一个范围非常广的内容,涉及的技术种类繁多。网站搭建在不同的结构体系上,管理的软件和界面也千差万别。通常对于网页设计和制作人员并不需要非常深入地了解所有技术细节。

这里,仅以最简单的一个虚拟主机服务商提供的操作界面为例,简单介绍网站管理的基本内容。

通常基本的网站管理界面都是通过浏览器进行操作的。当虚拟主机服务开通以后,会获得一个网站管理的地址,以及相应的用户名和密码,这样就可以通过 IE 浏览器对网站进行管理了。请注意,这里给出的说明仅为示意,但功能基本是一致的。

打开如图 A.12 所示的页面,填写用户名和密码,单击"登录"按钮,即可进入管理。

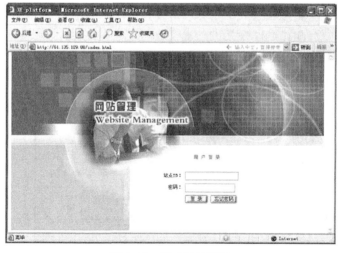

图 A.12 登录网站管理

A.4.1 修改密码

密码的维护是非常重要的工作。使用复杂的密码,并且每隔一段时间进行修改,可以保证密码的安全性,防止不法分子破坏网站。在登录后的管理界面中,在左边的栏目中可以找到"密码管理"项目,如图 A.13 中的①所示。单击该栏目,就可以在中部的框架中打开密码修改页面。输入新密码,确认一次密码,单击"修改密码"按钮就可以修改了。可以修改的密码包括网站管理的登录密码,也可以是 FTP 的登录密码。

附录 A　网站发布与管理

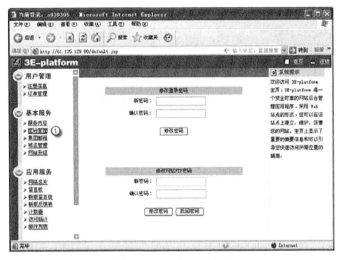

图 A.13　修改登录密码

A.4.2　集团邮箱管理

所谓"集团邮箱"，是一种类似于虚拟主机的服务，将一台邮件服务器划分为若干区域，分别出租给不同的企业。企业可以租用一定的空间作为自己的邮件服务器，自己创建账号，供集团内部的成员使用。

例如，某企业申请了一个叫"myweb2006.com"的域名，并且租用了集团邮箱，那么可以自己创建邮箱账号，分配给各个员工。例如给 Tom 分配一个名为"tom@myweb2006.com"的邮箱账号，给人事经理分配一个名为 hr@myweb2006.com 的邮箱账号，等等。

在管理界面的左侧栏目中，单击"集团邮箱"项目，即可进入邮箱管理界面，如图 A.24 所示，可以进行以下操作。

图 A.14　管理邮箱

- 单击"新建用户"按钮，就可以创建一个新的邮箱用户。
- 选中序号后面的复选框，单击"删除用户"按钮，就可以删除该用户。

- 填写分配给该邮箱的空间,然后单击"修改"按钮,就可以改变该用户的邮箱空间大小。
- 填写口令,单击"重设"按钮,即可修改用户的密码。

A.4.3 注意事项

对于租用虚拟主机的用户来说,最关心的是访问速度如何,目前国内的相关市场还不是十分规范和完善,各个公司提供的服务差异比较大,因此在这里给读者提示几点注意事项。

1. 选择线路

由于目前国内的数据网络分别由两家公司运营,北方的省市由"中国网通"运营,南方的省市由"中国电信"运营,导致这个公司的网之间的带宽不够,因此出现了"南北互通不畅"的问题。因此,在租用虚拟空间之前一定要咨询好这个空间使用的是哪家公司的线路。如果建立的网站主要是给南方的访问者浏览,就要选择使用"中国电信"线路的虚拟主机,反之则选择"中国网通"线路的虚拟主机。如果希望面向全国的用户,则需要更多地尝试和咨询,找在各地的人帮助测试一下访问速度。

2. 域名与虚拟主机的关系

通常第一次建立网站的时候,都会在同一家公司注册域名和租用虚拟主机,但是如果用户使用了一段时间以后,发现对速度或者服务不够满意,这时候就可能需要更换虚拟主机的公司。

这时需要注意,通常不需要转移域名的注册公司,只需要在其他公司租用一个新的虚拟主机,然后在原公司中把域名解析的地址设置为新的虚拟主机的 IP 地址就可以了。也就是说,域名和虚拟主机是可以分离的两个产品,可以分别在两个公司购买。在如图 A.15 所示窗口的左侧栏目中有一项"域名管理",它的作用就是设置域名解析的目标地址。如果是在同一家公司注册的域名和购买的虚拟主机,这一项就不用设置了。

在设置的时候,如果遇到疑问,可以致电提供服务的公司,他们会给出细致的回答。

图 A.15 域名管理

附录 B
CSS 英文小字典

本字典包含 160 个英文单词，均是在学习 HTML 和 CSS 时出现频度较高的 160 个单词。读者可以酌情在这方面进行强化，可以先集中把这些英文单词学一遍。

A

absolute	绝对的	anchor	锚记<a>标记是这个单词的缩写
active	活动的，激活的，<a>标记的一个伪类	arrow	箭头
align	对齐	auto	自动
alpha	透明度，半透明		

B

background	背景	border	边框
banner	页面上的一个横条	both	二者都是 clear 属性的一个属性值
black	黑色	bottom	底部，是一个 CSS 属性
blink	闪烁	box	盒子
block	块	br	换行标记
blue	蓝色	bug	软件程序中的错误
body	主体，一个 HTML 标记	building	建立
bold	粗体	button	按钮

C

cell	表格的单元格	color	颜色
center	中间，居中	connected	连接的
centimeter	厘米	contact	联系
child	孩子	content	内容
circle	圆圈	crosshair	十字叉丝
class	类别	css	层叠样式表
clear	清除	cursor	鼠标指针
cm	厘米		

D

dashed	虚线	display	显示,CSS 的一个属性
decimal	十进制	division	分区,div 就是这个单词的缩写
decoration	装饰	document	文档
default	默认的	dotted	点线
definition	定义	double	双线
design	设计		

E

element	元素	

F

father	父亲	float	浮动
filter	滤镜,过滤器	font	字体
first	第一个	for	在循环语句中的一个保留字
fixed	固定的	four	4 个

G

gif	一种图像格式	green	绿色
gray	灰色		

H

hack	常用于 CSS 中的一些招数,或者类似于偏方的技巧	here	这里
hand	手	hidden	被隐藏
head	头部	home	首页
height	高度	horizontal	水平的
help	帮助	hover	鼠标指针经过时的效果,或称为"悬停状态"

I

image	图像	inline	行内
important	重要的	inner	内部的
indent	缩进	italic	意大利体,斜体
index	索引		

J

jpg	一种图像格式	justify	两端对齐

L

language	语言	line	线
last	最后一个	link	链接
left	左边	list	列表
length	长度	lowercase	小写
level	级别，例如 block-levle 就是块级		

M

margin	外边距	millimeter	毫米
max	最大的	min	最小的
medium	中间	model	模型
menu	菜单	move	移动
middle	中间		

N

navigation	导航	none	无，不，没有
new	新的	normal	标准

O

object	对象	optional	可选的
oblique	一种斜体	orange	橙色
one	一个	outer	外面的
only	仅仅	overflow	溢出
open	打开		

P

padding	内边距	progress	进度
point	点	public	公开的
pointer	指针，指示器	purple	紫色
position	定位，位置		

R

red	红色	resize	重新设置大小
relative	相对的	right	右边
repeat	重复，平铺	row	行
replacement	替换		

S

scroll	滚动	shadow	阴影

silver	银色	special	特殊的
size	尺寸	square	方块
solid	固体，实线	static	静态的
solution	方案	strong	强壮，加粗的
son	儿子	style	样式
span	一个 HTML 标记		

T

table	表格	title	标题
td	单元格的 HTML 标记	top	顶部
text	文本	tr	表格中"行"的 HTML 标记
thick	粗的	transitional	过渡的
thin	细的	two	两个
three	三个	type	类型
through	穿过		

U

underline	下划线	uppercase	大写
upper	上面的	url	网址

V

		visited	访问过的

W

white	白色	width	宽度

Y

yellow	黄色

vertical	竖直的		